KB272873

유비쿼터스
Ubiquitous 와
출판

유비쿼터스

Ubiquitous 와

출판

이기성 著

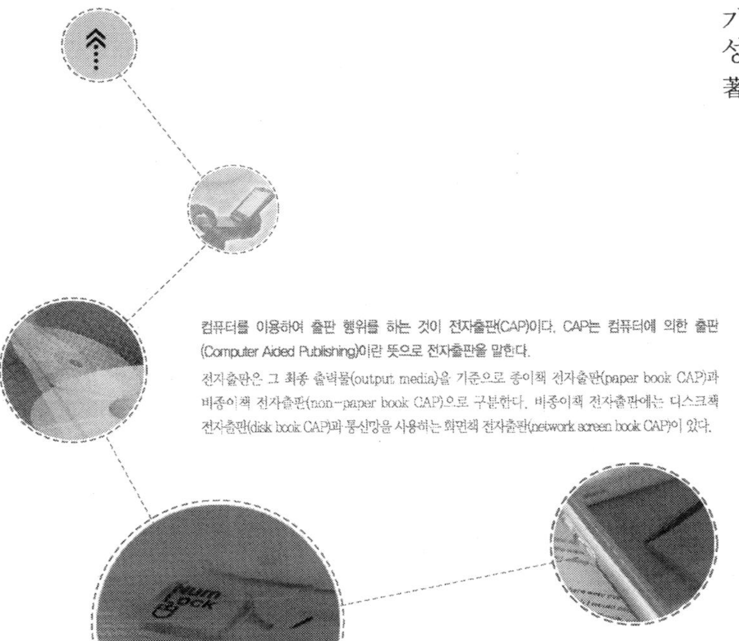

컴퓨터를 이용하여 출판 행위를 하는 것이 전자출판(CAP)이다. CAP는 컴퓨터에 의한 출판 (Computer Aided Publishing)이란 뜻으로 전자출판을 말한다.

전자출판은 그 최종 출력물(output media)을 기준으로 종이책 전자출판(paper book CAP)과 비종이책 전자출판(non-paper book CAP)으로 구분한다. 비종이책 전자출판에는 디스크책 전자출판(disk book CAP)과 통신망을 사용하는 화면책 전자출판(network screen book CAP)이 있다.

KSi 한국학술정보(주)

차 례

korean
typo
graphy
유비쿼터스 시대

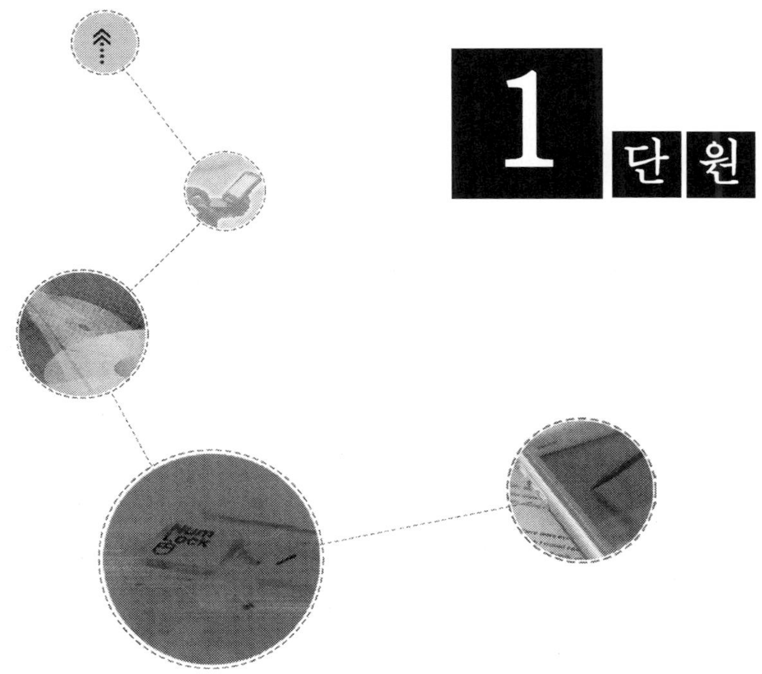

1 단원

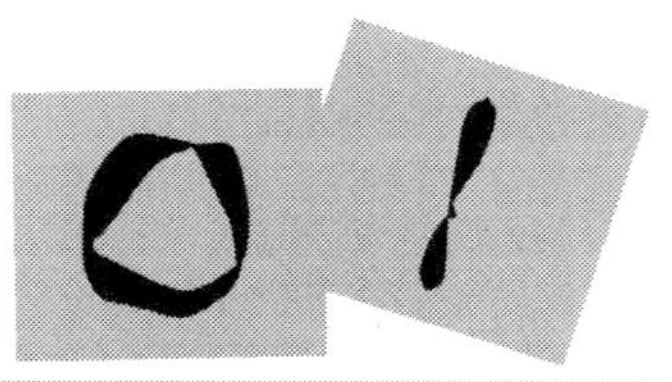

농업 시대와 유비쿼터스 시대

역사 기록이 있는 시절부터 인류의 문화를 살펴보면 농업혁명 산업혁명, 컴퓨터혁명(정보혁명)의 커다란 3개의 혁명적 변화를 거치고 있다. 영양이 가득한 쌀을 발견함으로 유목 생활에서 벗어나 농업혁명 시대를 맞이하여 정착된 생활이 가능해지고, 고급 문화가 싹트기 시작했다. 농업혁명을 맞아 우리 민족도 천년 이상의 세월 동안 고조선 시대를 영위하다가 2000여년 전에 고구려, 신라, 백제의 3국 시대를 맞는다.

우리나라에서 통일신라시대를 지나 고려 시대에 들어선 시절에 서양에서는 로마제국이 몰락한 5세기부터 14세기 르네상스를 맞을 때까지 900여 년간 중세 암흑시대라 불리는 야만 시대를 보낸다. 우리나라에서는 고려왕조 시대가 찬란한 청자문화를 빛낼 때 중국에서는 당나라와 송나라가 명멸했고, 유럽에서는 십자군 전쟁으로 기독교도와 이슬람교도가 대립한다.

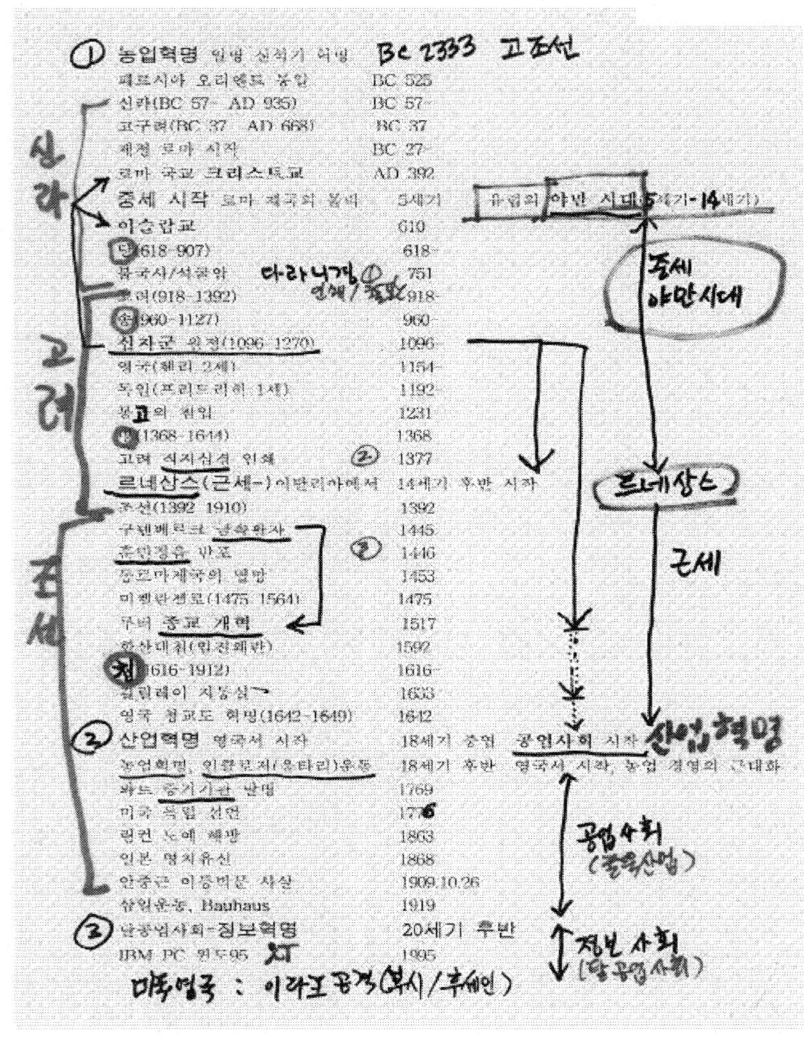

[그림 1] 인류의 3대 혁명

1919년 우리나라에서 유관순 누님 주도의 삼일운동이 일어나서 일본
과 싸우고 있을 때, 독일에서는 운동권 화가들이 주축이 되어 바우하
우스 디자인 학교를 세우고 나찌 정권과 대립한다 인류는 1940년대에

대형 컴퓨터의 발명으로 컴퓨터 시대에 진입한다. 1970년대에 개인용 컴퓨터의 발명에 의한 정보혁명 시대가 발전하면서 유비쿼터스 시대로 진입했다.

다음은 2003년도 월간 '출판문화'에 기고한 글을 요약한 것이다.

'2006년 정보화 수준 세계 10위권 진입전망'이라는 제목의 기사에 보면 우리나라의 정보화 수준은 2002년 세계 19위에서 2006년에는 10위권 안으로 향상될 것이고, 국민들의 인터넷 활용 능력은 2002년 55.6%에서 2006년에는 90%로 늘어나고, 성인 인구의 평생학습 참여율은 17%에서 30%로 늘어난다고 한국전자통신연구원이 예측했다. 또 기업의 온라인 연결률도 2002년 60%에서 2006년에는 100%로 완벽하게 이뤄지고, 이동전화 가입자는 64.4%인 2905만 명에서 2006년 80%인 3,916만 명으로, 초고속인터넷 이용 가구는 55%인 791만 가구에서 2006년 100%인 1,500만 가구로 확대된다고 예측하고 있다.
2006년에 90%로 늘어나는 인터넷 활용 능력을 갖춘 국민들을 독자로 수용하느냐 못하느냐가 '한국 출판업계의 발전이냐 축소냐로 귀결된다고 볼 수 있다.[1]

요즈음 출판업계에 종사하는 사람들의 능력은 어떠한가? 출판에 대한 인식과 애착은 강한 것을 인정한다. 그러나 애착만 갖고 미래에 대비하기는 힘들다. 현실적인 대책을 강구하여야 할 것이다. 'U-출판' 시대, 라틴어로는 '유비쿼터스(Ubiquitous) 출판' 시대에 들어선지도 이미 수년이 지났다. 그러나 '유비쿼터스'라는 용어조차 생소한 출판인이 대부분인 현실이다.

---

1) 박희범, '우리나라 정보화 수준 2006년 세계 10위권 진입전망', <전자신문> 2003.1.16.

유비쿼터스 출판(이하 U-출판)이란 유비쿼터스 컴퓨팅 시대의 출판을 뜻한다. 한국 출판 산업계의 현재는 물론, 앞으로의 전망 역시 'U-출판' 시대가 정착될 것이다. 유비쿼터스는 '네 어느(4 any)'를 의미한다. '4 any'는 anytime, anywhere, any media, any device를 말한다. any device는 any media에서 좀더 발전한 상태이다. any media 시대에는 출판이 종이책(paper media)에서 확장하여 디스크책이나 통신망을 사용하는 화면책 같은 비종이책(non-paper media) 출판을 함으로써 현실에 적응할 수 있었다. U-출판은 '네 어느'에다 '두 디(2 D)'를 더한 상황에서의 출판을 뜻한다. '2 D'는 Design과 Digital을 말한다. 출판 분야가 아닌 다른 산업 분야에서는 DNA의 D를 합하여 '세 디(3 D)' 또는 DNA 대신에 Bio를 써서 '두 디(2 D)+한 비(1 B)'라고도 한다.

국내 유비쿼터스 관련 첫 박사학위 논문을 쓴 전자정부연구소의 김선경 선임연구원은 박사 논문에서 "유비쿼터스 기술은 새로운 패러다임으로 민간부문에서는 이미 실용화 단계에 접어들고 있다는 사실을 고려할 때, 이를 기반으로 한 U-정부가 미래 전자정부 구현 모델로 자리잡게 될 것"이라고 주장했다.[2]

모든 기기에 칩 형태의 컴퓨터가 내장되고 서로 긴밀하게 연결되어 사람이 살아가는 삶의 질을 높여주는 시대의 출판을 U-출판이라 말한다.

사람 사는 환경을 최적으로 조성해주는 시대인 U-출판 시대에는 왜 OSUP(One Source Ubiquitous Product) 출판이어야 하는가? One Source One paper Product(종이책) 출판을 고수하면 왜 안 되는가? 종이책은 단일 매체의 책이다. 글자와 정지된 그림을 주로 사용하는 책

---

2) 김선경, 「차세대 전자도시 정부의 행정서비스 기반 도입 가능성 탐색에 관한 연구-유비쿼터스 정보기술을 중심으로」, 서울시립대 도시행정학과 박사논문, 2000.

이다. 한편, 소리도 나고 그림도 움직이는 책이 출현한 지 이미 20여
년이 지났다. 그림도 움직이고 소리도 나는 책은 멀티미디어 책이다.
멀티미디어를 사용하여 제작한 책이 싱글 미디어의 종이책보다 독자에
게 인기가 있는 것은 당연한 일이다3)

많은 사람들이 2006년 이후에는 Ubiquitous가 1위, PC가 2위, Main-
frame이 3위를 차지할 것으로 예측하고 있다.4)

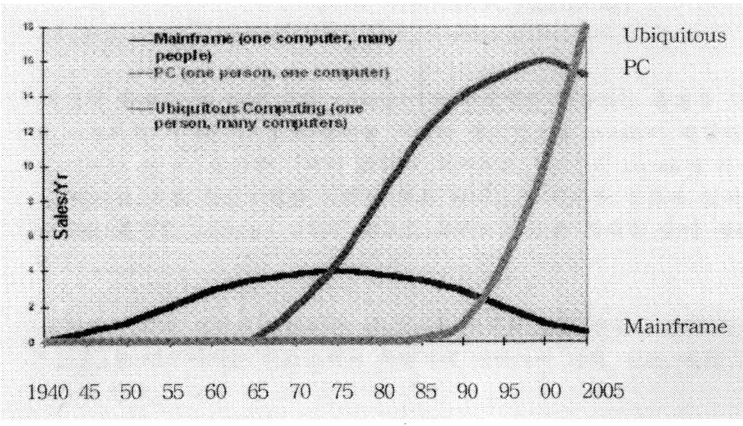

[그림 2] 컴퓨터 사용 변화 추이 예상도(1940~2005년, 마크 와이저)

컴퓨터 기술의 발전 추이는 컴퓨터 판매량으로 보아서 Mainframe 시
대를 'one computer, many people' 시대, PC 시대를 'one computer, one
person' 시대, 유비쿼터스 시대를 'many computers, one person' 시대로
구분하기도 한다.

---

3) 본 책 10단원의 '유비쿼터스 출판' 참고.
4) Mark Weiser, 'Some Computer Science Issues in Ubiquitous Computing',
   March 23, 1993

구 분	2005년	2010년
네트워크 접속성	이종네트워크간 심리스화 진전	모든 네트워크를 의식하지 않고 심리스하게 접속
사용자 환경	IC 카드 등에 의한 사용자 이용 환경 실현	네트워크가 사용자 상황에 따라 최적의 서비스 환경 제공
정보 검색	사용자 니즈에 부합한 정보 검색	리얼타임, 적정 형태의 정보검색
단말기	PC, 고기능 단말기 보급	전자종이, 입는 컴퓨터 등 고컴팩트성, 편리한 단말기 보급

[그림 3] 일본의 유비쿼터스 추진 계획[5]

유럽은 2001년에 시작한 '정보화사회기술계획(IST)'의 일환으로 '사라지는 컴퓨팅 계획(Disappearing Computing Initiative)'을 중심으로 유비쿼터스에 대응하고 있다. 미국은 국가기관, 대학 연구소, 첨단 기업 등이 유비쿼터스 혁명을 선도하고 있다. UC버클리의 '스마트 먼지(Smart Dust)'나 MIT미디어랩의 '생각하는 사물(Things That Think)', 컴퓨터 과학연구소의 '옥시젠(Oxygen)' 프로젝트 등이 미국의 유비쿼터스 연구의 대표적이다[6]

휴대전화+가전기기, TV+IT 등 U-사회에서는 기존 산업사회, 기존 정보사회와는 다른 네트워킹이 가능한 제품이 출시되고 있다. 유비쿼터스 환경의 대표적인 단말기 중에 전자태그(Electronic Tag)가 있다. 전자태그는 바코드와 비슷한 기능을 갖고 있으면서 원거리에서도 인식이 가능하고 데이터의 저장이 가능한 장점이 있다. 전자태그는 칩 형태로 제작되어 여러 기기에 내장이 가능하다. 따라서 콘테이너 박스를 열고 포장을 뜯어보지 않아도 그 속에 무엇이 들어있는지 확인이 가능한 것이고, 출판사에서 책에다 이 칩을 내장할 경우 창고 정리 및 재고 부수 파악에 고생할 필요가 없어질 것이다. 전자태그는 무선인식 기술

---

5) 일본은 1984년 도쿄대학 사카무라 껜 교수가 '어디서나 컴퓨팅 환경'이라는 슬로건으로 제안한 TRON(The Realtime Operating system Nucleus) 프로젝트 등 20년 전부터 유비쿼터스 관련 기술을 연구해왔다. '유비쿼터스 혁명이 시작됐다- 선진국의 유비쿼터스 산업 전략', <전자신문> 2003.1.13.
6) '일본, 20년 전부터 관련 기술 연구', <전자신문> 2003.1.13.

일명 '스마트 태그'기술이 있으므로 실용이 가능해졌다.

2003년 3월부터는 밖에서 휴대전화로 집에 있는 에어컨과 냉장고를 조작할 수 있게 되었다. KTF(016, 018)와 LG전자가 '홈 네트워크 서비스' 사업 협력을 위한 제휴를 맺고 실시하는 것이다. 유선 통신망을 이용한 홈 네트워크 서비스는 있었지만, 휴대전화기를 이용한 서비스는 처음이다. 시범 서비스 기간 중에는 KTF에 가입한 휴대전화기와 LG전자가 만든 디지털 가전제품인 냉장고, TV, 에어컨, 세탁기 등만 가전기기의 전원 스위치나 온도 조절을 외부에서 원격 제어하지만 하반기부터는 본격적인 상용 서비스를 실시할 계획이다. 밖에 나가서 집에 있는 책을 읽는 것도 가능해질 것이다.[7]

삼성전자는 "PC분야에서는 무선환경과 PC를 접목하고, AV와 IT와의 결합 등을 통해 종합경쟁력을 높이겠다"며 디지털 컨버전스 중심의 사업 강화 의지를 밝혔다. 출판계도 디지털 컨버전스 추세에 적응해야 할 것이다.[8]

여러 가지 디지털 기기나 서비스가 디지털 기술을 기반으로 한 개의 제품으로 합해지거나 새로운 형태의 제품이나 서비스로 탄생하는 것이 디지털 융합이란 뜻의 디지털 컨버전스(convergence)이다. 캠코더와 손전화가 합쳐진 캠코더폰, 스캐너·복사기·프린터를 합친 복합출력기, 비디오테이프와 DVD를 둘 다 볼 수 있는 DVD콤보 등이 디지털 컨버전스에 의하여 탄생한 제품이다. 디지털 컨버전스를 디지털 기기의 짬뽕이란 뜻으로 디지털 퓨전이라고 말하기도 한다. 출판물을 읽는 전용단말기의 기능을 기존 가전제품이나 화면을 장치한 어떤 제품과도 융합시켜서 마치 전자책 전용단말기처럼 책을 볼 수 있게 하는 것이 출판계 컨버전스의 일종이라 하겠다.

---

7) 김기홍, '밖에서 휴대전화로 에어콘 냉장고 조작', <조선일보> 2003.1.9.
8) 전경원, '삼성 디지털 컨버전스 사업 강화', <전자신문> 2003.1.13.

1) 지능형 휴대단말기

화면책 출판물을 읽는 단말기로 사용될 수 있을 것으로 보이는 지능형 휴대단말기에는 ① 휴대단말기, ② VAD, ③ 통합 휴대단말기가 있다. 휴대단말기는 키보드 기반 제품(keypad-based handheld)과 전자펜 기반 제품이 있다. VAD는 버티칼 어플리케이션 단말기(vertical application device)를 말하는데 개인보다는 단체나 전문가용으로 data access, 관리, 변형, 저장 기능이 있다. 통합 휴대단말기는 일반 휴대단말기의 기능인PC와 동기화, 다운로드 기능은 물론 갖추고 있고, 개인정보관리(personal information management) 기능과 음성통화 기능이 추가된 단말기를 말한다.

IDC의 2002년 자료에 의하면(<그림 3> 참조), 그림 왼쪽의 5,000은 6조 원, 10,00

0은 12조 원, 30,000은 36조 원을 나타낸다. 세계 지능형 단말기 시장은 2001년에 16%, 2002년에 15%의 성장을 보였으며, 2003년 이후 2006년까지 연평균 38%의 성장률을 보일 것으로 예측된다9)

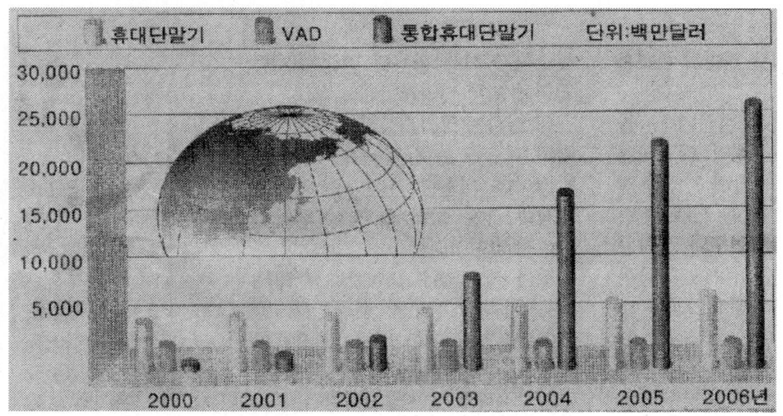

[그림 4] 제품별 세계 지능형 휴대단말기 매출액

---

9) 윤인선, 'IT 마켓뷰-세계 지능형 휴대단말기 시장', <전자신문> 2003.1.21.

  손목시계도 화면책 단말기로 사용될 수 있다. 포실(Fossil) 회사의 손목시계는 시계라고 불리기보다는 랩톱컴퓨터나 PDA 등 차세대 개인용 컴퓨터(post PC)의 일종으로 보아야 할 것이다. 개인 일정을 기록하고 관리하는 전자 메모장 기능과 양방향 무선호출기 기능을 갖추고 있기 때문이다.10)

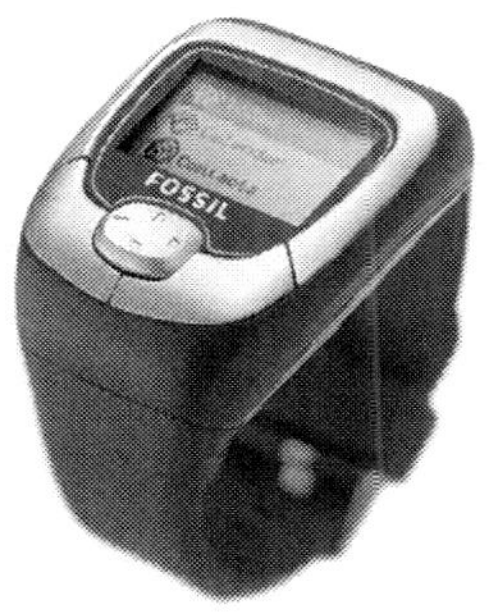

[그림 5] 손목시계 컴퓨터(Fossil's
Wrist PDA-PC)

  일본 소니의 안도 구니다께 사장은 "TV의 부활은 시작됐다"라고 2003년 1월 10일 미국 라스베가스 국제 가전쇼(ICES 2003)에서 연설했다. TV 등 가전제품이 U−사회에서 U−단말기 역할을 하게 되었다는 것을 강조한 것이다.

---

10) Fossil's Wrist PDA-PC is the ultimate companion to your PocketPC! The seamless infrared interface easily downloads the information from your five main handheld applications, stored on your PocketPC into your Wrist PC!

[그림 6] 소니의 클리에

　　일본 소니의 클리에740은 현존하는 좋은 성능의 PDA이다. 기본 팜 중에서도 하이컬러가 지원되는 몇 안 되는 기종이고, 여기에 MP3 플레이어 기능까지 가능하다.

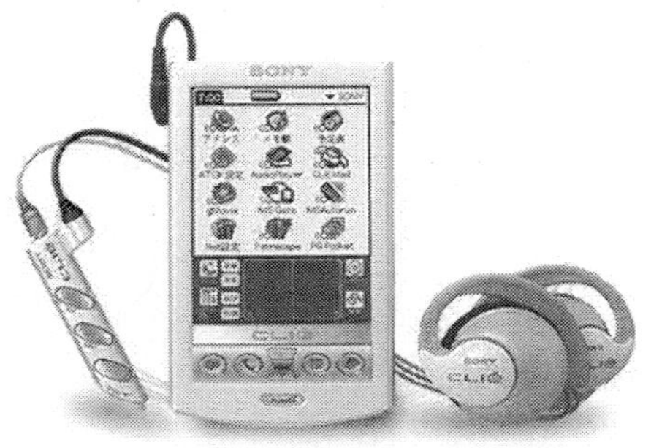

[그림 7] PDA iBEE

　　'KTF SSC ibee 칼라 PDA'는 무선 인터넷 기능과 800 × 480 픽셀로 구성된 5인치 화면을 제공한다 최신 손전화 기능이 있어 깨끗한 통화

품질과 문자메시지 기능, MP3 청취, 이메일보기, 게임, 이미지 뷰어로 동영상 보기, 디지털 카메라, 음성 메일, 계산기, 영어사전, 주소록, 일정관리 기능과 1,000개의 전화번호를 등록할 수 있다. 물론 PC와 데이터 호환이 가능하다.

손목시계, PDA뿐만 아니라 재봉틀과 PC가 결합된 네트워크 미싱, 방수처리된 주방용 웹패드도 출판계에서 사용할 수 있을 것이다. 가정 교과서나 '피복재료 및 관리' 책을 네트워크 미싱과 연결시키면 책에 있는 옷의 본에 있는 선을 따라서 재봉틀이 옷을 만들 수도 있을 것이다. 실제로 일본 브러더 회사와 스위스의 베르니나는 PC에서 편집한 그림 파일을 받아서 자동으로 자수를 놓는 네트워크 미싱을 개발한 바 있다. 말레이시아 웨스팅하우스에서 제작된 주방용 웹패드는 젖은 손으로도 조작할 수 있게 방수를 하였으며 터치스크린으로 이메일이나 정보검색을 하고, 필요시 키보드를 사용할 수도 있다. 방수처리된 웹패드는 부엌뿐 아니라 목욕탕에서도 책으로 사용할 수 있게 개량시킬 수 있을 것이다. 디지털 상태가 아닌 목욕탕에서 읽는 방수된 어린이용 책은 이미 출하되고 있다.

다음은 유비쿼터스 단말기로 사용이 가능한 디지털 학습기 사진이다(위에서부터 디지털 큐브 'T 43', 맥시안 'M 800', 퓨전소프트 '오드아이P1N').

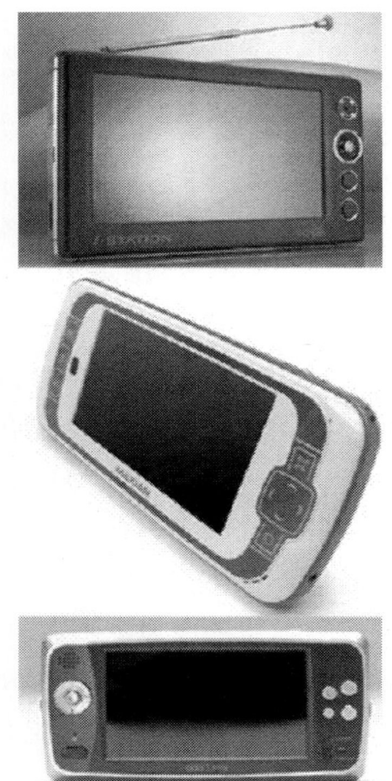

[그림 8] 디지털학습기(유비쿼터스 단말기) 사진

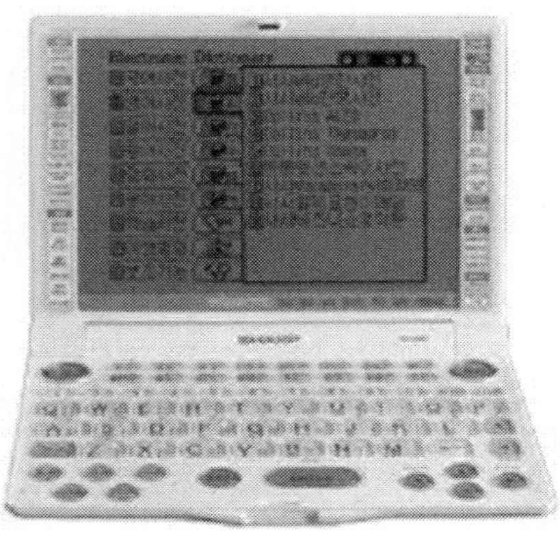

[그림 9] 리얼딕 사전(사전 콘텐츠 45권 수록) 사진

[그림 10] 리얼딕세이 사전
사진(컬러＋동영상＋MP3＋발음 가능)

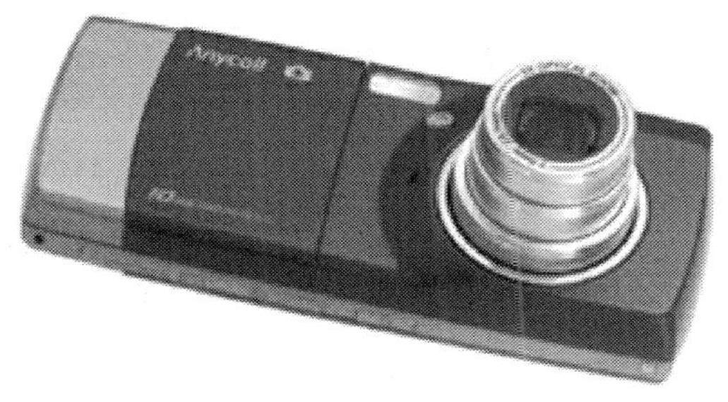

[그림 11] 유비쿼터스 단말기로 사용이 가능한 휴대전화

손에 들고 사용하는 휴대전화에 딸린 카메라가 고기능 디지털 카메라
와 같은 성능이 될 수 있는 것이 융합(컨버전스)의 시대에는 가능하다.
삼성전자는 2006년 세계 최초로 1천만 화소급 디지털 카메라를 실은 '1

천만 화소 폰(SCH-B600)'을 시판했는데, 위성 디지털미디어방송(DMB) 기능까지 탑재했다. 근거리 단말기간 무선통신(블루투스) 연결이 가능해 촬영한 사진을 컴퓨터와 선으로 연결하지 않고도 다른 휴대전화로 전송하거나 프린터로 출력할 수 있다. 거기에다 MP3를 지원하며 '오디오북' 기능도 갖췄다. 멀티미디어 재생이 가능한 차세대 PC(post PC)에 손색이 없다. 당연히 유비쿼터스 단말기로 사용할 수 있다.

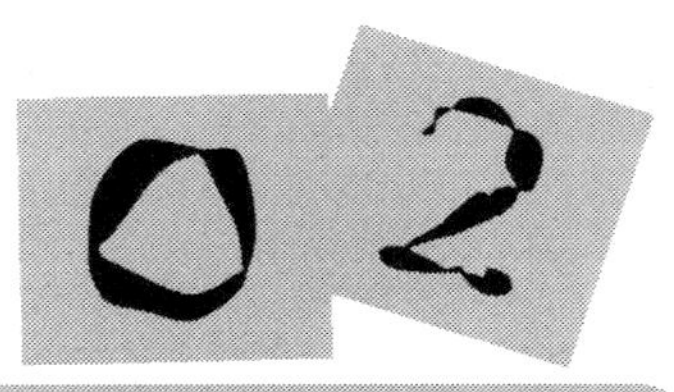

컴퓨터의 발전과 출판

출판인과 인쇄인의 입장에서 본 30여 년간은 질풍노도와 같은 컴퓨터 혁명에 무조건 순종할 수밖에 없었던 수동적인 기간이었다. 1971년에는 대형컴퓨터를 사용하여 전산조판(CTS)을 하였으나 1980년대 중반부터는 개인용컴퓨터를 사용하여 조판(DTP)을 하는 경우가 많아졌다. 개인용컴퓨터의 운영체재도 CP / M과 DOS를 사용하다가 윈도시스템으로 바뀌었다.

윈도 운영 시스템과 매킨토시 운영 시스템은 컴퓨터의 비전문가도 사용하기가 쉬워서 전문가인 인쇄계의 조판회사와 제판회사가 담당하던 영역을 출판계의 편집자와 디자이너에게 그 역할을 넘겨주고 있는 실정이다. DTP(탁상출판) 소프트웨어도 오토페지, 컬러페지, 문방사우, 쿽익스프레스, 페이지메이커, 흔글이 주로 사용되다가 2000년 이후 인디자인과 흔글이 강세를 보이기 시작했다

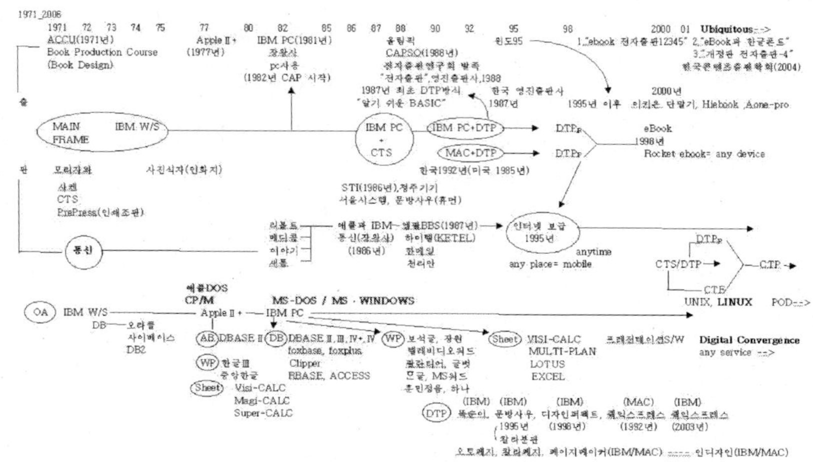

[그림 12] 컴퓨터와 출판의 발전(1971년~2006년)

[표 1] 글틀(워드프로세서)과 개인용컴퓨터의 역사(1961년~2006년)

1961	IBM Selectric Typewriter-Print Ball Type
1971	Wang 연구소 Wang 1200 Typewriter-Screen Type으로 13만 3천자를 카세트에 기록할 수 있음
1971.12.	제5회 아시아지역 출판연수코오스 수료기(동경)-출판문화- Book Production Course에 참가
1975	Altair PC 최초의 PC. 본격적 가동은 1976년 9월 Digital Research Corp의 CP/M개발 후
1976	Wang WPS 워드프로세싱 시스템 4000페이지 분량 디스크에 기록
1976.9.	CP/M(Control Program for Microcomputer) 개발
1977	Apple(애플), PET 2001(코모도어), TRS-80(탠디/래디오/쉘) 개인용컴퓨터
1977.12.	ACCU. Voice of the Course Participants
1979	일본 PC-8001(일본전기), MZ(일본샤프)
1981	미국 IBM-PC, 삼보 SE-8001
1983	미국 IBM-XT, 미국 MS-MSX 규격 발표 8bit PC APPLE II+용 한글-III(정재열/강태진)-삼보가 대리점

1983.12.	월간 마소(마이크로소프트웨어 잡지) 창간
1984	미국 Mc, IBM-AT, 국내는 IBM-XT 개발. 보석글-I(T-Maker) WP-Peter Reuzen
1984.9.	지도 제작과 원가계산- 출판문화-
1985	PageMaker, 애플컴퓨터와 IBM PC의 통신(장왕사)
1985.7.	한글을 사용한 프로그램의 컴파일- 마소-
1985.8.	출판사에서 컴퓨터의 이용
1985.12.	처리 속도가 빠른 프론토 도스- 마소-
1986	TeleVideo WORD(정재열/ 강태진), 보석글-II(T-Master) Ver 1.26 IBM PC BASIC(장왕사), MS-DOS 3.21(PC-DOS 3.2)=720KB 3.5인치 FDD 지원
1986.1.	고객 카드 관리 프로그램- 마소-
1986.2	한글 고리짝 분류하기 프로그램- 마소-
1986.12.	출판의 전산화와 우리의 형편- 출판문화-
1987	IBM-PS/2, MS-DOS 3.3(PC-DOS Ver 3.3)=1.44MB FDD 지원 KSC-5601완성형 한글 표준코드로 지정 국내 최초의 한글 DTP 방식으로 제작된 **'알기쉬운 BASIC 프로그램 모음'**책이 이기성/ 탁연상 공저로 영진출판사에서 출판됨
1987.1.	애플 베이식을 IBM PC 베이식으로- 마소- 전자출판연구회 한글표준코드를1만 1172자가 표현되는 조합형 코드로 정함
1988	한글-2000(정재열/ 강태진), TG-EDIT(PE), 동국대 정보산업대학원 창설 전자출판(영진출판사 발행), dBASE Ⅲ PLUS 실무 강좌(영진출판사 발행)
1988.5.	엠팔(EMPal) 결성, 묵현상 통신 프로그램 '리볼트 of the 엠팔스' 만듬
1988.9.	출판과 전자사서함- 데이타통신-
1989	흔글 1.0, 몽당연필, 보석글-V(PE). 1989.4. 인텔 80486칩 발표
1989.5.	엠팔게시판(BBS) 가동, 한경 케텔 시험 가동
1989.7.11	**호주와 한글컴퓨터 통신 성공(조합형 한글** 사용. 호주 Sydney-Seoul) SPARK 랩톱 컴퓨터, SREVOLT 프로그램(묵현상), CKP 한글(전영욱)

1990	MS-DOS 버전 4.0, 4.1=DOSSHELL 지원, 32MB이상 HDD 지원 쪽박사(강태진), 색동그림글, 한메소프트 EBS TV 컴퓨터를 배웁시다(공저), BASIC 프로그램 모음 제2집 (공저), (영진출판사) 국내 IBM-386, 윈도스 2.0, 데이콤 PC-VAN(Serve) 가동
1990.4.	주간조선 '컴퓨터 이야기' 연재(1990.4.-1994.2. 192회)
1991	흔글 1.51, 사임당, 윈도스 3.0, 문방사우(윈도스2.0용). 수퍼세션(남 북통일, 황건순)
1991.1.	BSA(Business Software Alliance)가 국내 기업 고발(대림오토바 이, 태영교역)
1991.6.	MS-DOS Ver 5.0
1991.11.	제3회 아시아 BBS 운영자 대회
1992	한글MS-DOS 버전 5.0=QBASIC, 2.88 FDD 지원 공진청 ISO / IEC JTC1 / SC2 국내전문위원회, 정보윤리위원회 (1992-1994) 발족
1992.1.	컴퓨터는 깡통이다(가서원) 국내 IBM-486, 한글 윈도3.0, 문방사우(윈도 3.0용) 흔글 2.0 전문용, 일반용, 신사임당, 윈도용 글꼴지기
1992.6.	컴퓨터는 깡통이다-2(가서원)
1992.10.	KSC-5601-92 **조합형 한글코드 규격** KS규격에 추가됨
1992.12.	소설컴퓨터-1-통신편-(성안당)
1993	MS-DOS Ver 6.0, 펜티엄(586) 칩 발표(3.22)
1993.1.	문화부 한글 표준 폰트 **문화바탕체(교과서 본문체)** 발표
1993.3.	EBS-TV '컴퓨터 첫걸음' 시리즈 시작(이기성 / 정수영, 김다혜) 금성 CD-Ⅰ 플레이어 개발
1993.5.	소설컴퓨터-2-흔글편-(성안당)
1994	국내에 펜티엄 컴퓨터 등장
1994.1.	MBC-R 고소영의 FM데이트의 '뚱보강사의 컴퓨터이야기' 코너 진행
1994.2.	EBS-TV 'TV 컴퓨터는 내친구' 시리즈 시작(이기성 / 김다혜)
1994.4.	소년조선일보/중학조선 '뚱보강사의 컴퓨터 교실 연재(1994.4-1996.3)
1994.5.	소설컴퓨터-3-DOS편-(성안당)

1995	국내 인터넷 WWW 열풍 시작, 마이크로소프트 한글윈도95 발표, 흔글 3.0b 28800 모뎀 상품화, 포스데이타의 포스서브 적자로 운영 중단
1995.3	SBS-R 'SBSPC 통신' 진행(1995.3.21-1996.3.31). 한국방송대상(라디오부문) 수상 계원 조형예술 전문대학에 전자출판과 창설됨
1995.12.	KSC-5700 한글 코드 규격 발표
1996	6배속, 8배속 CD-ROM 드라이브 개발. 유니텔(SDS) 게시판 상용 서비스 개시 흔글프로96 개발, 김포전문대에 전자출판과 개설
1996.3.	새 교과과정에 따른 정보산업(인문계), 전자계산일반(실업계) 교과서 발행 문방사우(윈도95용), 한글 / 한자 개발용 폰트매니아1.0(휴먼)
1997	휴먼 문방사우 키 락 없는 것 개발(계원대학, 호서전문학교) 혜전전문대 출판과가 전자출판과로 바뀜
1997.4.	컴퓨터는 깡통이 아니다-1(청암), 흔글97
1998.	윈도98, 흔글 8·15판, 미국에서 NuvoMedia의 eBOOK단말기 개발 전자출판물 심의위원회 발족(전자출판협회) 장왕사 홈페이지(my.dreamwiz.com/jangwang) 개편
1999.	4월 전자출판물 부가가치세법 개정 LINUX 열풍(윈도NT 서버 약세)
2000.	10월 'ebook과 한글폰트' 책 동일출판사 출판 이키온 단말기 생산. 6월 사이버출판대학(publishing21.com) 개강
2001.	ebook 전자출판1, 2, 3, 4, 5-장왕사. 김포대학 전자출판과가 영상디자인과로 바뀜
2002.	ebook 멀티미디어 출판개론-장왕사, 개정판 전자출판-4, 서울출판미디어
2003.	3월 Ubiquitous시대의 출판-한국전자출판연구회 17회 세미나(30회 출판포럼) 도서정가제 실시-첫해는 10%까지만 할인 대전 혜천대 홍보출판미디어과가 광고창작과로 명칭 변경
2003.	4월 한국전자출판연구회가 한국전자출판학회로 명칭을 변경함
2004.	1월 샌프란시스코 IBEC2004 학술대회 발표. 3월 한국콘텐츠출판학회 창립 미국 아도비에서 InDesign 프로그램 출시 여주대 출판디자인과 설립

2004.	10월 중국 우한 출판포럼 발표
2005년	출판 관련 학과가 남은 대학이 4곳(계원대, 신구대, 서일대, 동원대)으로 줄어듦 삼보컴퓨터 법정관리 시작. 한국이 프랑크푸르트 도서전시회의 주빈국이 됨
2006년	'출판' 명칭이 들어있는 출판학과가 있는 대학은 계원조형예술대학과 서일대학의 두 곳임
2006년	7월 한국 사이버출판대학(www.publishing21.com) 휴교. 서울출판미디어에서 '개정판 출판개론' 발행

1995년 계원조형예술대학에 전자출판 전공 학과가 개설된 이래1996년에 김포전문대학에 전자출판과가 개설되었고 1997년에 홍성 혜전전문대학의 출판과가 전자출판과로 학과 명칭이 변경되었다. 한편, 인터넷으로 출판 교육 서비스를 제공하던 한국 사이버출판대학은2000년 6월에 개강하여 글자(text) 위주의 강좌를 6년간 운영하다가 멀티미디어식 강좌로 변경하기 위해 2006년 7월에 휴교하였다.

컴퓨터용 한글을 구현하는 한글코드는1987년 완성형 방식으로 2350자의 한글만 구현하는 KSC-5601-87 규격이 표준코드로 제정되었고, 1992년에 한글 1만 1172자를 구현해낼 수 있는 조합형 방식의 KSC-5601-92 규격이 표준코드에 추가되었다. 최종 출력코드인 한글 폰트는 1993년에 문화관광부에서 교과서나 단행본의 본문 조판용으로 사용할 수 있는 문화바탕체 한글 폰트를 발표했다.

컴퓨터를 사용하는 정도가 유비쿼터스 컴퓨팅 시대에 발전하자 출판도 정보 기술(IT = Information Technology) 시대에서 한 단계 더 발달하지 않을 수 없게 되었다. 현실 공간(real space)에서의 통화는 전화로 가능하지만, 가상공간(cyber space)의 통화는 컴퓨터 공간에서의 전자우편(e-mail)이나 전자게시판(bbs)으로 가능해진 것이다. 간단히 말하면 땅위

에 존재하는 서점이 인터넷 서점으로 발전하는 것이다

[표 2] 유비쿼터스 환경

<pre>
                        Any Media

                          ↑ ↑
                           |
고품위 동영상 | disk, network screen
동영상, 애니 | video, disk, network screen
영상 | film
고품위 음성 | tape
소리, 음향 | 음반(music disk)
글자 | paper
기호 | 동굴벽, 비석
                          ↑ ↑
───────────────────────── 0 ─────────────────────────
                          ↓ ↓

대형 컴퓨터 | 단말기 통신
중 · 소형 컴퓨터 | MODEM 통신
초소형(마이크로) 컴퓨터 | LAN, BBS 게시판
개인용 컴퓨터(PC) | PC 통신, RS-232C
멀티미디어 PC(MPC) | 인터넷 Web
노트북 PC | 무선 인터넷
Post PC(PDA, 입는 컴퓨터, e-book) | DMB
                                    |
                          ↓ ↓

    Any Device   Anywhere
                                       Anytime
</pre>

korean
typo
graphy
출판

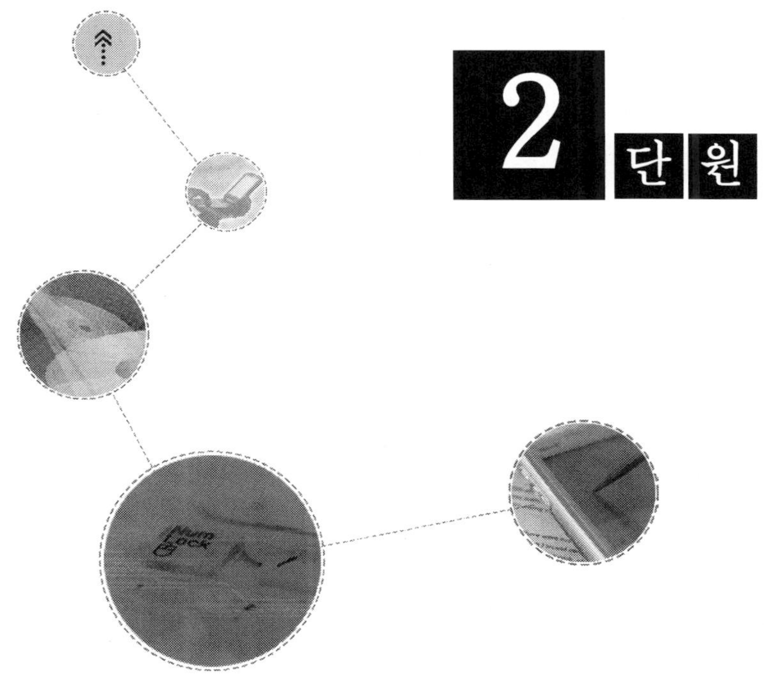

2 단 원

출판은 콘텐츠(내용물)를 단행본, 교과서, 잡지, 신문 등의 형태로 담아서 독자에게 전달하는 행위이다. 자기의 고유 문화를 계승하고 보호하고 발전시키는 것이 가장 큰 목적의 하나인 것이 출판이다. 세계적 간여주의 즉, 세계적 규모화(globalism)가 강화될수록 현지 고유문화의 창안이 시급한 문제가 된다. 우리 한민족은 다행히도 한글이라는 고유 문자와 한국말이라는 고유 언어를 유지하고 있다. 국제화 시대에서 각자가 자기 고유문화 생산자의 역할을 하지 못하면 자칫하다간 세계화가 아니라 강대국의 노예화로 전락하기 쉽다. 세계화, 국제화, 지식산업화, 정보화 사회에서는 고유문화를 보호 발전시키는 출판의 중요성이 강하게 대두되는 시기인 것이다.

책이, 종이책에서 디스크책(disk book)이라고 부르는 것으로 발전하고, 디스크책에서 다시 화면책(network screen book)이 등장했다. 처음 화면책이 등장할 때는, 책이라고 부르기에는 어색하고, 이상한 느낌이 들었다. 그러나 1998년부터 일기 시작한 화면책 단말기(ebook) 붐은 2000년 3월 14일 미국의 작가 스티븐 킹이 '총알 자동차 타기(Riding the Bullet)'를 인터넷에서 화면책으로 판매하기 시작함으로 미국은 물론 한국에까지도 급속히 전파되고 있다.

한국에서는 10여 년 전인 1989년 7월, 호주 시드니와 서울 사이의 한글 컴퓨터 통신이 최초로 성공함으로써 제4통신인 한글컴퓨터 통신의 서막이 올랐다. 이것이 곧, 한국에서도 화면책 출판이 가능하다는 것을 보여준 것이다. 먼저, 하이텔이나 천리안에 화면책이 등장한 것이다. 2000년 7월에 이미 한국에도 PC통신 대신 인터넷을 사용하여 화면책을 출판하는 곳이 10 군데 이상 출현하였다.

"마틴 루터와 그의 일파는 이때 마침 발명된(1450년경) 인쇄술을 이용하여 소책자(Flugschriften)를 만들어 공개적 수단에 호소하였으니 이는 그들이 그들의 종교적 투쟁에 이기기 위해서는 거리의 대중을 상대로 하여서 넓고 깊게 일반 국민생활 속으로 파고 들어가야만 한다는 것을 깊이 깨달았기 때문이었다. 이것이 바로 근대적인 잡지 매체가 발생하게 된 원인이라고 생각할 수 있겠다." 550여 년 전에 마틴 루터가 인쇄한 소책자가 잡지의 시작이라고 주장하는 안춘근 교수의 글을 보면 현대식 종이책 출판의 역사를 짐작하게 해준다[11)]

서기전 3500년 이집트의 파피루스 책 제작은 5500여 년 전부터 이미 출판이 행해졌다는 증거이며, 4300여 년 전인 서기전 2333년의 우리나라의 고조선 시대에도 이미 글자로 보이는 기호가 토기에서 발견되고 있다. 1250여 년 전인 신라 경덕왕 10년(서기 751년) 경에 무구정광대다라니경이 목판으로 인쇄됐고, 760여 년 전인 고려 고종 때(서기 1234년) 금속활자로 고금상정예문을 인쇄했다. 이처럼, 우리의 활자 인쇄술은 우리의 출판 역사를 증명해준다. 인쇄는 출판의 시작이며, 인쇄와 출판을 연결해주는 대표적인 것은 출판디자인이다[2)]

갈릴레오의 지동설이 이론적으로 '우주의 중심이라고 주장하던' 교황의 권위를 실추시킨 동기가 되었다면, 종교 개혁과 신교의 출현에 직접적인 역할을 한 소책자 출판은 '출판이 국민과 국가의 발전을 위한

---

11) 한국잡지협회, 서구에서의 잡지 매체의 생성, '한국잡지총람', pp.118, 1972
    안춘근, '잡지출판론', pp.13-14, '범우사, 1990
12) 이기성, 한국의 도활자와 디지털 활자에 관한 연구, '99출판학연구 통권
    제41호', pp.43-87, 범우사, 1999

중요한 언론'이라는 출판의 목적을 잘 보여주고 있다 교황 등 소수의 신부만 볼 수 있었던 성경책을 대량 복제(인쇄)하여 다수의 신부가 볼 수 있도록 출판을 한 것이다.

출판의 중요 기능이 '전통 문화를 보호·육성함은 물론, 지식과 정보를 독자에게 전달하고, 교육하며, 오락을 제공하여 새로운 문화를 창조하기도 하여, 궁극적으로 인간의 삶의 질을 개선하는데 있는 것이다. 공부와 휴식은 둘 다 인간에게 필수 불가결한 요소로, 이 두 가지 요소를 다 만족시킬 수 있는 것이 출판이다.

정보사회에서는 출판산업을 콘텐츠 산업이라 한다 처음에는 콘텐츠 프로바이더라고 하더니, 요새는 아예 콘텐츠 산업이라 하여, 콘텐츠 프로바이더는 물론이고 콘텐츠 프로세서도 겸하라고 요구하고 있다 그러나 엄밀히 구별한다면 출판은 '콘텐츠 프로바이드'이고 디자인은 '콘텐츠 프로세스'가 된다. 이 두 가지를 다 취급하는 출판기획인이나 출판디자이너야말로 정보사회의 능력 있는 출판인으로 인정받을 수 있는 것이다.

[표 1] 출판 관련 대학원 및 학과(출처:dtp.or.kr)

대학원	학과명	시작 연도	소재지
동국대학교 언론정보대학원	출판잡지학과	1988	서울
중앙대학교 신문방송대학원	신문방송학과 출판/ 정보미디어 전공	1981	서울
경희대학교 신문방송대학원	저널리즘학과	1989	서울
연세대학교 언론홍보대학원	언론홍보학과 저널리즘 전공	1992	서울
서강대학교 언론대학원	신문출판학과 출판 전공	1992	서울
건국대학교 언론홍보대학원	언론출판학과 디지털출판잡지 전공	1995	서울
한양대학교 언론정보대학원	신문방송학과 신문잡지출판 전공	1995	서울
성균관대학교 언론정보대학원	커뮤니케이션학과 출판잡지 전공	1996	서울

출판의 목표

출판 행위는 문자나 그림, 사진, 기보, 악보, 프로그램을 사용하여 사상·감정·희망 등을 도서잡지 등으로 공표, 공시하는 것을 말한다. 출판의 목적은 개인과 사회의 발전, 국가의 복지, 인류 문화의 이바지에 있다. 출판의 역할은 민족 문화의 창조자, 여론 형성의 추진자, 사상의 선구적 전달자가 되어야 한다. 이런 역할은 학문과 예술의 자유를 근간으로 한 사상표현의 자유에 힘입은 것으로 기술 진보에 따라 커뮤니케이터들의 사상 수용 내지 정보 수요의 자유와 그 전파의 자유가 모두 출판의 자유에 기인되어 가능한 것이다. 또한, 역사, 지리, 변화, 놀이 문화, 식사 문화, 지식, 오락, 뉴스, 문학 등 그 집단(사회 / 국가 / 민족)의 공동 문화를 글자나 그림이나 사진이나 소리로 보관하고 현세대는 물론 후세에게도 전해주는 임무가 출판인에게 있다.

우리나라 출판인이 지향하는 첫째 목표도 '우리 고유문화를 보호, 육성한다'이다. 1000개 이상의 출판사가 모여 있는 대한출판문화협회의 출판윤리강령이나 잡지협회의 윤리강령의 제조가 바로 '출판은 고유문화를 보호, 육성, 계승, 발전시킨다'는 뜻을 명쾌히 정의하고 있다. 그러니까 재래식 출판이든, 컴퓨터를 사용하는 전자출판이든 출판디자인이

든 '출판'이란 글자가 들어가면, 한국 출판인은 한국 문화를 보호하고
미국 출판인은 미국 문화를 보호하고 일본 출판인은 일본 문화를 보호
육성해야 하는 것이 마땅하다. 출판인은 자기의 고유문화를 알고 출판
의 4대 과정인 기획, 편집, 제작, 마케팅을 수행하여야 한다.13)

[참고] 대한출판문화협회 출판윤리강령은 1965년에 제정 선포되었고, 1969년 3
　　　월 31일에는 한국도서윤리위원회가 발족되었다 대한출판문화협회 출판
　　　윤리강령은 15개 항으로 구성되어 있다.

　1. 도서는 민족 고유문화를 보호 육성하고 공서 양속을 해치거나 사회에 악
　　　영향을 미칠 요소가 있는 내용이어서는 안 된다.
　2. 도서는 국가 이념과 국가 안전 보장에 관한 사항에 위배되는 요소가 들
　　　어있는 내용이어서는 안 된다.
　3. 도서는 출판 관계 법규를 준수함은 물론, 출판인 스스로 제정한 규약을
　　　어기는 내용이어서는 안 된다.
　4. 도서는 공공의 이익을 떠나서 개인 또는 특정 기관 단체의 권리를 침해
　　　하거나 명예를 훼손하는 요소가 들어 있는 내용이어서는 안 된다. 특히
　　　타민족을 부당하게 모독하지 않으며, 내외국의 국가원수에 대한 명예를
　　　훼손하는 내용이어서는 안 된다.
　5. 평론은 공정하고 진리를 수호하는데 충실하여야 한다.
　6. 도서는 그 내용의 진실성과 정확성이 요구되며 사실과 다른 내용은 이를
　　　지체없이 정정 또는 삭제하여야 한다.
　7. 도서는 정치적 특권이 있는 자, 또는 특정인의 이익을 위하여 부당한 내
　　　용을 다루거나 고의로 사실을 왜곡 또는 과장한 내용이어서는 안 된다
　8. 도서는 종교에 대하여 신앙의 자유를 존중하고 특정 종교 또는 종파에
　　　대한 부당한 모독, 공격, 비방을 하여서는 안 된다.
　9. 도서는 다른 출판물의 내용을 표절 또는 불법적으로 전재하거나 법이 허용

---

13) 오경호, '출판기획원론', pp.15-16, 일진사, 1994
　　이기성, 무식한 디자이너가 용감하다― 디자인 용어 제대로 쓰기를 기대하
　　며, '정·글' 제11호, pp.32-33,
　　윤디자인연구소, 1998년 12월15일

하는 이상의 절록을 인용하여서는 안 되며, 다른 출판물의 내용을 인용 또는 전제하였을 때는 내외를 막론하고 그 출처를 명시하여야 한다.

10. 도서는 정당한 사유 없이 저작권자의 표시를 출판인이 임의로 조작하여 사용할 수 없다.

11. 도서는 동일한 제목 또는 유사한 내용을 2개사 이상에서 경쟁 출판을 하여서는 안 된다. 서로 출판 기획의 정을 몰라서 야기된 선의의 경쟁이 불가피할 경우에는 상호 협의로써 사회에 물의를 일으키는 사태를 방지하여야 한다.

12. 도서는 양질의 자료를 사용, 제작함으로써 조잡한 형태가 되지 않도록 하여야 한다.

13. 도서는 저급한 선전으로 주체성을 상실하고 출판인의 긍지와 품위를 손상시키는 일이 있어서는 안 된다.

14. 도서는 유통 질서의 정상화를 기하여야 하며 특히 적정 정가를 산출 표시하되 이중가격을 표시하거나 비정상적인 할인 판매 등을 선전하여서는 안 된다.

15. 기타 사회 통념상 비난의 대상이 될 수 있는 출판물의 출판 및 배포를 해서는 안 된다.

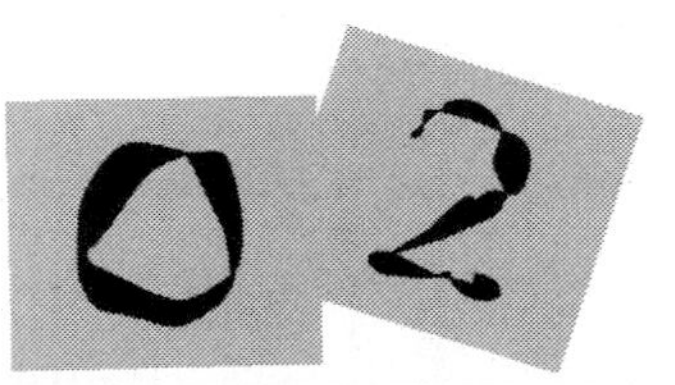

출판의 정의

출판(publishing)은 단행본(도서, 서적, 책), 잡지, 교과서 등 내용(콘텐츠)을 담은 출판물을 펴내는 행위이다. 출판물을 기획해서 편집하고 제작(생산)하고 마케팅(유통)을 해서 독자에게 전달하는 데까지가 출판이다. 저자의 머리 속에 아무리 많은 정보가 들어 있어도 이를 독자에게 전달(배포)하지 못하면, 다시 말하여, 저자와 독자가 커뮤니케이션이 되지 못하면 출판이 완성되지 못한다. 종이책을 인쇄하고 제책하여 창고에 쌓아놓는다면 이는 출판이 미완성된 것이다. 예를 들어, 독자가 서점에서 책을 사거나 인터넷을 통하여 주문을 받고 오토바이 택배서비스로 책이 독자에게 배달되어야 출판이 이루어진(완성된) 것이다.

출판이란 문자 위주의 커뮤니케이션으로서, 문자 정보 위주 저작물(contents)의 매체를 제작하고 유통시키는 일체 행위를 말한다.14)

우리나라에서는 1970년대까지만 해도, 교과서, 잡지, 책, 신문 등 종이 매체에 인쇄된 것을 출판물이라고 하는데 반대하는 사람이 거의 없

---

14) 1980년대 초까지도 contents의 매체를 인쇄 매체로 한정하였었다. 물론 디스크나 통신망에 저작물을 올리는 것도 인쇄한다고도 하나, 당시의 인쇄업계에서는 종이에다 대량 복제하는 것만을 의미했다.

었다. 그러나 컴퓨터의 발달과 전자 기록 매체의 발달로 디스크(자기 저장판)가 출현하면서, 종이가 아닌 디스크에 내용을 담는 것도 출판이라고 출판의 정의가 바뀌어졌다.15)

화면책을 읽는 장치인 ebook 단말기는 PC와 다른 형태이지만, PC의 기능을 많이 포함하고 있다. 그렇다고 ebook 전용 단말기를 Post PC에 넣기에도 애매한 점이 있다.

출판은 내용(contents)을 담은 출판물을 제작하여 독자에게 전달하는 것인데, 이때의 내용이란 저작물을 의미한다. 이 저작물은 보통 저자의 머리 속에서 나오기 마련으로, 눈에 보이거나 손에 잡히지 않는 정신적인 산출인 것이다. 태백산맥이나 소설동의보감은 전화번호부나 사전 같은 데이터베이스류(DB) 저작물과 달리, 저자의 머리 속에서 여러 정보와 데이터를 익히고 소화하여 저자 자신의 독창적인 저작물로 탄생한 것이다. 태백산맥 소설에 등장하는 500여명의 주인공과 아리랑에 등장하는 500여명의 주인공은 서로 다른 1000여명의 주인공으로서, 저자 조정래는 이 소설의 원고가 완성될 때까지 머리 속으로 1000여 명의 주인공과 침식을 같이하는 인고의 시간을 갖는 것이다. 글자들을 배열한 것이 책이라는 기계과학적인 정량적인 생각보다는, 글자로 표현되기까지의 과정이 굉장히 힘든 정신적인 작업을 거쳐야만 가능하다는 문화적인 정성적 사고를 하여야 옳을 것이다.

문화를 취급하는 산업인 출판 산업에 종사하려면 그 해당 문화를 진실로 이해할 수 있어야 한다. 한국의 출판인은 한국 문화를 알아야 하는데, 한국 문화를 알려면 한국인 한국인의 생각(한국 철학), 한국 환경(땅, 기후)을 알아야 한다. 한국 문화가 무엇인지 알아야 한국 문화

---

15) 김성재, '출판의 이론과 실제 제5판' pp.2-4, 일지사, 1996
   김성재는 신문의 발행은 출판의 범위에 속하지 않을 수도 있다고 주장한다.

를 보호, 육성할 수 있을 것이다. 출판디자이너, 출판 편집인, 출판 마케터(서점), 출판 경영인 등 출판업에 종사하는 한국 출판인은 출판의 첫째 목적이 무엇인지를 항상 잊지 말고 자기 업무에 임하는 자세를 유지해야 할 것이다.

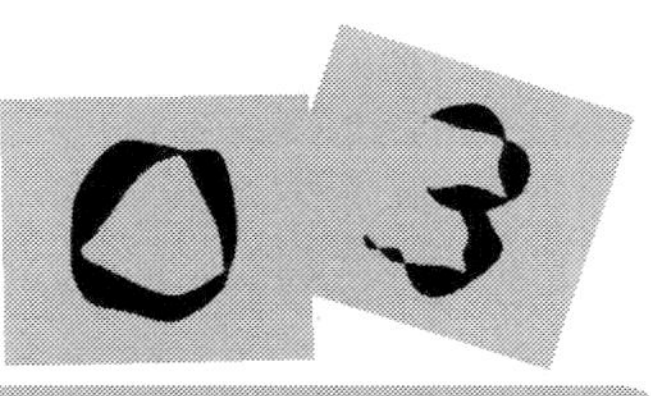

출판의 분류

출판은 출판물의 내용별로도, 또 출력 매체별로도 구분할 수 있으며, 같은 출판물도 출판 과정별로 구분할 수도 있다.

1) 분야별 분류

출판물(publications)은 그 저작물의 내용에 따라서 교과서냐, 월간지냐, 책이냐, 아동물이냐, 전집이냐, 단행본이냐, 잡지냐, 만화냐, 문고냐, 신문이냐, 참고서냐 등으로 구분되어 불려지고 있다. 이러한 분류는 내용별, 크기별 등 구분의 기준이 명확하질 않다. 학습참고서가 교과서에 포함되느냐 아니냐가 문제가 되기도 한다. 그러나 교과서가 아니고, 교과서류로 분류할 때는 학습참고서가 들어간다. '책 중의 왕'은 교과서이고, '책 중의 꽃'은 단행본이라고 불릴 정도로, 교과서와 단행본은 둘 다 중요한 위치에 있다. 다른 관점에서, 출판물은 인쇄된 매체에 따라서 종이책(paper book), 디스크책(disk book), 화면책(screen book)으로 구분되기도 한다.[16]

---

16) 이기성·김경수, '전자출판 Ⅲ—DTP SYSTEM 문방사우를 중심으로', pp.16-20, 장

출판물의 내용(contents)을 분야(field)별로 분류하면, ① 교과서, ② 단행본, ③ 잡지, ④ 신문의 4 분야로 구분할 수 있다. 국내에도 이종교과서협회와 출판문화협회, 잡지협회 등 여러 개의 협회가 있다. 각 협회는 분야별로 뭉친 단체이다. 서로 타 단체를 인정하지 않으려는 경향도 있다. '교과서(text book)가 책이냐, 단행본(book)만 책이다'라는 주장도 있고, '잡지야말로 책이다'라는 주장도 있다. 그러나 초등학교, 중·고등학교에서 배우는 교과서를 책이 아니라고 주장하는 것은 편협한 생각이다. 좁은 의미의 교과서는 교과서만 의미하지만 넓은 의미의 교과서는 교과서류를 의미하여 학습참고서가 포함된다. 대학교 교과서는 교과서도 아니고 단행본도 아니며 별도의 분류로 대학 교재라고 부르기도 하나, 교과서류에 들어가는 것은 틀림없다. 좁은 의미의 교과서는 국정인 일종교과서와 검인정인 이종교과서로 나뉜다. 민간출판인이 발행할 수 있는 것은 이종교과서이다. 물론 교육부의 검인정 시험을 통과하여야만 출판이 가능하다.

잡지(magazine)는 일정 기간마다 발행하는 정기간행물(periodicals)과 발행 기간이 일정하지 않은 비정기간행물이 있다. 정기간행물에는 1년 주기로 발행하는 연간 잡지, 1달 주기로 발행하는 월간 잡지, 1주 단위로 발행하는 주간 잡지가 있다. 1일 단위로 발행하는 정기간행물을 일간 잡지라고 부를 수 있으나, 일간 잡지는 보통 일간 신문(newspaper)으로 별도로 취급한다. 주간 잡지를 주간 신문으로 부르기도 한다.

중국에서는 교과서, 서적(단행본), 사진(그림)출판물로 출판물을 분류하고, 잡지와 신문은 별도의 출판물로 분류한다. 1999년 중국은 교과서가 2만 755종, 정가 총액 171.5억원으로 정가 총액의 39.3%를 차지한다. 서적은 11만 8584종으로, 정가 총액 258.79억원이 되며 59.3%를 차지한다. 사진(그림)출판물은 2492종에 정가 총액 6.04억원으로 1.4%

왕사, 1998

에 불과하다. 별도의 출판물로 간주하는 잡지와 신문은 시청각제품(시청각자료 출판물)과 함께 통계를 내고 있다. 1999년도 중국의 잡지는 8187종으로 28.46억 권이고, 신문은 2038종으로 318,38억 부를 발간하며, 시청각제품(녹음 테이프, CD 포함)은 8946종에 1.13억 장을 출판하고 있다. 중국의 여민(余敏) 중국출판과학연구소장도 출판물을 교과서, 단행본, 잡지, 신문으로 분류하는데 이견이 없다.17)

출판물의 분야별 분류를 교과서, 단행본, 잡지, 신문으로 구분하지 않고, 도서, 잡지, 교과서로 분류하는 의견도 있다. 이때의 도서는 단행본을 뜻하는데, 서적이라고도 부르며, 출판물을 책이라고 부른다. 또, 출판물(책)의 종류를 도서와 잡지의 두 가지만으로 구분하는 의견도 있다(일본도 그러하다). 출판은 단행본과 교과서만 내는 것이고 잡지는 별도의 잡지 출판 영역이라고 주장하는 견해도 있다. 책을 협의로 해석하면 단행본 또는 도서에 해당하고, 책을 광의로 해석하면 출판물 전체에 해당한다는 견해 또한 주류를 이루고 있다.

[표 2] 내용별 출판의 분류

출판물의 내용별 분류		세 분
단행본		단행본, 문고, 전집, 총서
교과서		초 / 중 / 고 교과서, 대학 교재
잡 지	잡 지	연간, 월간, 순간, 주간 잡지
신 문		일간, 주간 신문

---

17) 余敏, 중국의 출판산업 발전 현황과 전망 '제4회 한·중 출판학술회의 논문집' pp.49-51, 한국출판학회, 서울 세종문화회관, 2000.7.3.

[표 3] 출판의 분류

출판 행위	출판물	세 분
도서 출판(출판)	단행본(도서)	아동서, 만화, 문고, 학술서
	교과서	초/중/고 교과서, 대학 교재
잡지 출판(잡지)	잡 지	잡지, 신문
	소책자	카드, 카탈로그, 팸플릿, 브로슈어

[표 4] 대한출판문화협회의 통계

2005년 출판통계 현황

구 분	신간발행종수				신간발행부수			평균부수			평균청가			평균면수		
	2004	2005	증감율	점유율	2004	2005	증감율	2004	2005	증감율	2004	2005	증감율	2004	2005	증감율
총 류	297	332	11.8	0.76	819,112	671,458	-18.0	2,758	2,022	-26.7	15,524	14,264	-6.1	258	226	-12.5
철 학	584	838	43.5	1.92	1,220,873	1,426,232	16.8	2,091	1,702	-18.6	15,120	15,544	2.8	348	357	2.5
종 교	1,183	2,032	71.8	4.66	3,457,400	4,893,990	41.6	2,923	2,408	-17.6	10,682	10,483	-1.9	307	309	0.6
사회과학	4,650	5,777	24.2	13.25	7,567,540	10,319,495	36.4	1,627	1,786	9.8	16,968	16,975	0.0	405	391	-3.6
순수과학	514	849	65.2	1.95	781,391	2,274,554	191.1	1,520	2,679	76.2	16,359	15,897	-2.8	348	318	-8.6
기술과학	2,891	3,660	26.6	8.40	4,909,665	6,357,735	29.5	1,698	1,737	2.3	18,607	18,832	1.2	382	378	-0.9
예 술	1,308	1,632	24.8	3.74	2,500,800	3,105,754	24.2	1,912	1,903	-0.5	14,021	16,539	18.0	201	219	8.7
언 어	1,502	2,246	49.5	5.15	4,459,121	6,372,833	42.9	2,969	2,837	-4.4	13,519	13,406	-0.8	297	274	-7.8
문 학	6,069	8,281	36.1	18.95	15,522,287	19,345,637	24.6	2,558	2,342	-8.4	9,362	9,575	2.3	285	287	0.7
역 사	1,128	1,300	15.2	2.98	2,259,033	2,842,144	25.8	2,003	2,186	9.2	18,066	16,405	-9.2	376	331	-11.9
학습참고	1,485	1,919	29.2	4.40	17,254,884	15,019,796	-13.0	11,619	7,827	-32.6	10,883	9,223	-15.2	199	203	1.6
아 동	5,913	7,146	20.9	16.40	21,341,314	23,760,022	11.3	3,609	3,325	-7.9	8,555	8,983	5.0	81	85	5.8
계	27,524	35,992	30.8		82,092,920	96,389,652	17.4	2,982	2,678	-10.2	12,708	12,752	0.3	270	269	-0.5
만 화	7,867	7,593	-3.5	17.42	26,862,030	23,267,029	-13.4	3,451	3,064	-10.3	4,023	4,173	3.7	173	170	-1.6
총 계	35,391	43,585	23.2	100.00	108,954,950	119,656,681	9.8	3,078	2,745	-10.8	10,777	11,257	4.5	249	252	1.2

본 자료는 (사) 대한출판문화 협회에 납본된 자료를 근거로 집계한 통계이므로 출판계 전체 통계로는 볼 수 없으니 이 점 참고하시기 바랍니다

한국의 2005년도 신간 발행 종수는 4만 3585종이고, 신간 발행 부수는 1억 1965만 6681권이었다. 그중 문학이 18.5%로 가장 높은 점유율을 나타냈다. 2006년 대한출판문화협회 발행 '2006 한국출판연감'에 따르면 2005년 출판 시장은 2조 6939억 원, 이중에서 인터넷 서점의 매출 총액은 16.7%(4497억 원)로 인터넷 서점 매출 총액이 매년 증가 추세에 있다. 문화관광부에 등록된 출판사는 모두 2만 4580개이고 이중 200종 이상의 신간을 출판한 곳은 28곳인데 반해, 1년에 한 권도 출판하지 않는 출판사는 2만 곳 이상(90.8%)이나 되었다.

일본의 종이책 시장은 2005년에 약 7조 3500억 원으로(9197억 엔을 환율 800 : 1로 계산) 한국 시장의 약 3배에 달하였다.

2) 출력 매체별 분류

출판물이 최종으로 어디에 담겨 있느냐에 따른 분류가 출력 매체(output media)별 분류이다. 종이에 인쇄된 출판물이면 종이출판물(paper publications)이나 종이책(paper book)이라 하고, 종이가 아닌 매체에 인쇄된 출판물이면 비종이출판물(non-paper publications)이나 비종이책(non-paper book)이라 한다. 비종이출판물에는 CD-ROM이나 DVD-ROM에 발행된 디스크출판물(disk publications, 디스크책=disk book)과 인터넷 같은 통신망에 발행된 화면출판물(network screen publications, 화면책=screen book)이 대표적이다. 전자책(eBOOK)이라 불리는 책들은 통신망을 사용하는 화면책의 일종으로 볼 수 있다.[18]

---

18) 이기성, 전자출판, pp.317-320, pp.328-330, 영진출판사, 1988

화면책 읽는 장치(단말기, 독서기, ebook 단말기)는 어떤 형태가 적당한가? Rocket eBOOK, 단말기, softbook, 성경 screen book, 목소리를 알아듣는 단말기, 이들 중 어느 것이 network screen book의 단말기로 적당할 것인가? 휴대전화(mobile phone)에 팜톱 컴퓨터가 합쳐진 것, 휴대용 컴퓨터에 칼라 TV가 합쳐진 것, 팜톱 컴퓨터에 컬러 TV에 휴대전화가 합쳐진 것, 팜톱 컴퓨터에 ebook(화면책 읽는 장치)이 합쳐진 것, 어느 것이 화면책 시장을 석권할지는 알 수 없다.

일부에서는 출력 매체로 출판물을 구분하는 방식을 출판물 구분의 원칙으로 생각하고 있으나, 이는 주와 종을 거꾸로 생각하는 것과 비슷하다. 매체(media, medium)를 독립변수로 보는 구분에서, 매체를 관계항으로 보는 상호학문적(interdisciplinary) 구분이 요망된다. 수천년간 출판의 최종 출력 매체로 높은 인기를 구가하던 종이가 전자 종이라고도 불리는 디스크나 통신망으로 발전된 이 시점에서, 종이에 인쇄된 것만이 출판물이라는 개념은 빨리 버려야 할 것이다(이미 OSUP 시대가 도래했다).

반면에 출력매체가 종이건, 디스크이건, 통신망이건 그 출판물에 담겨진 내용(contents, 저작물)을 보다 중시하고, 그 내용을 분야별로 구분하는 것이 출판물 구분에서, 보다 바람직하다고 생각한다.[19]

3) 출판 과정별 분류

종이책이냐 비종이책이냐, 단행본이냐 교과서냐 잡지냐 신문이냐를

---

19) 이기성, 전자출판 발전 방향에 관심 기울여야 격주간 '출판저널 제271호', pp.23, 한국출판금고, 2000년1월5일 OSMP = One Source Multi Product, OSUP = One Sourece Ubiquitous Product

따지는 것이 아니고, 출판물이 태어나는 단계별로 출판을 알아보는 것이 출판 과정(step)별 분류이다. 출판 과정은 ① 기획 단계, ② 편집 단계, ③ 제작 단계, ④ 마케팅 단계의 4단계로 구분한다. 기획 단계에서 무엇을 고려해야 하나? '첫째, 무엇을?, 둘째, 독자는?, 셋째, 누가 집필?, 넷째, 언제 발행?'의 네 가지를 고려해야 한다.

① 출판의 기획 단계는 창조 단계이다. '무엇을?'은 무에서 유를 만들어내는 첫 번째 단계를 의미한다. 무엇을 출판할 것인가가 정해지면 '어떻게?'가 두 번째 단계이다. 두 번째 단계는 편집 단계이다. 기획이 대체적인 설계라면 편집은 설계를 구체화하는 조형이라고 할 수 있다. 편집자는 디자이너를 겸해야 한다는 말의 뜻은 편집자의 역할을 살펴보면 이해가 간다.

② 편집 단계에서 편집자(editor)는 크게 두 가지 일을 한다. 지적 조직자의 역할과 지적 디자이너의 역할이다[20]

첫째로, 지적 조직자의 역할은 대중들의 관심 있는 문제로 클로즈업된 기획을 실천함에 있어, 그것을 독자들이 잘 이해할 수 있도록 조직적으로 꾸미는 것으로, 다시 말해 대중의 지적 관심을 조직화하는 것이다. 지적 조직자는 지식의 산파 역할도 한다. 편집자가 집필자를 찾아내어 원고를 받아내는 일이, 지식이라는 아이를 받아내는 산파의 일과 비슷하기 때문이다.

둘째로, 지적 디자이너의 역할은 독자들의 관심거리인 지적 자료들을 마치 표구사가 미술품을 액자에 넣어서 감상용품으로 만들듯이 책으로 꾸미는 일을 한다. 지적 디자이너를 지적 정원사라고도 한다. 기획된 내용에 알맞은 원고를 한 장의 종이 위에 그림을 그리듯이 구도

---

20) 안춘근, '잡지출판론', pp.92-103, 범우사, 1990

에 맞추어 배열하는 작업이, 마치 정원사가 꽃과 나무를 정원에 배치하는 것과 비슷하기 때문이다.

출판 분야에서 design은 디자인 이외에 도안, 장정, 꾸미기, 레이아웃, 편집 등 여러 용어로 사용되고 있다. 기획자의 의도를 정확히 시각화시켜 내는 것이 출판디자이너로서의 편집자(지적 디자이너)에게 부여된 첫째 사명일 것이다. 출판물디자인에는 편집적 계획(editioral planning), 시각적 계획(visual planning), 생산적 계획(technical planning) 과정이 포함된다. 저자와 독자 사이에서 본문 원고를 인쇄에 적합하도록 준비하고 조정하는 편집적 계획, 인쇄된 이미지의 구체적인 모습을 결정하는 시각적 계획, 책의 구조와 생산 방법에 관한 생산적 계획을 기획 단계와 편집 단계에서 고려하여야 한다.21)

편집자는 저자를 확보하고, 저자의 원고를 독자라는 대상에게 잘 전달되도록 조직하고, 디자인하는 역할을 하는데, 이것이 마치 영화 감독이 시나리오를 확보하고 배우를 선정하여 연기 감독을 함은 물론 조명과 소품에도 신경을 쓰는 것과 비슷하다고 하여, 편집자를 editor 대신에 PD(감독, 연출자)라고 한다. 물론 근래는 문자라는 싱글미디어에서 문자와 이미지와 사운드가 결합된 멀티미디어를 편집하는 편집자로 역할이 발전하고 있으므로, 에디터라고 부르는 대신에 프로듀서(연출가)라고 부르기도 한다.

③ 출판의 제작 단계는 일반적으로 인쇄 단계를 말한다. 흔히, 3P라 불리는 prepress, press, post press 단계가 제작 단계인데, 1980년대부터는 prepress 단계 일부가 편집 단계로 넘어가는 수가 많이 발생하고 있다. 도안(design), 조판, 촬영, 밀착, 제판, 색분해, 필름따붙이기(고바리), 터잡기, 판굽기, 교정인쇄(데스리) 등이 전부 인쇄 영역이었다.22)

---

21) 道吉剛, 북디자인은 어떤 것인가, '出版硏究 No.7', pp.24, 講談社, 1976
22) 1980년대 초까지도 출판계와 인쇄계에서는 디자인이란 말이 안 쓰이고 도

④ 출판의 마케팅 단계는 제작이 완료된 출판물이 독자에게 전달되고 대금이 회수되는 단계이다. 마케팅 단계가 출판물의 제작이 완료된 시점부터라고 많이들 이야기 하지만, 이것은 옳지 않은 생각이다. 마케팅의 한 부분인 홍보 계획, 광고, 유통 루트, 원가 산출 등은 이미 기획 단계부터 고려되어야 한다. 출판디자인 작업은 출판물에 예술성을 부여하여 상품 가치를 높여주는 고급문화사업이다. 출판디자인은 편집디자인과 달리 편집 단계 이외에도 출판의4단계인 기획, 제작, 마케팅의 3단계를 모두 포함하는 총괄디자인이다. 1980년 초 포드자동차의 도날드 피터슨 사장이 주장한 '디자인 마케팅' 전략은 출판디자인에서는 출판 마케팅 단계에서 이미 사용되고 있은 지 오래이다.

안, 도안사로 불려지고 있었다. 1980년대 중반 이후부터 도안이 디자인으로, 도안사가 디자이너로 불리기 시작했다. 1980년대 초까지는 디자인(도안)은 출판사가 아닌 인쇄소 영역으로 취급되었다. 컷으로 불리는 삽화는 디자이너가 아닌 fine art 쪽의 삽화가에게 의뢰하였다. 아미(망점) 처리가 힘들었던 당시는 선으로 그리는 펜화 전문 화가가 상당한 수준의 대우를 받았다. 표지디자인 역시 편집장이 기획을 하고 화가에게 표지 그림을 의뢰하기 일쑤였다. 김형윤, 정병규, 서기흔 등이 출판디자이너로 명성을 날리기 전까지는 표지디자인은 편집자나 화가가 제작하는 것이 출판계의 상례였다.

[표 5] 초창기(1990~2000) 전자출판 관련 학위 논문23)

일간신문 CTS 편집프로그램의 개선에 관한 연구-경향신문사의 Newsmaker를 중심으로-, 김성옥, 동국대 언론정보대학원, 1998

한글 DTP 시스템을 위한 페이지 레이아웃 기능에 관한 연구-IBM PC용 편집 전용 소프트웨어를 중심으로-, 김경수, 동국대 언론정보대학원, 1998

출판 디자인용 한글 폰토그래피에 관한 연구-한글 본문용 폰트를 중심으로-, 황화선, 동국대 언론정보대학원, 1999

전자출판에서 PREPRESS의 변화추이와 상호 작용에 관한 연구, 오세종, 동국대 언론정보대학원, 1996

전자출판에 있어서 출력시스템 발전방향에 관한 기초 연구 김원철, 동국대 언론정보대학원, 1996

유아용 전자출판물의 활성화 방안에 관한 연구 노재신, 동국대 언론정보대학원, 1994

전자 출판물의 저작권법상 문제에 관한 연구-우리나라 전자 출판물 복제에 따른 문제점과 대응방안을 중심으로-, 전민철, 동국대 언론정보대학원, 1998

전자출판 시스템중 CTS용 한글 음절 출력 방식에 관한 연구, 이기성, 단국대 경영대학원, 1991

전자출판에 있어서의 바람직한 한글 코드 설정에 관한 기초적 제언 초·중·고등학교 국어교과서의 음절출현 분석을 중심으로-, 손애경, 동국대 언론정보대학원, 1990

컴퓨터편집시스템(CES) 구현을 위한 한글 워드프로세서 기능 개선에 관한 연구-국내·외 주요 워드프로세서의 기능비교분석을 중심으로-, 박시형, 동국대 언론정보대학원, 1991

화면책 출판용 서지 데이터베이스의 도서관 활용방안에 관한 연구 김인숙, 동국대 언론정보대학원, 1992

자소조합에 의한 전자출판용 본문체 개발 및 미려도 연구 오정금, 동국대 언론정보대학원, 1992

디지털 자소의 위치 이동에 의한 경제적인CTS용 한글 글자꼴 구현 방식에 관한 연구, 김진하, 동국대 언론정보대학원, 1993

---

23) 동국대학교 언론정보대학원 출판잡지 관련 석사 논문은 (주)장왕사에서 발행한 한국전자출판학회의 '출판논총 제3집'과 '이기성 박사 화갑 논문집 디스크책 부록'에 실려 있다.

웹진(Webzine)의 정의와 전망에 관한 연구-웹진의 정의, 종이 잡지와의 비교 발달전망-, *김진섭*, 동국대 언론정보대학원, 1998

출판용 한글 글꼴 및 세라믹 활자 개발에 관한 연구 *이기성*, 경기대 대학원, 2000

출판에 있어서 스타일시트에 관한 연구-사회과학 분야 단행본 본문 편집을 중심으로-, *윤남지*, 동국대 언론정보대학원, 2000

화면책 구현을 위한 XML 기초 연구-E-book에 있어서의 IA(Information Architecture) 구현을 중심으로-, *송수현*, 동국대 언론정보대학원, 2000

korean
typo
graphy
전자출판

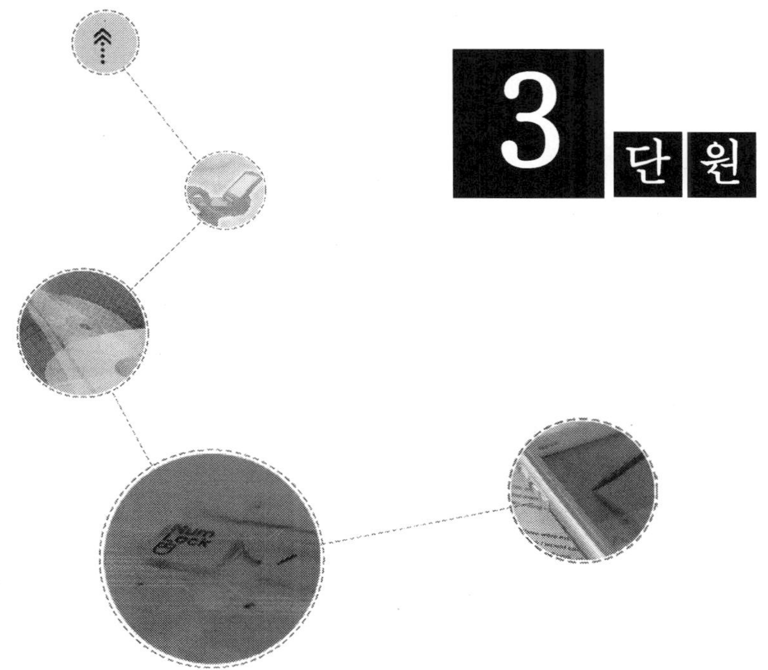

3 단 원

한국전자출판학회의 주요 멤버들은 십여 년 전부터 컴퓨터에 의해 영향을 받는 출판계에 대하여 글을 써왔다. 그리고 출판계의 미래에 대비하자고 했다. 신구대학 인쇄과, 출판과, 동국대 정보산업대학원, 언론정보대학원, 단국대 정보처리학과, 계원조형예술대학 전자출판과, 출판디자인과에서 주로 전자출판 관련 과목을 맡아서 강의를 하면서 한국 출판계의 국제 경쟁력을 키우는 데 주력하여 왔다.

[표 1] 컴퓨터와 출판에 관한 글

1. 1986년 12월호 출판문화의 '출판의 전산화와 우리의 형편'
2. 1987년 8월호 출판문화의 '출판과 뉴테크놀로지의 결합'
3. 1988년 영진출판사가 출판한 '전자출판' 책
4. 1992년 동국대 정보산업대학원 석사 논문
   '화면책 출판용 서지 데이터베이스의 도서관 활용 방안에 관한 연구', 김인숙
5. 1995년 장왕사 발행 '전자출판-Ⅱ' 책
6. 1998년 제16회 한국전자출판연구회 춘계세미나
7. 1998년 동국대 정보산업대학원 석사 논문
   '전자출판물의 저작권법상 문제에 관한 연구', 전민철
8. 1998년 동국대 정보산업대학원 석사 논문
   'Webzine의 정의와 전망에 관한 연구', 김진섭
9. 2000년 1월 5일자 출판저널의 '전자출판 발전 방향에 관심 기울여야-화면책 개발 위한 연구와 투자 요구돼'
10. 2000년 3월호 출판문화의 '디지털 시대의 출판 산업-출판계는 호황인가, 불황인가'
11. www.dtp.or.kr 의 [DTP] 강좌
12. my.dreamwiz.com/jangwang 의 [출판] 강좌, [전자출판] 강좌
13. 2000년~2006년 한국사이버출판대학(www.publishing21.com)의 출판 관련 과목 강좌

전자출판의 정의

컴퓨터를 이용하여 출판 행위를 하는 것이 전자출판(CAP)이다. CAP
는 컴퓨터에 의한 출판(Computer Aided Publishing)이란 뜻으로 전자출
판을 말한다. 전자출판은 그 최종 출력물(output media)을 기준으로 종
이책 전자출판(paper book CAP)과 비종이책 전자출판(non-paper book
CAP)으로 구분한다. 비종이책 전자출판에는 디스크책 전자출판(disk
book CAP)과 통신망을 사용하는 화면책 전자출판(network screen book
CAP)이 있다.

출판은 교과서 출판, 단행본 출판, 잡지 출판의 3 영역으로 크게 나
눌 수 있다. 교과서 영역에는 초·중·고 교과서 이외에 학습 참고류도
포함된다. 이 3 영역이 1990년 이후부터 전부 다 종이책의 한계를 넘
어서 발전하고 있는 것이다. 남미 쪽 교포에게는 이어령 문화부장관
시절에 이미 CD-ROM에 한글 국어 교과서를 담은 디스크(disk)교과서
가 제공되었고, 이는 비영어권 교포 사회에서 폭발적인 인기를 얻었다.
현지 교포 2세나 3세의 한국어 발음이 정확치 못하다 하여 걱정할 필
요가 없다. 디스크교과서의 소리 파일이 표준 한국어를 들려줄 수 있
기 때문이다. 요즘, 한국에서는 영어를 배우는데 종이책보다 디스크영
어책이, 컴퓨터를 배우는데 종이책매뉴얼보다 디스크매뉴얼이 더 인기

가 있다.

미국에서는 2000년 3월 작가 스티븐 킹이 '총알 자동차 타기'책을 인터넷에서 화면책으로 판매하기 시작하였다. 한국에서는 1989년 7월, 호주 시드니와 서울 간의 한글 컴퓨터 통신이 최초로 성공함으로서 이것이 곧, 한국 화면책 출판의 가능성을 보여준 것이다.[24]

---

24) 1989년 7월 27일자, 일간 스포츠, '컴퓨터 교신 한글시대 신호탄', '여기는 호주 시드니 첫 한글 전송합니다', '제4통신 길 열었다', '엠팔 각고 노력 결실' 휴대용 랩톱에 전화선 온라인, 시급한 송고 등 팩시의 단점 해소.

[표 2] 전자출판(CAP; Computer Aided Publishing)

전자출판=Computer Aided Publishing, Comblishing(Computer Publishing)

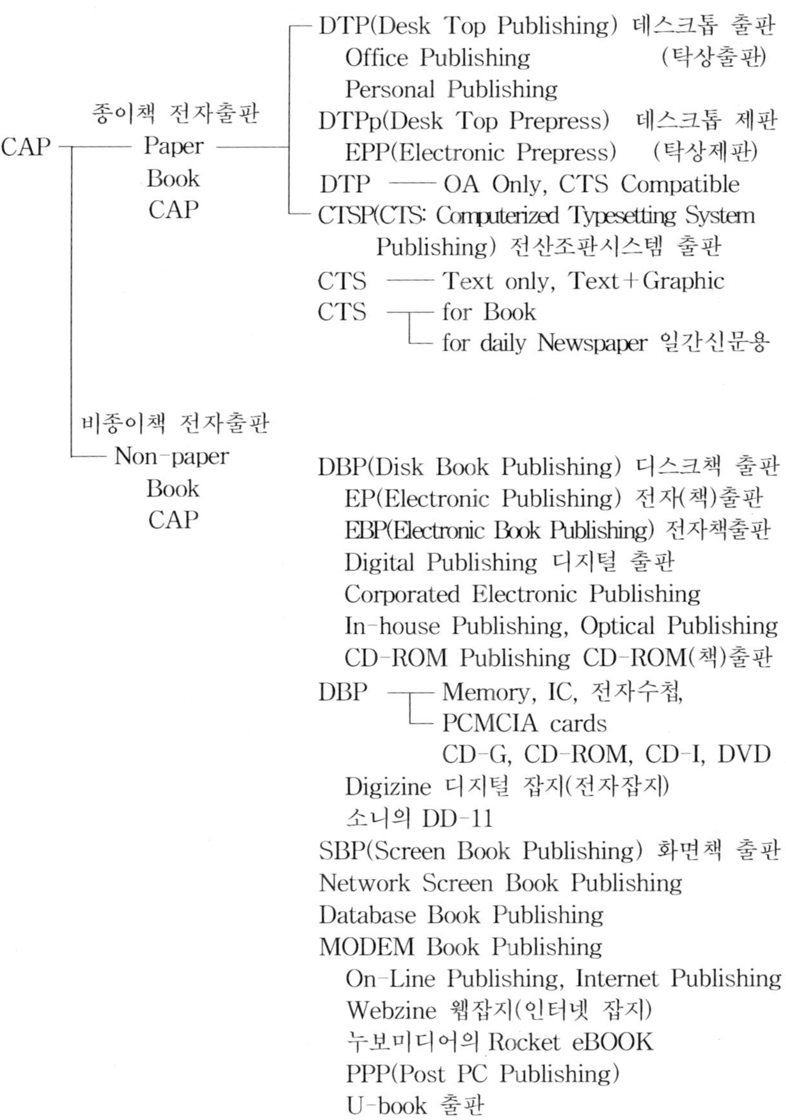

2006년 현재 영국과 미국에서 전자출판학 관련 과목이 개설되어 있는 대학과 학원을 알아보자.

ST230/10-V3 Computer Aided Publishing

Real World Application of the Technological or Scientific principles

Identifies the processes used to create a computer generated presentation and the application of these products.

Identifies computer aided publishing as an effective form of communication.
Defines computer aided publishing.
Indicates a knowledge of the role of computer aided publishing.
Indicates a knowledge of the uses of computer aided publishing.
Identifies the difference between a computer input device and a computer output device.
States how DTP can be used effectively.
States career roles associated with computer aided publishing.

Identifies printing techniques used in the computer aided publishing industry.

ScanTEK 2000 modules:

Aerodynamics
Alternative Energy
Basic Electricity
Biomedical Technology
Computer Aided:
   Design
   Publishing
CNC Technology
Computer Applications
Communications
Construction Technology
Digital:
   Photography
   Sound Technology
Electronics Technology
Graphics and Animation

[그림 1] 영국 LJ 대학의 전자출판학 과정

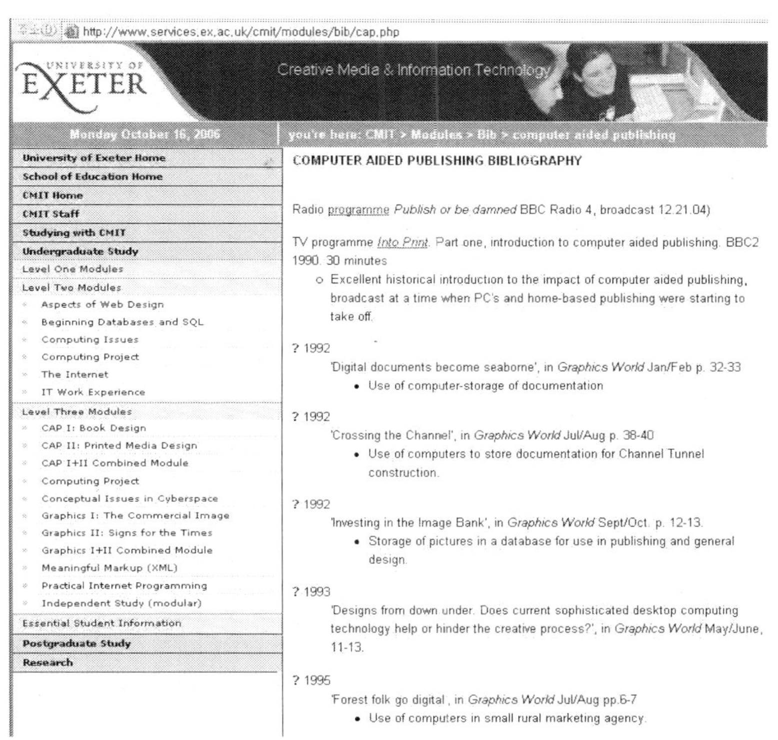

[그림 2] 영국 EXETER 대학

[그림 3] 영국 엑세터 대학의 Pallas 과정

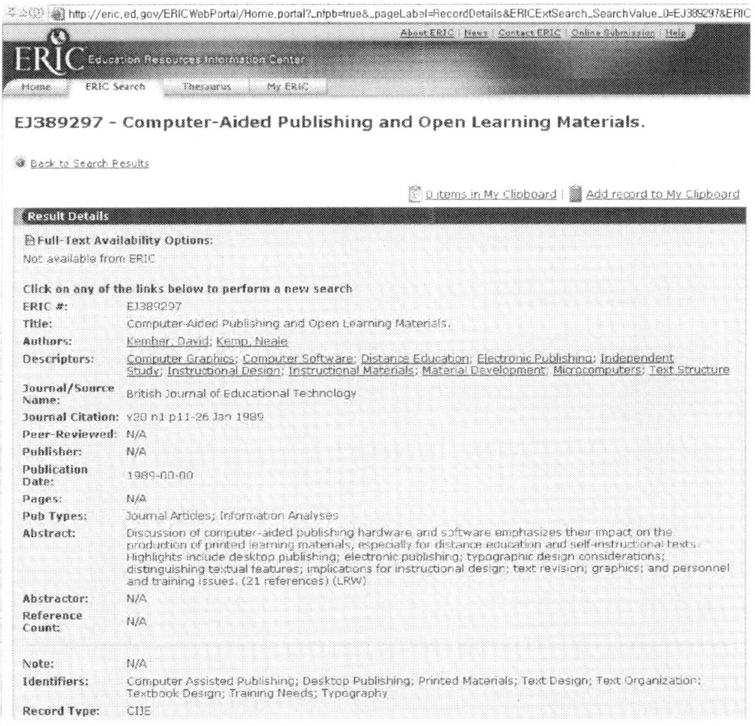

[그림 4] 영국의 학술저널 센터(ERIC)

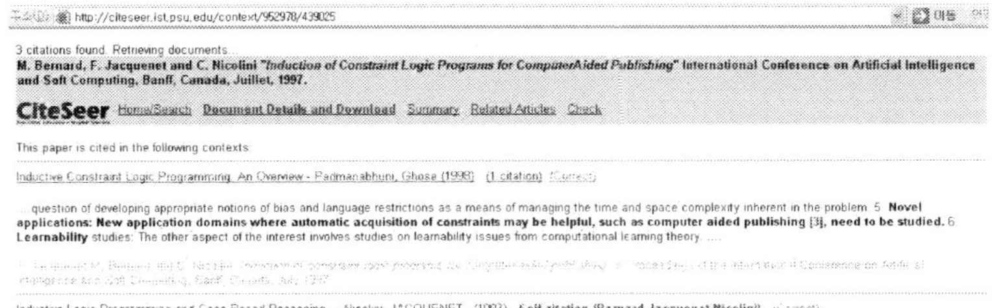

[그림 5] 캐나다의 논문 센터(CiteSeer)

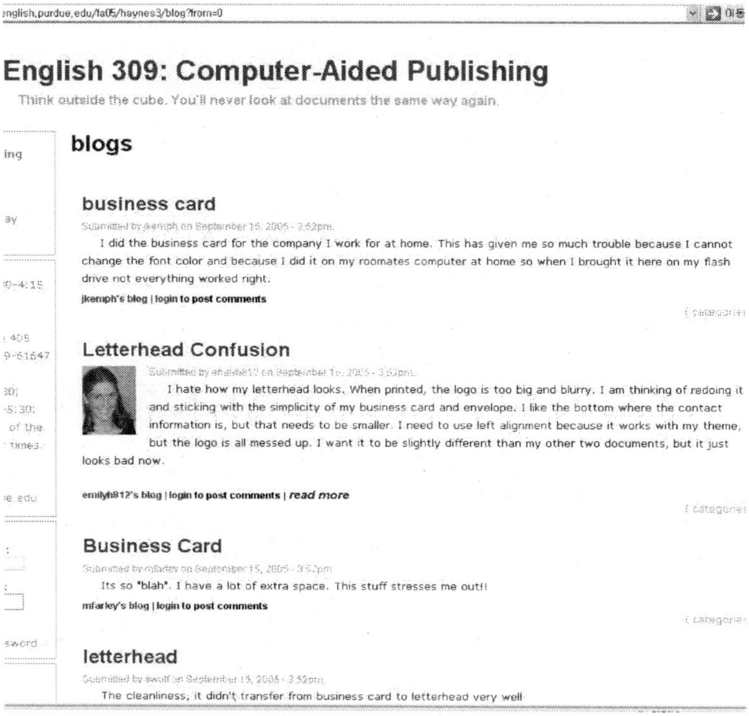

English 309: Computer-Aided Publishing

Think outside the cube. You'll never look at documents the same way again.

blogs

business card

Submitted by jkemph on September 15, 2005 - 3:52pm.

I did the business card for the company I work for at home. This has given me so much trouble because I cannot change the font color and because I did it on my roomates computer at home so when I brought it here on my flash drive not everything worked right.

jkemph's blog | login to post comments

Letterhead Confusion

Submitted by emilyh812 on September 15, 2005 - 3:52pm.

I hate how my letterhead looks. When printed, the logo is too big and blurry. I am thinking of redoing it and sticking with the simplicity of my business card and envelope. I like the bottom where the contact information is, but that needs to be smaller. I need to use left alignment because it works with my theme, but the logo is all messed up. I want it to be slightly different than my other two documents, but it just looks bad now.

emilyh812's blog | login to post comments | *read more*

Business Card

Submitted by mfarley on September 15, 2005 - 3:52pm.

Its so "blah". I have a lot of extra space. This stuff stresses me out!!

mfarley's blog | login to post comments

letterhead

Submitted by swolf on September 15, 2005 - 3:52pm.

The cleanliness, it didn't transfer from business card to letterhead very well

[그림 6] 미국의 펄두 대학(Purdue)

[그림 7] 미국의 Early County School

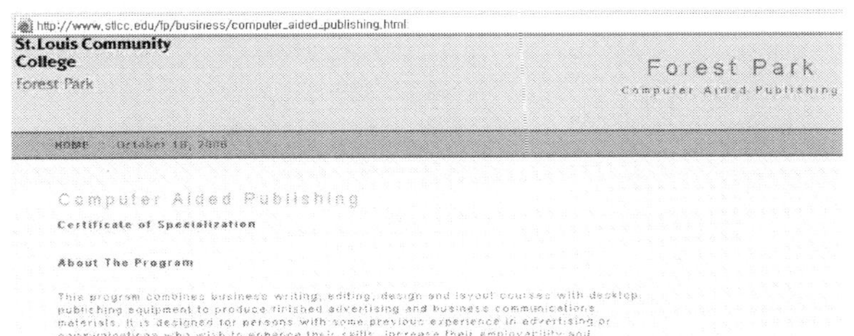

[그림 8] 미국의 세인트루이스 대학
(St. Louis Community College)

[그림 9] 미국의 아랍어책 전문 출판사(AWM Media)

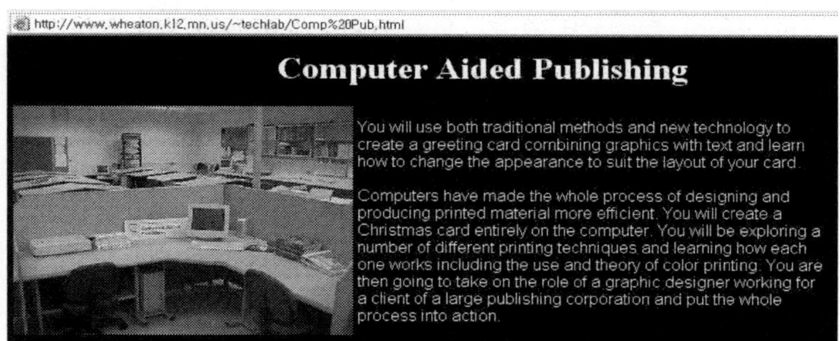

[그림 10] 미국 Wheaton Atrea Schools

순 위	전자출판	비 고
1.	DTP 인력	쿽익스프레스, 페이지메이커, 포토샵
2.	CTS 인력	신문사 CTS
3.	SBP 인력	웹기획, 웹마스터, 웹디자인, 정보통신
4.	DBP 인력	동영상, 오디오, 멀티미디어

[그림 11] 전자출판(CAP) 종사자 인원 순위

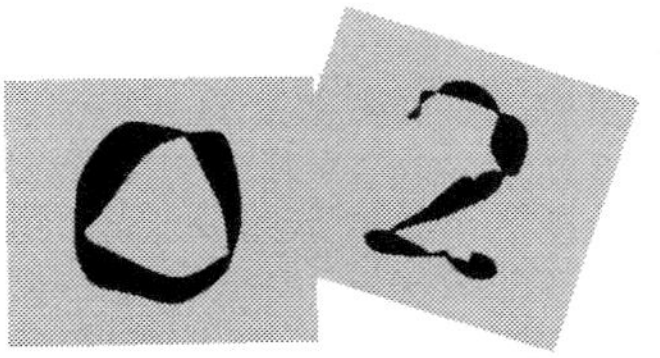

전자출판물(Electronic Publications)은 전자출판(CAP)과 달리 전자출판으로 생성된 비종이책의 출력물을 말한다. 종이 매체가 아닌 전자 매체가 최종 출력 매체로 사용된 책(출판물)이 전자출판물이다.

종이책에서 디스크책으로 변해가는 것은 개인용컴퓨터가 대량 보급되어 디지털 정보로 제작된 디스크 단행본이나 디지털(디지털 디스크 잡지)을 독자가 구독하고, 구매할 수 있게 환경이 변했기 때문이다. 정보의 디지털화는 디지털 디스크 책을 탄생시켰는데 그 이유는 디스크 책이 종이책에 비해서 대량의 정보를 제공할 수 있고, 대량의 정보에서 필요한 정보를 신속하게 찾아볼 수 있고, 텍스트뿐 아니라 소리 및 영상까지 다양한 미디어(멀티미디어)를 제공할 수 있기 때문이다. 이밖에도 종이에 비해서 디스크는 오랜 기간 거의 반영구적으로 보관할 수 있는 장점도 있기 때문이다. 또한, CD-ROM 책 1장(1권)에 종이책 수백 권의 분량이 들어간다는 것은 도서관의 서가나 서점의 진열대 유통 과정의 교통비 및 창고의 보관비 등 출판사 측에는 엄청난 경비 절감의 이익을 줌으로 디스크를 차세대 종이, 전자 종이라고도 부르며 디스크책 출판을 점점 더 선호하고 있다. 더구나, 환경오염이 심각한

지금 시대에 나무를 원료로 사용하는 종이책은 그 소비를 줄여야 한다는 반성의 소리가 높다.

대한민국의 디스크책 중 특히 CD-ROM 책의 경우에 국내에서 최초로 출판된 CD-ROM 책은 1992년에 세광데이타테크에서 출판한 '설악의 4계'이다.[25]

일부에서는 1991년에 큐닉스가 번역한 '성경 라이브러리'를 최초로 얘기하기도 하나, 이는 디스크책의 기본인 멀티미디어(텍스트와 사운드) 데이터를 담은 것이 아니고 텍스트만 담은 싱글미디어 CD-ROM 책이었으므로 엄밀한 의미의 디스크책이라 할 수 없을 것이다. 텍스트, 비디오, 오디오의 디지털 데이터를 담은 멀티미디어 디스크책은 CD-ROM, CD-Ⅰ, DVD 등에 저장하여 출판되고 있다. 국내에서는 삼안출판사, 아리수미디어, 이포인트, 한메소프트, 한국교원노동조합 전산정보교육원, (주)에스이이, 세광데이터테크, 두산동아출판사, 계몽사, 한길사, 웅진출판사, 대교, 중앙일보사, 솔빛조선, LG소프트웨어, 지오정보 등에서 디스크책을 출판하고 있으나, 몇 군데를 제외하고는 아직까지 기대만큼의 큰 수익을 올리지는 못하고 있는 것 같다.[26]

전자출판물 인증 심의위원회에서 디스크책을 전자출판물로 인정할 수 있도록 문화관광부의 허가를 받은 것이 1998년 12월 1일이다. 1992년 7월 30일 한국정보통신진흥협회, 한국전산원, 한국PC통신 등 13개 유관업체 및 단체의 대표들이 모여 불건전 정보유통을 자율 규제하는 정보윤리위원회를 발족한 지 6년만의 일이다. 1998년 5월 25일 한국출판문화협회 강당에서 '21세기 한국의 전자출판 전망'이라는 주제로 한

---

25) 이기성, '전자출판과 디스크책에 관한 연구', '93출판학 연구, 범우사, 1993.
26) 1996년 5월 22일 한국전자출판연구회 주최 '96 춘계 세미나'의 '멀티미디어 시대의 전자출판 주제 박지호, 박영실, 이기성의 토론 내용 참조

국전자출판연구회 정기 세미나를 개최하고 6개월 만에 한국전자출판물 인증 센터가 개소되었다. 2006년 현재 한국전자출판물 납본 인증 시스템 접속 홈페이지는 www.kecc.or.kr 이다.

[참고] 한국 전자출판물 인증센터의 위원장과 위원 명단은 다음과 같다(1998년부터 2005년까지).

● 한국전자출판물인증센터
- 설립 및 활동
　한국전자출판협회는 전자출판물에 인증 마크를 부착함으로써 산업 진흥과 사회적 인식을 제고하려는 목적으로 1998년 12월 1일 한국전자출판물인증센터를 설립하였습니다. 한국전자출판물인증센터는 CD-ROM 등 고형 전자출판물은 물론 온라인형 전자출판까지 인증에 포함시켜 독자의 출판컨텐츠 이용에 편익을 제공하고 전자출판사업의 발전에 이바지하고자 합니다.
- 역　할
　① 전자출판물 인증제도의 주관 운영
　② 인증 전자출판물의 관리·홍보
- 조　직
　① 운영위원회: 한국전자출판협회에서 구성 인증센터 운영 전반에 관한 사항 결정
　② 인증심의위원회: 전자출판물의 인증 심의·결정 기구
- 인증심의 위원회
　위 원 장 이기성(계원조형예술대학 출판디자인전공 교수)
　부위원장 김두식(혜전대학 전자출판과 교수)
　위　원
　고영수(청림출판사 대표)
　김경일(김포대학 전자출판과 교수)
　김희락(현대출판연구원 원장)
　박지호(청솔텔레콤 대표)
　박찬준(골든칩 대표)
　윤병태(전 충남대 문헌정보학과 교수)
　윤재준(전 경인여자대학 전자편집디자인과 교수)
　윤청광(한국출판연구소 이사장)
　이건범(아리수미이더 대표)
　조명진(E.POINT 대표)

1987년 영진출판사의 '알기쉬운 BASIC 프로그램 모음'책이 IBM PC와 레이저프린터를 사용하여 국내 최초로 DTP 방식에 의한 출판으로 이루어졌다. 모리자와, 사켄 등 일제 CTS 입력 / 편집기가 주종이던 출판계에 DTP라는 새로운 방식의 출판이 나타난 것이다. 5년 뒤인 1992년 매킨토시 컴퓨터의 출현으로, 일본 제품이 주종이던 조판, 제판업계에서 IBM PC와 MAC이 일제를 밀어내기 시작했다. 지금은, 종이책 출판 분야에서 IBM PC와 MAC을 플랫폼으로 하는 DTP가 조판계를 거의 석권한 상태이다. 멀티미디어가 가능한 디스크책은 CD-ROM이 우세하다. 통신망을 이용하는 화면책은 1992년에 이미, 정보윤리위원회를 발족하여야 할 정도로 PC통신이 대중화되었고, 1995년 윈도95가 출현한 이후로는 인터넷 역시 대중화의 물꼬가 트였다27)

PC에 의한 화면책 읽기는 하이텔 천리안 등 PC통신업체가 설립한 이후부터 가능했지만, 화면책 전용단말기에 의한 화면책 읽기는 1998년 미국에서 Rocket eBOOK이 나온 이후에야 가능했다.

이에 대하여, 동아일보의 정영태 기자는 1999년 2월 3일 '전자책, 美 서점가 첫선……문고판 크기에 200권 내용'이라는 제목으로 다음과 같이 소개했다. 미국 뉴욕 맨해튼에 있는 뉴욕대학교(NYU)앞 반즈 앤드 노블 서점에는 1998년 크리스마스부터 새로운 판매 코너가 등장했다. '아톰이 아니라 비트로 셰익스피어를 읽는다'는 선전문구와 함께 새로운 종류의 책이 진열대에 놓였다. 흔히 e북(eBook)이라는 애칭으로 불리는 '전자책'이다.

전자책은 개인정보단말기(PDA)처럼 휴대할 수 있는 책 모양의 전자기기. 크기는 서점에 진열된 문고판 정도이고 무게는 1kg 안팎. 하지만

---

27) 경향신문, '퍼스컴으로 만든 책, 국내 첫 선', 1987년 11월 23일 인쇄계, 'DTP를 이용한 국내 최초의 책, 1987년 12월(송년호)

한 권에 최대 5만 쪽까지 수록할 수 있다. 보통 책으로 따지면 2백권 분량인 셈. 디스플레이 옆의 작은 버튼을 누르면 책장이 넘어간다 간단한 조작으로 색인과 자료 검색을 할 수 있고 메모를 남기거나 줄을 그을 수도 있다.

또 사전이 내장돼 있어 모르는 단어가 나오면 따로 사전을 뒤적일 필요가 없다. 하버드대학 비즈니스 스쿨에서 출판한 경제서적부터 베스트셀러 작가의 추리물까지 어떤 내용이든 담아서 읽을 수 있다

신간의 입력은 전화와 컴퓨터를 이용한 두 가지 방법이 있다 전자책과 판매회사를 전화로 연결한 뒤 버튼 한번만 누르면 바로 신간이 입력된다. 인터넷을 통해 신간을 다운 받은 뒤 컴퓨터와 전자책을 연결해 입력할 수도 있다.

1998년경에 출현한 전자책 읽기에 적합한 단말기에는 차세대PC라 불리는 팜패드, 포켓PC와 로켓이북(누보미디어)이 있다.

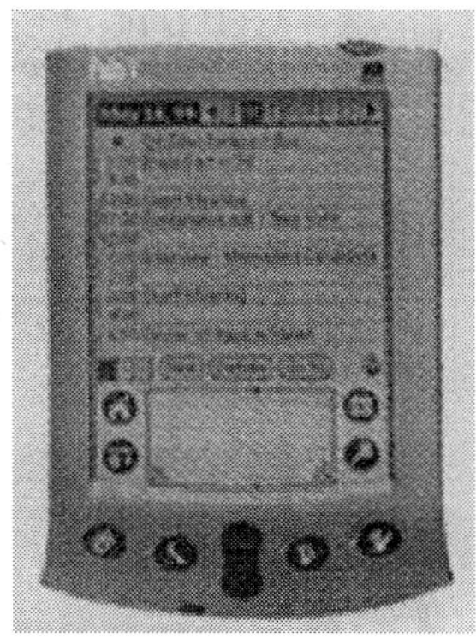

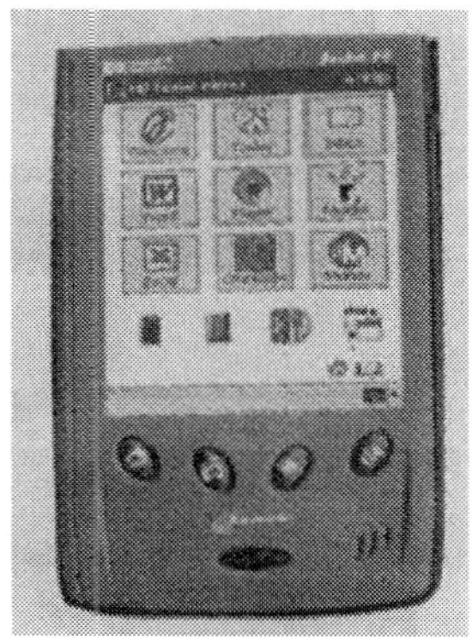

[그림 12] 팜패드　　　　[그림 13] 포켓 PC

[그림 14] Rocket eBOOK

전자책은 사람들의 라이프스타일에 변화시킬 전망이다 전자책 한 권에 초등학교 6년간 교과서를 다 수록할 수 있어 학생들은 무거운 책가방에서 해방될 수 있다. 전자책 한 권만 6년 동안 들고 등교하면 된다. 장기간 휴가를 갈 때도 좋다. 기숙사 등 공동생활을 하는 사람들이 밤에 불을 켜놓지 않고도 전자책을 읽을 수 있어 편리하다.

전자출판물에는 CD-ROM 같은 디스크책뿐 아니라, eBOOK을 이용하는 화면책(network screen book)도 포함된다.28)

1) 전자출판물의 종류

1. 이미 출판된 종이책이나 이를 바탕으로 하여 소리나 영상 등을 추가하여 디스크책(Disk Book)으로 제작한 것으로 디스크 사전, 디스크 단행본, 디스크 교과서, 디스크 만화, 디스크 신문, 디스크 잡지 등

---

28) 이기성, 한국의 전자출판물 인증 제도 현황과 대응책에 관한 연구 출판문화산업의 이해, 일진사, 1999 www.dtp.or.kr의 [DTP] 메뉴

CD-ROM 단행본: 명작동화 엄지공쥬(한겨레정보통신)
CD-ROM 만화: 성인만화 Office Lady Story(CIDI)
CD-ROM 사전: 혼글우리말 큰사전96(한글과컴퓨터)
CD-ROM 잡지: 일본어 쟈나루((주)다락원)
CD-오디오 시집: 용혜원 시 512편(인켈 CD오디오북)
CD-ROM 음악책: 즐거운 노래방(세광데이터테크)
CD-ROM 소설: 데마고기(이포인트)

2. 문자, 소리, 영상을 혼합하여 제작된 시디롬으로서 사용된 문자
   정보를 가공하면 종이책으로 제작이 가능한 경우

CD-ROM: 한글놀이(세광데이타테크)
CD-ROM: 꼬마 소방차(LG소프트웨어)
CD-ROM: 몬테쏘리 시리즈(한텍정보통신)
CD-ROM 잡지: 월간 사이버타임즈(CIDI)

3. 사전, 통계연감 등 방대한 양의 정보를 문자, 소리, 영상을 혼합하
   여 시디롬 등에 기록한 것

CD-ROM: 한국문헌목록정보'95(서울시스템(주))
CD-ROM 사전: PC-DIC 4.0(정소프트)

4. 교육용이나 어학용 교재 등 종이책으로 제작하는 것보다는 디스
   크책으로 제작하는 것이 교육 효과가 클 경우

CD-ROM: 오성식 생활 영어(두산동아)
CD-ROM: 중학학습 1학년 국어(LG소프트웨어)
CD-ROM: 엄청쉬운 PC(세광데이타테크)

5. 교육 목적이나 내용 전개상 게임 방식을 사용한 경우에는 전자출판물로 간주한다.

>   CD-ROM: 한글탐정 아름이(I.O.K)
>   CD-ROM: 초롱이의 한글모험(K.B.C 정보시스템)
>   CD-ROM: 생사도(젠컴)

6. 영화의 일부분만 사용한 경우나 영화 전체라도 교육 목적상 영화의 대사 등을 가공하여 제작한 경우에는 전자출판물로 간주한다.

>   VideoCD: '해리가 샐리를 만났을 때' ((주)코리아 실렉트웨어)

2) 전자출판물에서 제외되는 것

1. 시디롬 등 외형상 디스크책의 형태를 갖췄다 할지라도 그 내용물이 완전한 게임 소프트웨어(Disk Title or CD Title)일 경우에는 디스크책으로 보지 않는다.

>   CD-ROM 게임 Title: 리얼파이터((주) 네스코)
>   CD-ROM 게임 Title: 나무꾼 이야기((주) 미리내)

2. 시디롬 등 외형상 디스크책의 형태를 갖췄다 할지라도 그 내용물에 음악 이외에 최소한의 문자 정보도 들어 있지 않은 경우나 검색 기능이 없는 경우에는 전자출판물로 보지 않는다.

>   MUSIC CD: VIVALDI The Four Seasons((주) SKC)
>   MUSIC CD: MENDELSSOHN Greatest Hits ((주) SKC)

3. 이미 비디오로 제작된 영화를 원형 그대로 비디오시디(Video CD)나 디
   브이디 롬 등에 기록하여 제작한 경우는 전자출판물로 보지 않는다

[참고] 한국전자출판물인증센터 인증규정
    > 한국전자출판협회 제정(1998.10.14)
    > 제1차 개정 (1999. 1. 6)
    > 제2차 개정 (2004. 8.24)

제1조 (목적)

이 규정은 정보화사회·멀티미디어시대를 맞아 정보컨텐츠산업의 핵심 분야
이자 새로운 출판매체인 전자출판물이 효율적으로 제작 유통·이용될 수
있도록 하기 위하여 전자출판물의 사실 여부를 공신력있게 인증함으로써 정
보화시대의 국가 경쟁력 강화와 정보 컨텐츠산업의 진흥에 기여함을 목적으
로 하며 새로이 개정된 출판및인쇄진흥법을 기반으로 한다

제2조 (용어의 정의)

    ① '전자출판물'이라 함은 "출판및인쇄진흥법' 2조 6호와 '재정경제부령
       부가가치세법 시행규칙' 제11조의 내용을 포함하여 "출판및인쇄진흥
       법"에 의하여 신고한 출판사가 저작물 등의 내용을 전자적 매체에 실
       어 이용자가 컴퓨터 등 정보처리장치를 이용하여 읽거나 보고 들을
       수 있도록 발행한 전자책 등의 간행물을 말한다

    ② '전자출판물 인증제도라 함은 전자출판물의 형식과 내용 등 전자출판
       물이 사실임을 인증 (認證)하는 제도를 일컫는다.

    ③ '신고한 출판사라 함은 출판사 등록증을 보유한 회사를 말하며 전자출판물
       의 발행에 따른 일체의 권리를 갖는 주체(회사·단체·개인)를 말한다.

    ④ '인증센터'라 함은 한국전자출판협회 내에 있는 한국전자출판물 인증
       센터를 말한다.

제3조 (인증 명칭)

이 인증제도의 명칭은 '전자출판물(EP) 인증' [EP; Electronic Publication] 이
라 칭하며, 인증된 전자출판물은 별지 제6호 서식에 따른 'EP'인증 마크와 디
지털식별번호(DOI, ECN 등)를 부여하며 소설, 만화, 사진집 및 화보집(이하
'소설')은 문화관광부로부터 제출필증을 부여받아야 한다

제4조 (인증 대상과 범위)

① 인증 대상과 범위는 문화관광부고시 제2004-5호 "전자출판물에 대한 부가가치세 면세 대상 기준고시"를 준용하는 것으로 다음 요건을 동시에 충족하여야 한다

 1. 전체 면수중 7할 이상의 면수가 문자나 그림으로 구성된 전자출판물(다만, 음반·비디오물및게임물에관한법률의 적용을 받는 것은 제외함)
 2. 도서 또는 정기간행물의 내용을 구성할 수 있는 문자·그림·소리·애니메이션·동영상 등의 정보를 전자적 매체에 수록한 전자출판물
 3. 저자, 발행인, 발행처, 정가, 발행일, 출판신고사항 등을 표시한 전자출판물
 4. "출판및인쇄진흥법" 제9조의 규정에 따라 신고한 출판사에서 발행한 전자출판물
 5. "출판및인쇄진흥법" 제10조 규정에 따라 제출한 간행물로서 제출필증을 받은 전자출판물 또는 "도서관및독서진흥법 제17조에 따라 제출된 도서(전자출판물)

② "출판및인쇄진흥법" 제12조의 규정에 의하여 문화관광부 장관의 수입추천을 받은 전자출판물로서 인증규정 제4조(인증 대상과 범위)①항 1~5호의 기준을 충족시키는 전자출판물

③ 온라인으로 제공되는 온라인형(on line form) 출판콘텐츠(이하 '무형물')도 인증 대상으로 한다. 또한 오프라인형 즉, CD-ROM, DVD, 기타유형물 등의 출판콘텐츠(이하 '유형물')도 인증 대상으로 한다

④ 인증을 받은 제품이라도 내용을 수정·보완한 경우에는 다시 인증을 받아야 한다.

제5조 (한국전자출판물인증센터의 설치)

전자출판물 인증제도를 주관하는 기관으로 한국전자출판협회 내에 한국전자출판물 인증센터(이하 '인증센터')를 둔다. 인증센터는 인증센터를 관장하는 운영위원회와 인증 심의를 담당하는 인증심의위원회로 구성하며 사무업무 및 인증센터의 총체적인 운영을 위하여 인증센터 사무국을 둔다. 운영위원회 운영에 대해서는 별도의 규정을 둔다.

제6조 (인증심의위원회의 구성/ 기능)

① 인증심의위원회는 9인 내외의 인증심의위원으로 구성 한다 인증심의

위원은 전자출판계 및 관련 학계와 단체·기관 등에 재직하는 전문가를 위촉한다.

② 인증심의위원의 임기는 2년이며, 연임 가능하다. 단, 보선에 의해 선출된 위원의 임기는 전임자의 잔여기간으로 한다.

③ 인증심의위원회는 인증심의위원의 호선(互選)에 의해 2년 임기로 인증심의위원장 1인과 부위원장 1인을 선출하며, 간사 1인을 둔다.

④ 인증심의위원회는 전자출판물의 인증 여부를 결정하는 기능을 하며, 객관적인 심의를 위해 인증심의 보고서를 작성한다.

⑤ 인증심의위원회는 온라인 전자출판물인 경우 심의사항에 대한 사전검토 등을 위하여 소위원회를 구성하여 검토하며 인증심의위원회에서 월2회 개최하여 심의한다. 긴급을 요하는 경우 등 위원장의 요청으로 심의를 할 수 있다.

제7조 (제출(납본) / 인증 절차)

① 전자출판물 제출(납본)·인증 절차는 소설, 만화, 사진집, 화보집(이하 '소설류')등 소설류와 소설류 이외의 종(이하'비소설류')으로 구분에 따라 납본·인증절차를 따른다.

② 소설류는 다음과 같은 제출(납본) 절차를 따른다.

  1. 무형물인 경우 발행사는 인증센터 홈페이지를 통해 제출(납본)신청을 한다. 단, 유형물인 경우 발행사는 인증센터 홈페이지를 통해 제출(납본) 신청을 하고 1주일 이내 인증센터에 유형물(납본대상물) 2부를 제출한다.

  2. 유·무형물인 경우 발행사는 제출(납본) 신청을 한 후에 사업자등록증사본(최초 신청시)과 심의료 납부확인서(입금확인증 등) 및 필요시 제품설명서와 전송권계약서를 1주일 이내에 별도로 인증센터에 제출한다.

  3. 인증센터는 제출(납본) 등록시 전자출판물의 제품필증번호 생성 및 면세조건사항을 확인한다.

  4. 인증센터는 등록이 완료되면 문화관광부 출판신문과의 제출(납본) 확인을 거친다.

  5. 인증센터는 통과하지 못한 전자출판물에 대해서는 해당 사유를 출판사에 전자우편으로 통보한다.

  6. 문화관광부 출판신문과의 제출(납본) 확인을 거친 전자출판물은 문

화관광부 출판신문과에서 제출필증을 발급한다

7. 인증센터는 제출필증을 발급받은 발행사에게 인증확인을 한 후 전
자출판물 인증서를 발급한다

8. 인증서를 발급받은 발행사는 제출필증번호 및 인증마크를 전자출
판물에 부착한다.

③ 비소설류는 다음과 같은 인증 절차를 따른다.

1. 무형물인 경우 발행사는 인증센터 홈페이지를 통해 인증 신청을
한다. 단, 유형물인 경우 발행사는 인증센터 홈페이지를 통해 인증
신청을 하고 1주일 이내 인증센터에 유형물(인증 대상물) 2부를
제출한다.

2. 유 / 무형물인 경우 발행사는 인증 신청을 한 후에 사업자등록증사
본(최초 신청시)과 심의료 납부확인서(입금확인증 등) 및 필요시
제품설명서와 전송권계약서를 1주일 이내에 별도로 인증센터에 제
출한다.

3. 인증센터는 인증 등록시 전자출판물의 제품필증번호 생성 및 면세
조건사항을 확인한다.

4. 인증센터는 인증 등록이 완료되면 인증심의위원회를 개최하여 인
증확인을 한다.

5. 인증센터는 인증을 통과하지 못한 전자출판물에 대해서는 그 해당
사유를 출판사에 전자우편으로 통보한다

6. 인증센터는 인증 확인을 거친 전자출판물에 대하여 인증서를 해당
발행사에 발급한다

7. 인증서를 발급받은 발행사는 인증마크를 전자출판물에 부착한다

제8조 (심의 기준)

다음과 같은 평가 기준에 따라 전자출판물의 요건을 갖추었을 때 인증한다

① 내용 구분으로 도서 또는 정기간행물의 내용을 구성할 수 있는 문
자·음향·영상 등으로 구성된 정보를 전자적 매체에 수록한 전자출
판물이어야 한다.

1. 도서는 KDC의 10분류(총류, 철학, 종교, 사회과학, 순수과학, 기술
과학, 예술, 어학, 문학, 역사)에 학습참고, 아동 등 2개 분야를 첨
가한 문화관광부의 제출(납본) 분류방식에 해당하는 저작물이어야
하며, 정기간행물은 '정기간행물의 등록 등에 관한 법률 시행령

　　　제1조의2 제2항에 규정된 간행물이어야 한다.

　　2. 출판및인쇄진흥법 10조 2항의 4개 분야의 내용심의는 간행물윤리
　　　위원회에서 심의를 한다.

　② 저작물로서의 요건으로 이 규정에서 정하는 저작물의 범위는 도서(종
　　이출판물)와 마찬가지로 저작권법에 준하여 적용한다. 단, 온라인 전자
　　출판물은 전송권 계약서가 없는 경우 심의대상에서 제외한다.

　③ 형식 구분에서 전체 면수중 7할 이상의 면수가 문자나 그림으로 구성
　　된 전자출판물이어야 한다.

　　1. 심의대상 본문에 삽입되어 실행되는 동영상인 경우 동영상(음향,
　　　영상 포함)의 파일 용량이나 동작시간에 관계없이 전체 페이지 가
　　　운데 페이지 활용면수나 지면구성의 구성률(%)을 심의한다.

　　2. 심의대상 본문에 동영상(음향, 영상 포함)이 링크된 경우 동영상이
　　　아닌 링크된 문자는 텍스트로 간주한다. 단, 단독의 동영상 파일은
　　　심의대상에서 제외한다.

제9조 (심의 / 결정)

　심의 / 결정은 제품 1종당 3인의 인증위원을 정수로 하여 2인 이상의 찬성으
로 한다. 만약 3인의 인증위원 중 2인 이상 인증 불가 의사를 표시하면 새
로 3인의 위원을 위촉하여 재심한다. 재심에서 2인이라도 불가 의사가 있으
면 인증 불가를 최종 확정한다. 최종적으로 인증 불가를 받은 제품은 인증
불가 사유가 수정되지 않으면 인증 신청을 할 수 없다.

제10조(인증 심의기간)

　특별한 사유가 발생하지 않는 한 인증 심의기간은 인증신청서 접수 및 인
증심의료 입금 확인 후 최장 15일 이내로 한다.

제11조(인증 심의료)

　인증 의뢰 제품의 1종당 심의료는 인증센터 운영위원회에서 정한다.

제12조(표시 의무)

　인증서를 교부받은 발행사는 반드시 제품에 전자출판물 인증(EP) 마크 및 디
지털식별번호(ECN, DOI 등), ISBN은 바코드를 부착하여 시판하여야 한다.
인증 마크, 디지털식별번호 및 ISBN 바코드의 부착 위치는 별지 제6호 서식
에 따른다. 단, ISBN은 디지털식별자번호로 대치할 수 있다.

제13조(제출 의무)

　유형물인 경우 인증을 받은 발행사는 인증마크를 부착하여 완성된 전자출판

물 2부를 제품 제작일 15일 이내로 인증센터에 반드시 제출해야하며 온라인 전자출판물인 경우 인증된 최종 결과물의 파일1부를 인증센터에 제출 또는 전송한다.

제14조(인증목록의 작성/ 배포)

인증센터 사무국은 인증서를 배부한 제품의 목록을 일정 기간을 두고 회사별, 주제 분야별로 작성하여 기간을 명시하여 공표해야 한다

제15조(인증후 관리)

인증위원회는 인증 제품의 유통실태를 수시로 조사하여 인증 제품의 악용 여부 및 미인증 제품의 인증 마크 무단 사용 등을 파악하여 대응조치를 한다.

제16조(대응조치)

① 인증된 전자출판물의 악용 여부 및 미인증 제품의 인증 마크 무단 사용 시 문화관광부, 재정경제부에 신고하며 운영위원회에서 제재조치를 결정한다.

② 인증된 전자출판물일지라도 전송권계약 및 저작권법에 관련한 사실이 허위임이 드러났을 경우 전자출판물 인증을 무효처리하며 이에 따라 발생하는 모든 책임은 인증 신청한 출판사에게 있다

제17조(규정의 개정)

이 규정의 개정은 한국전자출판협회 인증센터 운영위원회2 / 3 이상의 찬성으로 제기하고 이사회 승인을 받아 개정한다

[부 칙]
1. 이 규정은 2003년 12월 1일부터 시행한다.
2. 2004년 8월 개정안은 2004년 9월 1일부터 시행한다.

[참고] 전자출판물 인증서를 온라인으로 발급받을 수 있다

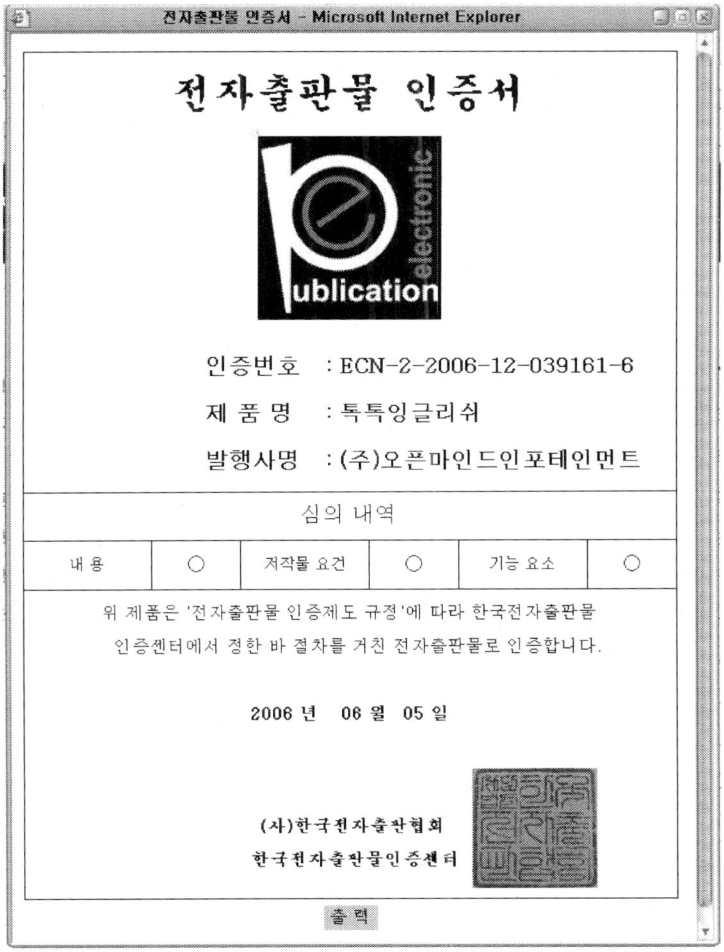

전자출판물 인증서 - Microsoft Internet Explorer

전자출판물 인증서

ublication electronic

인증번호 : ECN-2-2006-12-039161-6

제 품 명 : 톡톡잉글리쉬

발행사명 : (주)오픈마인드인포테인먼트

심의 내역					
내 용	○	저작물 요건	○	기능 요소	○

위 제품은 '전자출판물 인증제도 규정'에 따라 한국전자출판물 인증센터에서 정한 바 절차를 거친 전자출판물로 인증합니다.

2006 년 06 월 05 일

(사)한국전자출판협회
한국전자출판물인증센터

출 력

전자출판의 역사

출판, 특히 전자출판에 관하여 이야기하려면 적어도 출판계 근무 15년에 컴퓨터 공부 15년 이상의 경력을 갖추어야 '전자출판' 학문의 정의에 대하여 이야기할 자격이 있다고 말할 수 있다. 영국의 언윈(Stanley Unwin)이 적어도 15년은 출판계에서 근무해야 출판 기획업무를 제대로 해낼 수 있다고 말한 바 있는 것처럼, 한국에서도 출판계나 인쇄계에 피해를 안주고 전자출판에 관하여 이야기하려면 최소 15년 이상의 출판업무와 15년 이상의 컴퓨터 업무를 경험해야 제대로 된 이야기를 할 수 있다고 생각한다. 짧은 경력이거나, 출판과 컴퓨터 중 어느 한쪽만 경험하고 전자출판에 관한 용어에 대하여 정의를 내린다는 것은 매우 위험한 발상이다.

필자는 1964년부터 1994년까지 31년간 (주)장왕사에서, 1995년부터 현재까지 계원조형예술대학 출판디자인과에서 10여 년째 근무하고 있다. 또한 단국대 대학원에서 컴퓨터 정보처리 박사과정을 마쳤고 경기대 대학원에서는 재료공학 박사과정을 수료하고 한글 세라믹 폰트 제작에 관한 논문으로 박사학위를 받았다. 이런 개인 신상 이야기를 하는 것은 출판에 관한 용어의 정의에 대해 논할 '자격이 되는가, 안 되는가'의 판단을 독자에게 맡기고자 함이다. 우선, 1964년부터 1971까지의 도서출판 (주)장왕사 근무 경험을 바탕으로 UNESCO와 일본 TBDC에서 제공하는 'Book Production Course'에 참석하였다. 1971년에는 여권을 내는데도 신원조회가 몇 달씩 걸리고 힘들었다.

일본 동경에서 열리는 1970년대의 이 출판 교육 코스는 노양환(삼중당, 현 우신사 사장), 박일준(을유문화사), 함성실(UNESCO), 민재식(시사영어사), 정병규(정디자인) 등 한국 출판계의 내로라하는 편집자와 디자이너를 배출한 엘리트 교육 코스였다.

또한 (주)장왕사에서 이대의(고등교과서 주식회사), 한봉숙(신라문화사), 최운선, 김영작(지도 제작), 정종화(동주인쇄사), 김석중(우석출판사), 고태석, 신정식(신정사), 정봉규(동신인쇄사), 조희갑(신일인쇄사) 사장 등에게서 기획, 편집, 제작, 마케팅 업무를 배웠다. 당시 (주)장왕사의 주거래 회사로는 광명인쇄(이학수), 평화당(이일수), 보진제, 한양제책, 협동제책, 신일인쇄, 유풍인쇄사, 동신인쇄사, 신정사, 삼신돗판 등이었다.

1982년 장왕사 편집부에서 개인용 컴퓨터인 애플II로 원고 작성을 하고, 저자의 주소록 관리를 하면서 앞으로 출판계와 조판업계가 열심히 공부하지 않으면 출판업무와 인쇄업무의 상당 부분을 타 업계와 외국업체에게 빼앗기겠다는 공포감을 느꼈다. 1971년 납활자 조판을 주로 하던 우리나라와 달리, 일본에서 JEM-3850 메인 프레임 컴퓨터로 조판을 하는 CTS 시스템을 직접 보고 느꼈던 공포감이 1982년에 다시 생긴 것이다. 따라서 이때부터 '컴퓨터에 의한 출판'에 대한 연구가 필요함을 절감했고, 이를 '전자출판(Computer Aided Publishing)'이라 칭하였다. CTS는 대형컴퓨터로 작업하는 것이지만, 앞으로는 애플II 같은 개인용컴퓨터로도 작업이 가능할 것이라고 예측하였던 것이다.[29)]

1982년 전자출판 연구 시작
이기성(장왕사), 신동휘(신정사), 한봉숙(신라문화사)

1986년 출판계, 인쇄계, 엠팔 전자출판 관심,
전파 및 성숙시킴
정순호(장왕사), 한규면(삼민사), 이호식(오롬정보처리),
김종수(한울), 최인수(하이테크사), 탁연상(월간 마소),
이문칠(영진출판사), 박강문(서울신문사),
공현식(서울신문사), 전길창(한국컴퓨그래피, 한국일보사),
양나영(PC저널), 우준식(KOCOM01), 장석원(엠팔),
김명의(STI, 한란시스템), 김정홍(정주기기),
김윤식(한글 / 한자코드), 박경희(한국컴퓨터)

1988년 한국전자출판연구회 창립
박영실(한국편집아카데미), 박지호(세광데이타데크), 이성환(인쇄계),
진호석(진컴퓨터), 이주희(글방컴퓨터), 이찬진(한글과컴퓨터), 전영
욱(엠팔), 강태진(한글Ⅲ), 정재열(한글Ⅲ), 박순백(경희대), 이호식
(제주그랜드호텔)

[그림 15] 전자출판 연구의 시작(1982년)

다음 [그림 16]에서 보는 바와 같이 1971년 당시 일본의 디지털 조판
방식은 종이테이프에 키펀칭을 하고, 종이테이프 리더로 읽어서 마그네
틱테이프로 옮겼다. 중앙처리장치를 거쳐 한 줄(line)씩 프린트하여 교정
을 보고 수정하여, 오자가 없으면 조판에 들어갔다(1971년 12월호 월간
「출판문화」참고).

---

29) 1982년도의 애플Ⅱ플러스 컴퓨터는 CPU가 6502로 8비트급 CPU이다.
    IBM XT와 IBM AT컴퓨터는 16비트급 컴퓨터이고, 펜티엄급 컴퓨터는
    CPU가 32비트급인 컴퓨터이다.

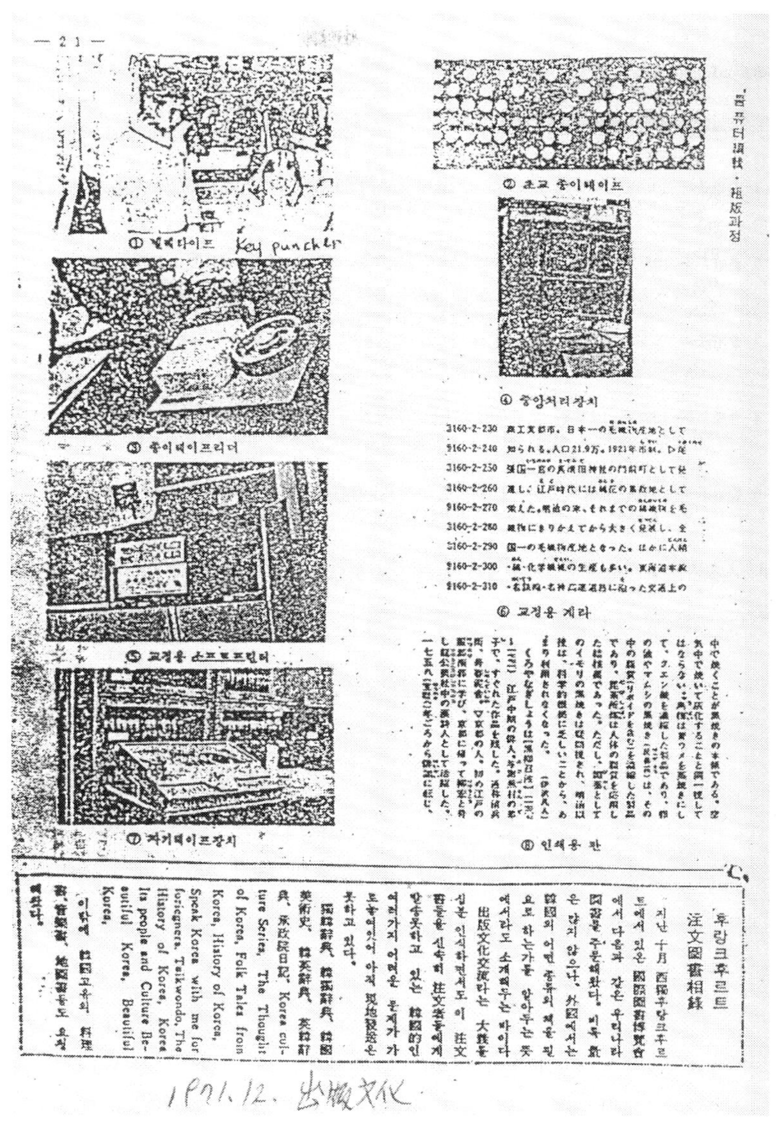

[그림 16] 1971년 9월 일본 각겐 출판사의 CTS
(메인 프레임 컴퓨터 사용)

‘출판에서 컴퓨터를 이용하는 갓'이 전자출판(Computer Aided Publishing; CAP)이다. 컴퓨터업계에서 ‘전자출판'이라고 번역하는 EP(Electronic Publishing)와는 그 출발 입장부터 다르다. 전자출판(CAP)에는 전자책 출판 또는 전자(매체)출판이라고 부를 수 있는 EP가 포함되는 것이다. 1982년부터 한국 출판업계나 인쇄업계에서 사용해 온‘전자출판'이라는 용어는 영어로 ‘Computer Aided Publishing'을 뜻한다.

출판에서 컴퓨터를 사용하기 시작한 것은1960년대부터이고, 1970년대에는 이미 메인 프레임 컴퓨터를 사용하여 디지털 조판을 하는 것이 실용화되어 있었다. 종이책 전자출판에는 CTS와 DTP가 있고, 비종이책 전자출판에는 디스크책 출판(DBP)과 화면책 출판(SBP)이 있다.30)

1) 한국 DTP의 시작은 1982년부터

한국의 데스크톱 출판(DTP)은 1982년 도서출판 장왕사에서 시작되었다. 그러나 신문에 보도된 것은 1987년이 최초이다. 1987년 11월 27일자 서울신문을 보면 ‘컴퓨터로 원고 작성·편집한 책 나와'라는 제목으로 영진출판사의 『알기C쉬운 BASIC 프로그램 모음』책이 DTP로 만든 국내 최초의 책이라고 소개하고 있다. 1987년 11월 23일자 경향신문에는 ‘퍼스컴으로 만든 책 국내 첫선'이라는 제목과 ‘원고 작성에서 교정·제판용 원도까지 완전 자동으로'라는 소제목의 기사에서 ‘애플과 IBM PC의 통신'이라는 프로그램을 개발함으로써 DTP가 가능해졌다'라는 내용과 함께 16비트급 컴퓨터에서 DTP 사용 방식을 소개했다.

---

30) 이기성, 전자출판, 영진출판사, 1988 이기성, 전자출판—4, (주)장왕사, 2001

이 두 신문에서 보듯이 1987년 11월이 우리나라에서 한글 DTP가 최초로 이루어진 때이고, 최초의 DTP 실천 출판사는 영진출판사, 최초의 DTP 방식을 사용한 플랫폼 컴퓨터는 16비트급 IBM PC였음을 알 수 있다. 국내 최초의 한글 DTP 방식의 책인 『알기쉬운 BASIC 프로그램 모음』책의 저자는 이기성과 탁연상의 2명이었다.

[그림 17] 서울신문 1987년 한국 최초
DTP 이용 종이책[31]

---

31) 이기성·탁연상 지음 『알기쉬운 BASIC 프로그램 모음』(영진출판사)이란 책은 원고 작성, 교정, 제판용 원도 작성을 모두 컴퓨터로 처리하여 kasems 국내 최초의 책이다. 이 책의 출간으로 출판 분야 컴퓨터 활용의 큰 이점이 입증됐다……, 서울신문, 1987년 11월 27일자.

1987년 당시는 일제 모리자와, 사켄, 료비 등 일제 CTS 입력 / 편집기가 주종이던 출판계에 한글 DTP라는 새로운 방식의 출판이 나타난 것이다. 약 5년 뒤인 1992년부터 매킨토시 컴퓨터의 국내 시장 진출로, 한국의 조판과 제판업계에서 IBM PC와 MAC이 일제를 밀어내기 시작했다.

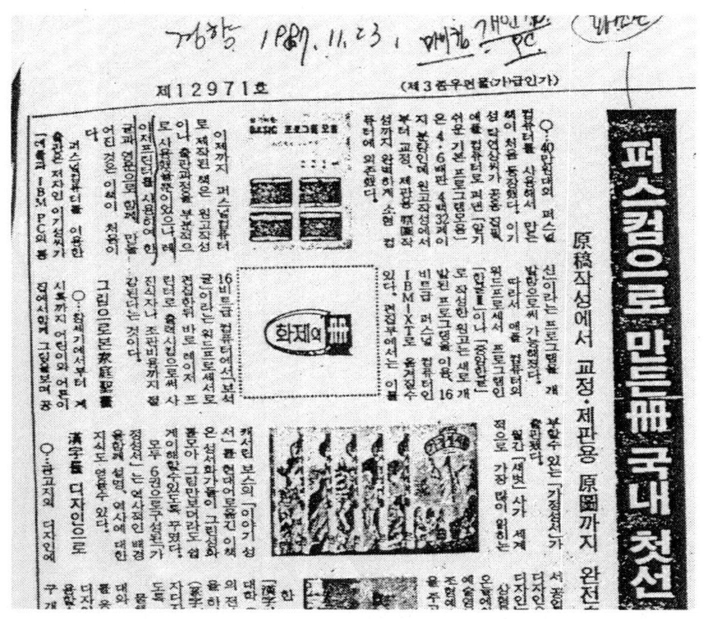

[그림 18] 경향신문 1987년 국내 최초 DTP 책[32]

---

32) '40만원대의 퍼스널컴퓨터를 사용해서 만든 책이 처음 등장했다. 이기성 / 탁연상씨가 공동 집필, 애플 컴퓨터로 펴낸 『알기쉬운 BASIC 프로그램 모음』은 4·6배판 4백32페이지 분량인데 원고 작성에서부터 교정, 제판용 원도 작성까지 완벽하게 소형 컴퓨터에 의존했다. 이제까지 퍼스널컴퓨터로 제작된 책은 원고 작성이나 출판 과정을 부분적으로 사용했을 뿐이었으나 레이저프린터를 사용하여 한글과 영문으로 함께 만들어진 것은 이 책이 처음이다……', 경향신문, 1987년 11월 23일자.

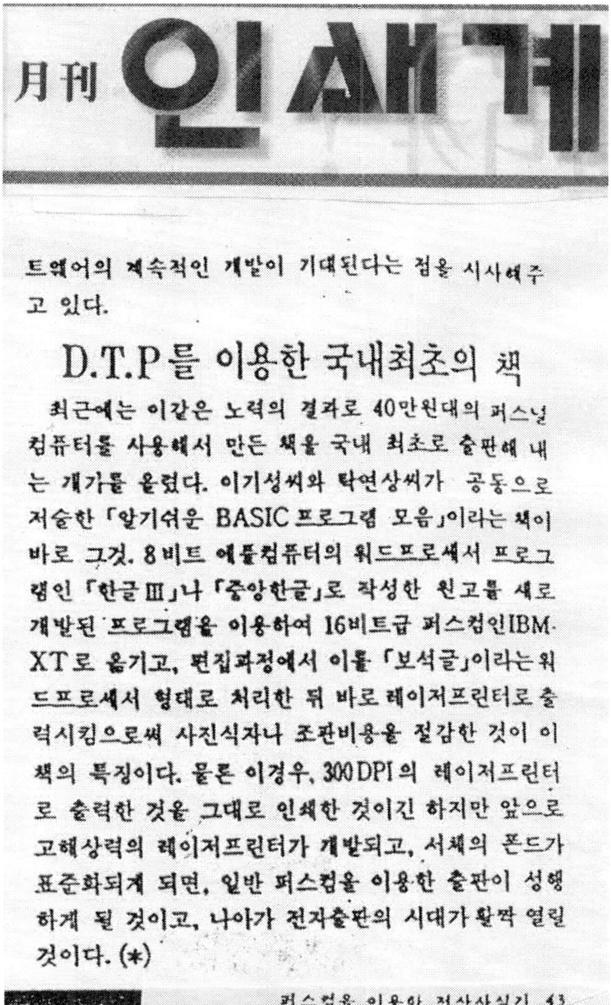

월간 인쇄계

트웨어의 계속적인 개발이 기대된다는 점을 시사여주
고 있다.

D.T.P를 이용한 국내최초의 책

최근에는 이같은 노력의 결과로 40만원대의 퍼스널
컴퓨터를 사용해서 만든 책을 국내 최초로 출판해 내
는 개가를 올렸다. 이기성씨와 탁연상씨가 공동으로
저술한 「알기여운 BASIC 프로그램 모음」이라는 책이
바로 그것. 8비트 애플컴퓨터의 워드프로세서 프로그
램인 「한글Ⅲ」나 「중앙한글」로 작성한 원고를 새로
개발된 프로그램을 이용하여 16비트급 퍼스컴인IBM-
XT로 옮기고, 편집과정에서 이를 「보석글」이라는 워
드프로세서 형태로 처리한 뒤 바로 레이저프린터로 출
력시킴으로써 사진식자나 조판비용을 절감한 것이 이
책의 특징이다. 물론 이경우, 300DPI의 레이저프린터
로 출력한 것을 그대로 인쇄한 것이긴 하지만 앞으로
고해상력의 레이저프린터가 개발되고, 서책의 폰드가
표준화되게 되면, 일반 퍼스컴을 이용한 출판이 성행
하게 될 것이고, 나아가 전자출판의 시대가 활짝 열릴
것이다. (*)

퍼스컴을 이용한 전산사식기 43

[그림 19] 월간 '인쇄계' 1987년 DTP를 이용한
국내 최초의 책

2) 한글 DTP와 한글 CTS의 한글 코드

1987년 12월 『월간 인쇄계』는 전자출판을 특집으로 다루었다 특히, 42쪽에서 한글 워드프로세와 한글DTP, 한글 CTS에서 한글이 어떻게 처리되는 가를 7단계로 구분하여, 일목요연하게 알 수 있도록 비교하고 있다. 월간 인쇄계에서 소개하는7단계는 다음과 같다. ① 8비트 애플로 작성된 원고, ② 원고를 16비트에 그대로 전송한 경우, ③ 코드 변환 프로그램을 사용하여 16비트에 전송한 경우, ④ 변환되지 않은 원고를 그대로 사식기에 전송한 경우, ⑤ 코드 변환 프로그램을 거친 사식기 상의 원고, ⑥ 변화된 원고를 사식입력기로 넣어서 완성된 모습, ⑦ 최종 출력된 원고33)

---

33) 경향신문, '퍼스컴으로 만든 책, 국내 첫 선', 1987년 11월 23일
　　인쇄계, 'DTP를 이용한 국내 최초의 책', 1987년 12월(송년호)

●8비트 애플로 작성된 원고

글을 시작하며

선거에 있어서 후보자와 정당의 이미지는 유권자의 궁극적인 투표행위에 지대한 영향을 미친다. 이는 마치 우리가 상품을 구입하는 데 있어서 좋은 이미지를 가진 브랜드의 상품을 선호하는 원리와 같다. 즉 후보자가 어떤 이미지를 갖느냐 하는 것은 그 후보자가 선거 기간 중 강조하는 일련의 선거 공약 못지 않게 중요한 것이다.

●원고를 16비트에 그대로 전송한 경우.

```
RMFDMF TLWKRGKAU
TJSRJDP DL<DJTJ GNQHWKDHK WJDEKDOML DLALWLSMS DBRNJSWKDML RNDRMRWJRULS
XNVYGODDNLDP WLEOGKS DUDGIDOMF ALCLSEK. DLSMS AKCL DNFLRK TKDVNADMF
RNDLQGKSMS EP DL<DJTJ WHGDMS DLALWLFMF RKWLS QMFOSEMDML TKDVNADMF
TJSGHGKSMS DNJSFLDHK RKXEK. WMR GNQHWKRK DJ=JS DLALWLFMF RKWSMSI
GKSMS RJTDMS RM GNQHWKRK TJSRJ RLRKS WND RKDWHGKSMS DLFFUSDML TJSKJ
RHDDIR AHTWL DKSGRP WNDDYGKS RJTDLEK.
```

●코드변환 프로그램을 사용하여 16비트에 전송한 경우.

글을 시작하며

선거에 있어서 후보자와 정당의 이미지는 유권자의 궁극적인 투표 행위에 지녀한 영향을 미친다. 이는 마치 우리가 상품을 구입하는 데 있어서 좋은 이미지를 가진 브랜드의 상품을 선호하는 원리와 같다. 즉 후보자가 어떤 이미지를 갖느냐 하는 것은 그 후보자가 선거 기간 중 강조하는 일련의 선거 공약 못지 않게 중요한 것이다.

●변환되지 않은 원고를 그대로 사식기에 전송한 경우.

●코드변환 프로그램을 거친 사식기상의 원고

●변환된 원고를 사식입력기로 넣어서 완성된 모습.

●최종 출력된 원고.

글을 시작하며

선거에 있어서 후보자와 정당의 이미지는 유권자의 궁극적인 투표 행위에 지대한 영향을 미친다. 이는 마치 우리가 상품을 구입하는 데 있어서 좋은 이미지를 가진 브랜드의 상품을 선호하는 원리와 같다. 즉 후보자가 어떤 이미지를 갖느냐 하는 것은 그 후보자가 선거 기간 중 강조하는 일련의 선거 공약 못지 않게 중요한 것이다

〈그림2〉 원고변환과정.

8비트원고를 16비트로 전환

앞에서 설명한 바와 같이 입력전용기만을 따로 구

[그림 20] 월간 '인쇄계' 1987년 12월호 특집 '한글 코드 변환'

단계별로 한글 코드를 살펴보자.

① 8비트 애플로 작성된 원고

8비트 Apple - Ⅱ + 컴퓨터에서 '한글-Ⅲ', '중앙한글'로 작성된 한글 코드 그림에서는 한 줄을 3번씩 Line-printer로 찍은 것이다.

한글 카드 없이 그래픽 모드로 인쇄했다.

② 원고를 16비트에 그대로 전송한 경우

한글-Ⅲ나 중앙한글 워드프로세서나 ASCII 코드로 작성한 원고를 16비트 컴퓨터(IBM-XT)로 전송한 것이다.

한글 음절 앞에는 한글 시작 코드(Ctrl-K, 혹은 Ctrl-E 토글), 영문 앞에는 영문자 시작 코드(Ctrl-E, 혹은 Ctrl-A)가 추가되어 있다.

한글의 자소가 영문자의 키보드 값으로 바뀌어 있다 '글'은 'ㄱ'에 해당하는 'R', 모음 'ㅡ'는 'M', 받침 'ㄹ'은 'F'로 바뀌어 '글'이 'RMF'로 변했다.

③ 코드 변환 프로그램을 사용하여 16비트에 전송한 경우

화면이나 프린터에 보이지 않던 줄을 바꾸라는 line-feed인 '리턴' 코드가 윗꺾쇠(^) 표시로 보인다.

④ 변환되지 않은 원고를 그대로 사식기에 전송한 경우

그림에서는 모리자와 출력기에 입력한 경우이다 당시, STI 입력기는 모리자와 출력기를 사용할 수 있었다 모리자와 출력기는 ASCII 코드로 들어온 한글 data도 모리자와 입력기가 사용한 일본 문자 코드인지 착각하고, 일본 글자를 표시해준다.

⑤ 코드 변환 프로그램을 거친 사식기 상의 원고

모리자와 사식기용 코드로 변환시키면 모리자와 출력기는 모리자와 입력기에서 입력한 한글 코드로 알아보고 정확한 한글 음절을 표시해준다.

⑥ 변화된 원고를 사식입력기로 넣어서 완성된 모습

한글 음절 data는 모리자와 사식기용 코드로 바꾸어졌지만 한글 글자 크기, 색깔, 글자꼴, 자간, 행간 등 한글 음절의 속성(attribute)과 조판 기호는 안 들어 있다.

모리자와 사식기가 사용하는 조판 명령(지면배치 명령; 지령)을 추가시킨다.

⑦ 최종 출력된 원고

최종 조판된 원고는 3단 조판으로 되어 있다. '글을 시작하며'는 소제목이므로 조금 큰 네모체 글자로, '8비트 원고를 16비트로 전환'은 중제목으로 1행을 빈줄로 띄고, 본문체 큰 글자로 사용하되, 약간 긴 '장#1'을 주었다.

1987년에 '알기쉬운 BASIC 프로그램 모음' 책이 국내, 최초의 한글 DTP 방식을 사용한 책으로 알려지자, 출판계와 인쇄계에 전자출판에 관한 관심이 아주 높아졌다. 1988년 2월에 '한국전자출판연구회가 설립되고, 1988년 10월에 국내 최초의 전자출판 개설서인'전자출판 책이 저자 이기성에 의해 영진출판사에서DTP 방식으로 발간되었다.34)

---

34) '국내 첫 전자출판 개설서, 이기성 저『전자출판』' – 국내 첫 전자출판 개설서로 책 자체도 전자출판으로 만들어진 책이 나왔다 출판인이며 컴퓨터 전문가인 李起盛 씨가 펴낸 이 책은『전자출판, 신문과 출판에서 컴퓨터의 이용』. 컴퓨터의 응용과 관련된 출판 분야의 모든 문제를 종합적으로 상세하게 다루고 있으며, 원고 집필 송고 편집 조판 인쇄 과정이 모두 컴퓨터로 처리되었다. 컴퓨터와 출판의 접목을 이론과 실제를 겸해 한눈

[그림 21] 1988년 동아일보 '국내 첫 전자출판 개설서'

3) 한글 화면책의 시초는 한글 통신

출판계에서 1988년 전자출판연구회를 발기할 무렵에 컴퓨터통신 동호회인 엠팔(EMPal)에서는 현대 한글 음절 1만 1172자를 지원하는 한글 입력기 프로그램과 한글 음절 1만 1172자를 다 사용할 수 있는 한글 통신용 에뮬레이터 프로그램을 개발하고 있었다 640 × 200 모드의

에 볼 수 있다. 영진출판사·8,000원, 동아일보, 1988년 11월 8일자.

오리지날 CGA에서 한글 음절 1만 1172자를 나타내는 프로그램 개발
에 장석원 님, 전영욱 님 등이 전력을 다했다. 통신용 프로그램은 장석
원 님의 파말마, 묵현상 님의 리볼트 프로그램이 개발되었다.

휴대용 랩톱컴퓨터는 당시 한국전자출판연구회 부회장이며, 엠팔의
제2대 회장인 이기성이 미국에서 SPARK Laptop을 구해왔고, 랩톱용
한글 입력 프로그램은 전영욱의 CKP 한글, 랩톱용 통신 프로그램은
묵현상의 S-Revolt 프로그램을 사용하여 국내 전화망을 통하여 현대 한
글 음절 1만 1172자의 송신과 수신에 성공하였다.

1989년에 6월에 월간지 '마이크로소프트웨어' 잡지에 CKP 한글과
S-Revolt 프로그램, 그리고 엠팔게시판(EMPal BBS)가 소개되었다. 국내
최초이며, 최대의 사용자를 가진 엠팔게시판은 1989년 5월 14일 개통 당
시, 전화선 3개, 서버는 IBM-386기종이고, 하드디스크는 40MB, 80MB의
용량이며, 운영체제는 UNIX시스템 V를 사용했다. 하루 운용 시간은 22
시간이며, 오후 1시부터 3시까지는 시스템 유지 보수 시간이다. 회원 1인
당 하루 접속 최대 시간은 1시간(60분)이다.35)

---

35) 1988년 엠팔의 제1대 회장은 한글과컴퓨터 회사의 박순백 부사장이었다.
박순백 부사장은 현재 '드림위즈'에서 근무중이다. 1989년 제2대 회장은
이기성이었고, 총무는 박성현 베스트북 사장이었다. 당시 개통한 엠팔게시
판의 시솝은 한규면 님이었다.

야에서 의사 결정을 신속 정확하게 처리하기 위한 내용이 추가된 것이 특징이다.

금성전선

TACCIMS PROJECT에 광 LAN 시스템 공급

금성전선이 최근 한·미 연합사에서 설치중인 TACCIMS 프로젝트에 컨소시움 주계약자인 TRW를 통해 대규모 광 LAN을 시스템 설계 용역부터 기자재 공급·설치공사까지 일괄 공급하게 되었다.

자체기술 OPTICAL TRANSCEINER를 이용한 이 시스템은 한국내 여러곳에 분산 설치된 정보 기지의 단일 네트워크로 통합 구성이 가능케 되어 종합적인 국방 정보통신망 체제를 이룩하는데 기여할 수 있게 되었다. 대규모의 이 광 LAN 시스템의 특징은 증폭기를 사용하지 않고도 수 킬로미터 내에 있는 서로 다른 기기와 통신 할 수 있도록 하며 최대 1,024 노드를 구성할 수 있다. 또한 스타 형식의 TOPOLOGY(형상)를 취하는 대부분의 광 Ethernet 시스템과는 달리 LINEAR ACTIVE RING 형상을 택함으로써 노드당 비용이 저렴하며 확장이 쉬운 특성을 가지고 있다.

엠팔

랩탑용 한글 개발
랩탑용 한글 통신 프로그램 개발
엠팔 게시판 개설

지난 5월 14일 엠팔(EMPal : 전자사서함 동호인 모임, 회장 : 이기성)에서는 랩탑용 한글 처리 소프트웨어 및 통신 프로그램을 개발했다고 발표하였다. 600×400의 픽셀을 가진 LCD(액정표시장치)를 사용한 랩탑 컴퓨터라면 어느 것에서든지 사용가능한 이 한글 프로그램의 이름은 CKP로서 640×200 모드의 CGA 화면에서 띄울 수 있다.

처음 이 작업은 데이타뷰사의 스파크 랩탑 컴퓨터를 엠팔의 회장인 이기성씨가 미국에서 구입해 오면서 부터이다. 이 랩탑에 한글을 이식해 보려는 노력은 엠팔의 회원인 장석원씨가 처음 시도했으며, 그 다음 640×400 모드에서 돌아가는 보석글을 사용할 수 있는 그래픽 한글 LKP(Lap Korea Processor)를 개발하였다. 하지만 액정표시장치를 사용하는 랩탑에서는 글씨가 작아 알아보기 어려워 약간의 수정이 필요하였다. 이에 이 점을 개선한 640×200 모드에서 사용가능한 한글이 최종적으로 전영옥씨에 의해 개발되었다. 이 프로그램은 공개 소프트웨어로 공급될 예정이다.

이 날 랩탑 컴퓨터에서 한글 통신을 가능케 하는 S-Revolt도 함께 발표되었다. 이 프로그램은 엠팔의 반란이라는 프로그램의 제작자이기도 한 곽현상씨에 의해 개발 완료된 것이다.

한편 엠팔에서는 5월 24일 엠팔 게시판의 개통식을 가졌다. 동대문구 이문동에 자리한 엠팔의 랩에서 발표된 이 BBS는 현재 3대의 전화(967-8022~4)로 개통되어 있으나 조만간 6~8대로 전화를 늘려 대표전화로 묶어서 재개통할 예정이다. 시스템 오퍼레이터(시삽 : Sysop)는 당분간 한규면씨가 담당할 예정이다.

엠팔 게시판이 운용되는 시스템은 립텍(Libtek)의 386 기종으로서 26.7MHz의 속도를 가진다. 하드 디스크는 두 대로서 시스템 관련 프로그램을 위한 28m/sec의 40메가와 사용자를 위한 80메가의 용량이다. 운영체제는 유닉스 시스템 V를 사용하게 된다.

엠팔 게시판의 운용 시간은 하루 22시간으로 오후 1시부터 3시까지는 시스템의 유지보수를 위해 사용하지 못한다. 회비는 한 달에 5천원이다. 현재 엠팔의 회원이 아닌 사람들은 통신 파라미터를 7비트/even 혹은 8비트/none으로 설정하여 엠팔 게시판으로 전화를 건 후에 sonnim이라는 로그 인으로 접속하면 된다. 처음 접속하는 사람은 단지 메시지만 읽을 수 있고, 가입 의사를 밝히는 메시지만 남기도록 되어 있다. 가입 의사를 밝힌 사람에게는 가입이 결정되는대로 우편으로 사용자 부호와 암호를 받게 된다.

사 고

마이크로소프트웨어 89년 5월호 발간 일자가 "동아인쇄소" 파업으로 인해 지연되었음을 알려드립니다.

1989. 6. 마이크로소프트 P.45

1989년 6월 마이크로소프트웨어 45

[그림 22] 월간 '마이크로소프트웨어' 1989년 6월호, '엠팔 랩탑용 한글 개발'

  1989년 5월 19일 서울-동대구간 랩톱컴퓨터와 공중전화선을 사용한 한글 1만 1172자 전송에 성공하자 2달 후인 7월 호주로 건너가 랩톱컴퓨터로 국제 전화선을 사용한 한글 1만 1172자 통신에 성공한다 7월 11일 저녁 5시20분 호주 시드니 시에 소재한 코리언포스트 신문사에서 서울 용산구 소재 한국 데이터통신 유경희 연구위원과 랩톱컴퓨터를 사용하여 한글 통신에 성공한 것이다 한글 1만 1172자를 전부 사용하는 국제간 한글 컴퓨터 통신에 성공한 첫 사건이다 1989년 7월 15일 호주에서 귀국 도중 홍콩에서 또다시 컴퓨터 한글 교신에 성공했다. 이로서 휴대용 컴퓨터로도, 프로그램만 있으면, 전화선이 있는 곳은 전세계 어느 곳에서나 한글 1만 1172자 통신이 가능해진 것이다.

  1989년부터 통신망을 사용하는 화면책은 국내 게시판 전문회사(PC통신 회사)인 하이텔, 천리안, 나우누리, 유니텔 등의 통신망을 사용하여 출판이 가능해졌고, 현재는 국제통신망인 인터넷을 통하여도 화면책 출판이 가능해졌다.

  한국에서는 컴퓨터 통신망을 이용하는 통신망 화면책 출판이 1989년 7월 11일부터 가능해졌다(일간스포츠 1989년 7월 27일자 보도). 국제 전화선을 통해서 한글 1만 1172자를 다 전송하는데 성공한 것이다 통신망을 이용하여 출판을 하는데, 한글이 전부 표현 안 된다면 이는 통신망을 이용하는 한글 화면책을 만들 수 없기 때문이다 PC통신망을 이용한 화면책 ebook은 1989년부터, 인터넷망을 이용하는 화면책 ebook은 1998년부터 시작되었다.

[그림 23] '주간부산' 1989년 8월 13일 발행
'한국 화면책의 시초가 된 호주 통신'

화면책은 통신망(Network)에 연결하여 모니터 화면으로 읽는 책을 말한다. 종이에 인쇄하는 대신 파일 형태로 출판사 컴퓨터의 하드디스크 같은 저장장치에 보관시켜놓고 인터넷 같은 컴퓨터 통신망을 사용하여 책(파일)을 읽을 수 있도록 한 책의 총칭이다. Network Screen Book이라 하는데, Network Access Screen Book 또는 Network를 생략하고 Screen Book이라고도 한다. 통신망에는 PC 통신, 인터넷, 사설/상용 BBS 등 모두 들어간다.

컴퓨터 통신망에 연결된 화면책 중에서 인터넷상의 책을 Web책, 인터넷상의 잡지를 웹진(Webzine)이라고 별도의 명칭으로 부르기도 한다. 전자책이라 불리는 eBook은 'PC용 eBook'이든 '전용단말기용 eBook'이든 화면책에 포함되는 개념이다.

[그림 24] '일간스포츠' 1989년 7월 27일자
'첫 한글 전송 – 한글 통신 성공'

4) 한국전자출판연구회

　1982년부터 한국 출판계에서는, 앞서가는 일본 출판계의 전산화에 대한 대비책으로 '전자출판(Computer Aided Publishing)'을 정식 학문으로 연구하여야 우리나라가 세계와 경쟁할 수 있다는 생각을 하는 18명의 발기위원은 물론, 박영실 한국편집 아카데미 원장, 박세원 세광음악출판사 사장, 박지호 세광데이타테크 이사, 이성환 인쇄계 기자, 전자사서함 동호회 회원(이찬진, 박순백, 안철수, 탁연상, 안대혁, 박성현, 묵현상, 염진섭, 장석원, 홍진표, 이주희, 전영욱) 등이 주축이 되어 '전자출판학'을 학문으로 설정하고, 1988년 3월에 한국전자출판연구회(CAPSO)를 발족시켰다.

한국의 전자출판(CAP)에 관련한 연구는 도서출판 장왕사에서 1982년부터 시작되었으나, 본격적으로 전자출판연구회가 발족된 것은 1988년이었다. 초창기부터 전자출판 연구에 참여한 출판사는 다음과 같이 18곳이었다.[36)]

1) 도산문화사: 김민영 차장,
2) 동보출판사: 임요병 부장,
3) 월간디자인사: 이영혜 사장(dgn01),
4) 범우사: 윤형두 사장,
5) 보성사: 이경훈 사장,
6) 삼민사: 한규면 실장(hahnkm),
7) 안그래픽스: 안상수 사장(ahn01dh),
8) 열화당: 이기웅 사장,
9) 우리출판사: 김동금 사장,
10) 우신사: 노양환 사장,
11) 도서출판 장왕사(장왕교재연구원): 이기성 상무(leeks),
12) 출판문화협회: 김희락 국장(kpri),
13) 출판문화협회: 이두영 국장(kpa01),

---

36) 출처: 1988년 영진출판사에서 출판된 '전자출판' 책의 부록, 1988

14) 탑출판사: 김병희 사장,

15) 평화출판사: 허창성 사장,

16) 하이테크: 최인수 사장(hitek1),

17) 한길사: 김언호 사장,

18) 한울: 김종수 사장.

윈도95가 발표되고 인터넷이 활발히 보급되기 시작한1995년에 계원조형예술대학에 '전자출판 전공'이 탄생하였고, 1996년 김포대학에 '전자출판과', 1997년 혜전대학에 '전자출판과'가 연이어 생겨났고, 2002년 중부대학의 '디지털출판과', 2003년 양산의 영산대학 '디지털출판과'로 이어지고 있다.

참고로, 계원조형예술대학 출판디자인과에서1996년부터 매년 졸업작품으로 제작하는 종이책과 화면책(전자책)의 비율을 보면, 1996년 61%이던(95학번) 종이책이 2000년부터는 0%로 줄어든 것을 알 수 있다. 종이책 디자인하는 것만 알아가지고는 취업 경쟁은 물론, 유비쿼터스 사회에서 장래가 보장되지 않음을 잘 알기 때문이다

[표 3] 계원대 출판디자인과 졸업작품 구성 비율(1996년~2002년)

1996년 총 23조	화면책과 디스크책	9(39%)	종이책 14(61%)
1997년 총 14조	화면책과 디스크책	13(93%)	종이책 1(7%)
1998년 총 15조	화면책과 디스크책	15(100%)	종이책 0(0%)
1999년 총 23조	화면책과 디스크책	22(96%)	종이책 1(4%)
2000년 총 23조	화면책과 디스크책	23(100%)	종이책 0(0%)
2001년 총 24조	화면책과 디스크책	24(100%)	종이책 0(0%)
2002년 총 19조	화면책과 디스크책	19(100%)	종이책 0(0%)

[표 1] 졸업작품 구성 비율

5) 전자출판 시스템

전자출판의 종류가 종이책 전자출판과 비종이책 전자출판으로 2분되고, 종이책 전자출판은 다시 CTS와 DTP로 2분된다. 비종이책 전자출판은 DBP(Disk Book Publishing)와 SBP(Screen Book Publishing)으로 2분된다. 따라서 전자출판은 CTS, DTP, DBP, SBP의 4가지로 크게 나눌 수 있는 것이다. 전자출판은 전통적으로 출판사 편집부 제작부(생산부), 제판소, 인쇄사 등이 각기 나누어서 하던 일을 작업 경계가 애매하게 만든 장본인이다. 특히 개인용컴퓨터의 대량 보급과 개인용컴퓨터의 성능 향상은 과거 출판계와 인쇄계의 질서를 깨뜨리고 말았다. 출판물 제작 단계를 기획, 편집, 제작, 마케팅으로 구분하는 것은 종래부터 계속 내려오는 습관이다. 그러나 일부 젊은 편집인 중에서는 기획과 편집을 선후 관계가 아닌 같은 위치에서 내용과 디자인으로 구분하려는 움직임이 있다.

기획은 무에서 유를 창조하는 선행 작업이고, 기획서에 따라 편집을 수행하는 것이 아니고, 기획 작업도 편집에서 취급한다는 논리이다. 재래식 편집 개념대로 지적인 편집과 형태적인 편집으로 구분하여 지적인 편집은 기획서에 따르는 원고 획득서부터 수정 완성에 이르는 내용(contents)의 편집(①)이고, 형태적인 편집은 지면 배치, 활자 선정 등 편집 디자인(②)으로 구분하여 오던 것이다. 젊은 층은, 지적인 편집에 기획 작업을 포함시켜서 contents의 확보 및 품질이 50%, 형태적인 편집인 미적 편집을 텍스트 디자인, 그래픽 디자인, 사운드 디자인을 합쳐서 50%로 취급하는 구분 방식을 주장하고 나선 것이다. 특히 디자이너들은 편집이라는 용어 자체를 디자인으로 바꾸어서 지적 편집과 미적 편집 대신에 '지적 디자인 또는 contents design'과 '미적 디자인'이라는 용어를 주장하기도 했다.

1997년 10월 일본 동경에서 일본출판학회(Japan society of publishing studies)의 주최로 열린 제8회 국제출판학회(8th IFPS)에서 출판물에 대하여 토론한 내용을 정리해보면 내용(Contents)의 정확성과 독창성이 50%이고, 나머지 50%가 어떻게 '잘 만드느냐'였다. '잘 만드느냐'는 본문(Body Text) 디자인이 25%, 그래픽 디자인이 10%, 사운드 등 나머지가 15%로 나누어져 있었다.[37]

종이 출판물 50 %	디스크 출판물 25 % CD-ROM 책	화면 출판물 25 % Web Book

[그림 25] 종이 출판물과 디스크 출판물의 예상 추이

CTS 방식의 조판과 제판은 1970년대부터 1990년대까지 성행하였으며, 1987년 한국에서 DTP 방식이 최초로 시도된 이래 2001년 현재, CTS는 일간 신문사와 최고급 인쇄사의 일부에서만 작업이 계속되고 있다. 1990년대 말부터 DTP는 개인용컴퓨터인 IBM 과 매킨토시를 플랫폼으로 하여 일제 입력기/조판기를 거의 밀어낸 상태이다. 20여년 전인 1979년 '한글CTS HK-7910'이 한국컴퓨그래피에 의해 발명되었어도, 한국 시장에서는 일제가 판을 치고 있었다. 특히, 1982년 일제 'SABEBE'가 사켄에 의해 발명되어 한국에 수입되고, 1983년 일제 '한글 Linotron'이 모리자와에 의해 발명되어 한국에 수입되고 나서는 국산 CTS 기기는 거의 팔리지 않고 있었다.

---

37) 'What is occuring now in publishing toward the 21st Century', 8th International Forum on Publishing Studies, U.N. University, Tokyo, Japan, October 23-24, 1997

1982년 청계천 세운상가에서 8비트급 개인용컴퓨터인 애플투플러스 (Apple−Ⅱ＋) 호환기종이 생산되자, 한글Ⅲ 워드프로세서, 중앙한글 워드프로세서 소프트웨어가 나타나서, 개인용컴퓨터에서 한글로 문서 작성이 가능하게 되었다. 1983년부터 TG-20(삼보컴퓨터), FC-100(금성컴퓨터), SPC-1000(삼성컴퓨터) 등 국산 8비트급 개인용컴퓨터가 생산되고, 각기 컴퓨터용 한글 워드프로세서 소프트웨어가 개발되었다. 미국서 페이지메이커, 포토샵, 일러스트레이터에 의한 영문 DTP가 시작되던 1985년 국내에도 16비트 IBM PC용 워드프로세서인 '보석글'이 나타났다. '보석글' 워드프로세서는 삼보컴퓨터가 미국의 Peter Reuzen이 개발한 'T-Master, T-Maker' 영문 워드프로세서를 로열티를 주고 한글화시킨 것으로, 1만 1172개의 완벽한 한글 음절 구현이 가능하여 인기가 높았다. 1989년 '혼글' 워드프로세서 버전 1.0 이 개발되기 이전까지 가장 많이 사용되던 한글 워드프로세서가'보석글, 보석글−Ⅱ'였다.

1986년 한국 STI에서 '캅프로86' 한글 CTS 입력기를 개발해내는 것을 필두로, IBM-XT, IBM-AT, IBM-386 등 IBM 개인용컴퓨터 기종을 사용하는 국산 CTS 입력기가 계속 개발되어, 일제 CTS 기기와 경쟁체재에 들어선다. 1987년 국내 최초로 DTP 방식으로 '알기쉬운 BASIC 프로그램 모음'이란 책이 영진출판사에 의해 출간된다. 한글 1만 1172자가 다 표현되는 일제 사켄, 일제 모리자와 CTS 기기와 경쟁해야 하는 한국 출판계에 1987년 한글 표준 코드가 한글 음절이20%밖에 표현되지 못하는 KSC-5601-87 완성형 코드로 정해져 발표된다.

한국의 KS 규격에 맞는 CTS나 DTP 기기는 한글 음절이2350자만 표현 가능하고, 일제는 한글 음절 1만 1172자가 표현이 되니, 출판계나 인쇄계는 당연히 한글이 전부 표현되는 일제CTS기기를 사용할 수밖에 없게 된다. 출판계 및 컴퓨터 사용자들과 군사 정권과5년간의 처절한 투쟁 끝에 1992년 드디어 한글1만 1172자가 표현 가능한 KSC-5601-92 조합형 한글 코드가 한글 표준 코드로 지정된다. 정부의 2350자 표현 한글 코드 시절에도 '훈글', '문방사우', '오토페지', '컬러페지' 등 한글 음절 1만 1172자가 다 표현되는 국산 소프트웨어가 있어 한국 출판인의 사랑을 받았다. 특히, 1994년 IBM DTP용 소프트웨어인 '문방사우' 버전 3.0에 칼라 분판 기능이 추가됨으로, 1994년 이후는 개인용컴퓨터 기종으로는 매킨토시의 쿽익스프레스 DTP에서만 가능했던 칼라 분판이 IBM 개인용컴퓨터에서도 가능해졌다. 1995년 윈도95 운영체제가 나온 이후부터 출판계나 인쇄계나 매킨토시에서만 주로 사용하던 포토샵 일러스트레이터, 페이지메이커 등 소프트웨어를 IBM 기종에서 사용하는 추세로 돌아서고 있다.38)

2006년에는 쿽익스프레스, 페이지메이커, 훈글, 인디자인 등의 DTP 소프트웨어가 IBM과 매킨토시의 두 종류 컴퓨터에서 사용되고 있다. 훈글 소프트웨어는 원래 워드프로세서용으로 개발되었으나 많은 기능의 추가로 DTP 소프트웨어로 사용하는데도 손색이 없다. 또한 훈글 소프트웨어는 한글 폰트를 내장하고 있어 IBM과 매킨토시의 두 컴퓨터에서 한글 폰트까지 완벽한 호환이 가능하다. 예를 들어 매킨토시에서 훈글(버전 훈글97)로 작성된 파일은 IBM 컴퓨터에서 훈글 97이나 훈글2002, 훈글2005로 한글 서체까지 완벽하게 똑같은 파일로 재생이 가능하다.

---

38) 이기성, 전자출판―Ⅱ, 장왕사, 1997

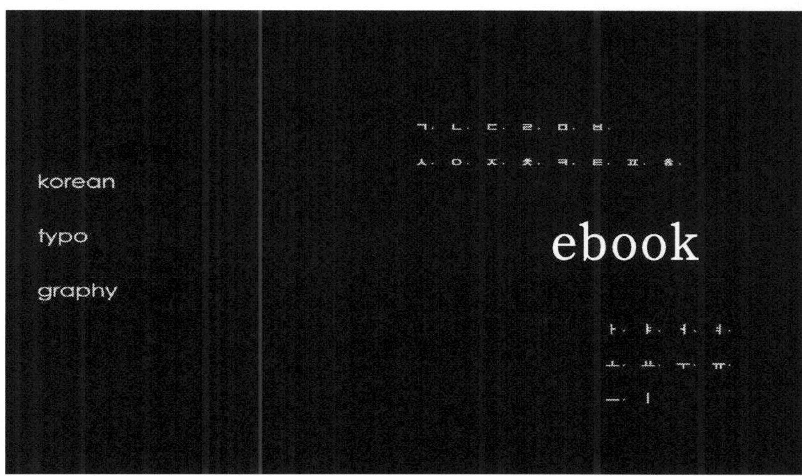

korean
typo
graphy
ebook

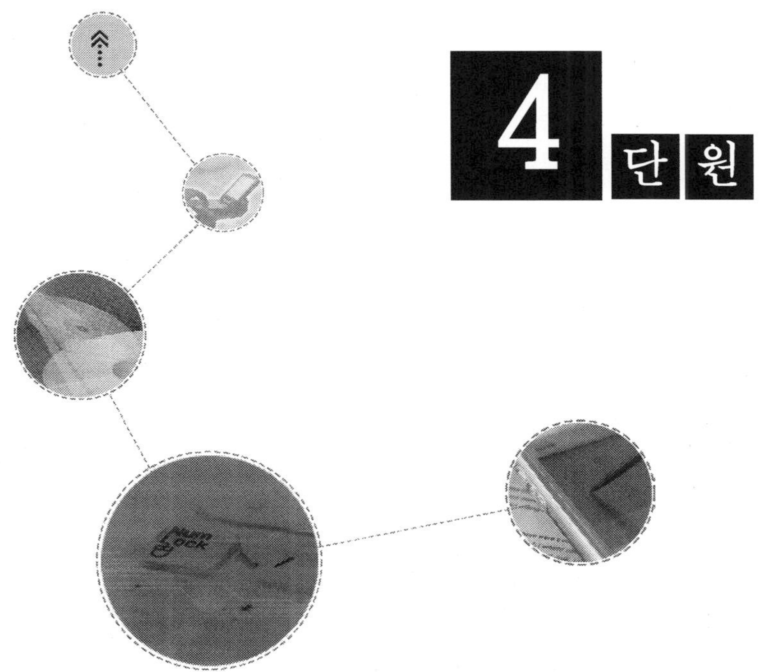

4 단 원

　　이북(ebook)이란 단어가 일반인에게 널리 알려지기 시작한 것은 1998년이다. 누보미디의 Rocket eBOOK이 1998년 10월 발매되어, 미국뿐 아니라 세계의 출판계에 화제를 뿌린 것이다. ebook이란 화면책(network screen book)을 읽는 전용 단말기를 말한다. 전용 단말기는 1998년 미국에서 나온 누보미디어의 'Rocket eBOOK'과 소프트북프레스의 '소프트북' 등이 있는데, 무거울 뿐만 아니라 가격이 너무 높아 상업적인 성공을 거두지 못했다고 생각된다.

　　초기 전자책 시장의 승부수는 '얼마나 인기 있는 컨텐츠를 독자들에게 제시하느냐'에 달렸다고 예측할 수 있다. 그러나 대부분 출판사는 물량 공세에 나서는 데 있어서 조심스럽다. 특히 베스트셀러의 경우는 종이책보다 싸게 파는 것이 종이책 매출에 악영향을 줄지 모른다는 우려 때문에 선뜻 전자책 발간 결정을 내리지 못하고 있다.

　　한겨레신문의 고명섭 기자는 2000년 5월 15일자 한겨레의 [책과 사람]에서 '전자책이 뜬다'라는 제목의 글에서 다음과 같이 쓰고 있다. 앞으로 100년쯤 뒤에는 펄프가루가 묻어나는 종이책이 지구상에서 완전히 사라질지도 모른다. 성급한 이들은 그 시기를 더 앞당겨 보기도 한다. 지금 추세는 이런 전망이 무모한 것만은 아니라는 판단을 하게 한다. 올해 들어 출판계의 화두가 된 '전자책'(e-book)이 상용화 단계에 들어섰기 때문이다.

전자책이란 개인용 컴퓨터나 전용 단말기 등을 통해 책의 내용을 내려 받아 볼 수 있는 책을 말한다. 단지 텍스트의 내용만 받아보는 것이 아니라 책갈피에 북마크를 표시할 수도 있고 메모도 할 수 있고 밑줄도 그을 수 있는 형태를 띠고 있어서 종이책과 유사한 느낌을 준다. 또 종이책에서는 구현할 수 없는 동영상이나 소리 기능이 첨가되기도 한다.

하지만 전자책이 보편화하려면 무엇보다 두 가지 문제가 해결돼야 한다. 저작권 보호기능을 강화하는 것과 전자책 전용 휴대형 단말기 개발이 그것이다. 해커의 침입을 방지하는 튼튼한 잠금 장치를 만드는 문제는 스티븐 킹의 <총알타기>가 해킹을 당함으로써 현실적인 문제가 됐다.

동아일보의 정은령 기자는 2000년 4월 9일 '전자책이란 과연 무엇일까?'라는 제목의 글에서 다음과 같이 쓰고 있다. 전자책 성립에 필요한 조건들을 보자.

첫째, 인터넷 환경이다. 전자책은 책 내용을 디지털 파일로 만들어 인터넷상에서 독자들이 다운로드할 수 있다. 얼핏 웹컨텐츠와 비슷해 보이지만 유료복제인 것이 커다란 차이이다. 최근 킹의 전자책이 해킹 당한 사건으로 무단복제를 막는 보안기술이 무엇보다 중요하다는 것이 다시 한번 입증됐다.

둘째는 기존의 종이책 소스를 전자책으로 만드는 기술(tool)이다. 현재 국내 여러 컴퓨터프로그램업체들이 출판사와 작가들을 대상으로 '전자책을 만들어 주겠다'며 경쟁을 벌이고 있다.

셋째는 종이책처럼 아무 곳에서나 꺼내서 전자책을 읽을 수 있도록 해 주는 휴대용 단말기의 보급이다.

출판사가 겪게 될 가장 가시적인 변화는 제작비 감소와 제작기간의 단축이다. 문서 중심인 350쪽 분량의 소설책 한 권을 전자책으로 만드는 비용은 5만원선. 제작기간은 하루면 충분하다. 종이책의 경우 평균 제작기간 2개월에 3000부 기준으로 제작비는 2000만원선이었다. 소수의 독자만 있어도 제작비를 건질 수 있기 때문에 원하는 사람에게는 누구나 책을 내 줄 수 있다.

한겨레21의 김수병 기자는 electronic book을 '책 모양의 전자기기'로 규정하고 있다. 동국대 임중연 교수 역시 전용 단말기를 ebook이라 생각한다. 그러나 광의의 의미로는 인터넷이나 PC 통신을 사용한 출판 개념을 전자책이라 생각하고 있다. 한겨레신문의 고명섭 기자는 '전자책이란 개인용 컴퓨터나 전용 단말기 등을 통해 책의 내용을 내려 받아 볼 수 있는 책'이라 정의하고 있다.[39]

소니의 datadiskman은 disk book을 읽는 단말기이고, 디스크책은 datadiskman에 들어가는 디스크가 책에 해당된다. 마찬가지로, 누보미디어의 ebook(Rocket eBOOK)은 screen book의 contents를 인터넷 통신망으로부터 download 받아 screen book을 읽는 단말기이다.

---

39) 고명섭 기자, 2000년 5월 15일자 한겨레, [책과 사람] '전자책이 뜬다'. 2000년 들어 출판계의 화두가 된 '전자책'(e-book)이 상용화 단계에 들어섰다.

[표 1] disk book과 screen book

Disk Book
    Memory, IC, 전자수첩, PCMCIA cards
    CD-G, CD-ROM, CD-I, DVD
    Digizine 디지털 잡지(전자잡지)
    소니의 DD-11
Network Screen Book
    Database Book, MODEM Book
    On-Line Book, Internet Book
    Webzine 웹잡지(인터넷 잡지)
    누보미디어의 Rocket eBOOK,
    소프트북프레스의 소프트북
    PPP(Post PC Publishing)

한국의 문화와 일본의 문화가 다른 점이 있다. 일본에서는 1999년 11월 1일부터 2000년 2월 19일까지 eBOOK 단말기 5000명, PC 뷰어 1000명, 합계 6000명의 자원봉사 모니터에 의해 Book On Demand 시스템 종합 실증 실험을 실시했다. 일본인들은 인터넷을 이용하는 화면책보다 통신위성 회선을 사용하는 화면책을 선호한다. 또, 화면책용 단말기도 ebook보다는 SONY의 disk book인 DD-11과 NEC의 digital book(DB-P1) 휴대용 Viewer를 더 고집하는 경향이 있었다.

한국에서도 출판사가 아닌 분야에서 출판을 위협하는 업종이 등장하고 있다. 2000년 초에 설립된 지온닷컴(gi-on.com)은 인터넷을 사용한 BOD로 출판사와 인쇄사를 둘 다 위협하는 새로운 존재가 가능함을 보여주는 좋은 증거이다.

또한, 월간마이크로소프트웨어(정보시대)의 편집장이었고, 출판기획사인 달리만듦을 운영하던 (주)북인포넷의 정병태 사장은 인터넷을 사용하여 출판 contents와 유통을 동시에 해결하는 솔루션을 제시하고 있다.

ebook은 전자책 중에서 디스크책보다는 화면책에 더 가깝다고 볼 수 있다.

[표 2] ebook은 화면책이다

전자책 (ebook)	디스크책 (disk book, ebook, electronic book)
	화면책 (network screen book, screen book, network book, ebook)

ebook은 간이 ebook, 중급 ebook, 고급 ebook의 3종류로 구분할 수 있다. 첫째는 워드프로세서 파일 형태의 수준으로 인터넷에서 무료나 무료 수준의 가격으로 판매되는 ebook이 이에 속한다. 멀티미디어를 갖춘 전자책이 아니라 종이책을 스캔하여 pdf 파일로 제공하거나 흐글 파일 등으로 인터넷에 올려놓은 콘텐츠를 갖춘 ebook이다.

둘째는 플래시 같은 2차원 애니메이션을 사용하여 중질의 화면책을 제작하여 저급이지만 멀티미디어 구현이 가능한 ebook으로, 멀티미디어 PC(그래픽 카드와 사운드 카드, 스피커, CD-ROM 드라이브나 DVD 드라이브가 달린 개인용컴퓨터)로 읽어보는 ebook이다.

셋째는 정상적인 속도의 동영상을 구현할 수 있는 ebook 전용단말기를 사용하여 책을 보고, 들을 수 있는 콘텐츠를 갖춘 양질의 ebook을 말한다.

[표 3] ebook의 종류

등 급	종 류	버 전
1st	간이 ebook	paperback book version
2nd	중급 ebook	MM PC version
3rd	고급 ebook	hardcover book version

korean
typo
graphy
ㄱ ㄴ ㄷ ㄹ ㅁ ㅂ
ㅅ ㅇ ㅈ ㅊ ㅋ ㅌ ㅍ ㅎ
디스크책 출판
ㅏ ㅑ ㅓ ㅕ
ㅗ ㅛ ㅜ ㅠ
ㅡ ㅣ

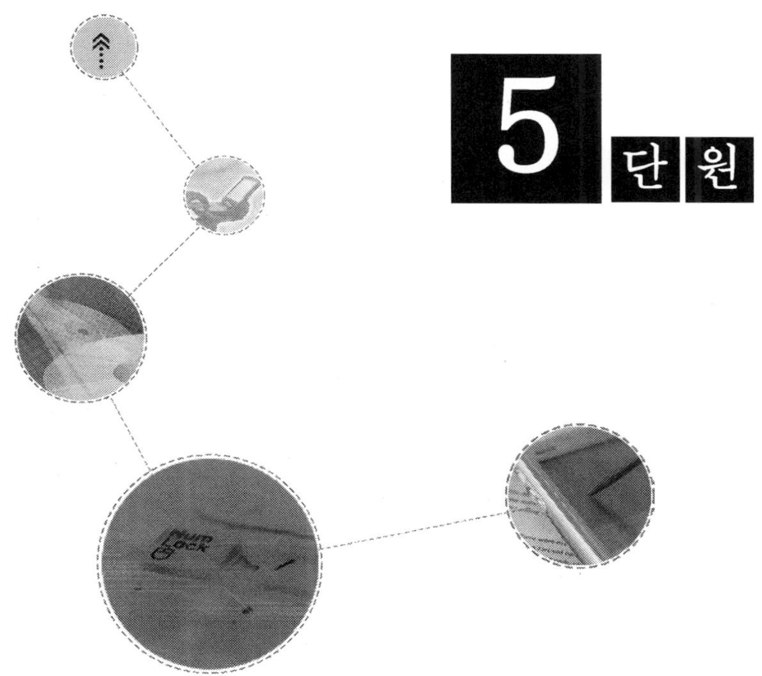

5 단 원

빠르게 변화하는 현재, 출판업계나 인쇄업계가 살아갈 길은 무엇인가? 살아갈 방법은 '기획과 편집 분야에 종사하는 출판인이 미래를 정확히 예측하고, 이에 대비하는 것'일 것이다. 그렇다면, 구체적으로 어떻게 해야 할 것인가? 정보사회나 지식 기반 산업 사회, 현재의 문화 산업 사회에서는 'PD라 불리는 편집자가 되라'라는 것이 앞서가는 출판인의 좌우명이다.

출판물의 최종 매체가 종이뿐만 아니라, disk, 통신망(network, internet)이 된 지금에도 종이로 제작한 것만 책이라는 생각을 갖고 있는 출판 기획자나 출판 편집자는 반성하여야 할 것이다. 매체(media)의 발전에 발맞추어 출판 기획이나 편집 기술도 발전하지 못한다면 이는 외국 출판사와의 경쟁에서 패배하는 결과를 초래할 것이다.

수백 년, 아니 수천 년의 종이책(Paper Book) 시대에서, 1980년대에 디스크책(Disk Book)이란 전자책(EB; Electronic Book)이 출현하고, 1990년대에 화면책(Network Screen Book)이란 전자책(eBook; Electronic Book)이 출현했다. Disk Book이나 Network에 연결된 Screen Book이나 종이책이 아닌 비종이책(Non-paper Book)이다. Non-paper Book은 Paper Book과 달리 저자의 의도를 text라는 single media만 사용하여 시각화시키는 것이 아니다. Non-paper Book은 text는 물론 audio와 video(동영상), animation을 동시에 사용할 수 있는 multi media를 사용할 수 있는 것이다.

New media의 출현은 수십 년이 되었다고 볼 수 있지만, multi media 가 가능한 책의 출현은 20년 정도밖에 안 되었다고 볼 수 있다. 종이 가 대표하는 단일(single) 매체(media) 출판에 비하여, New media인 disk 나 network를 사용하는 복합(multi) 매체(media) 출판으로 발전해 온 역사는 아주 짧다.40)

동국대 언론정보대학원 출판잡지학과의 커리큘럼을 보기로 들어서 우리나라 출판 환경의 변화를 살펴본다. 2002년 현재 13과목을 개설하 고 있다. 그중 '사회과학조사방법론'은 대학원 공통 과목이므로, 출판잡 지학과의 전용 강좌는 12개라 할 수 있다. 1999년도 커리큘럼에서 인 쇄제책론, 사무자동화론, DTP 편집론, 출판 마케팅론의 4과목이 빠지 고, 2001년도 커리큘럼에 출판잡지특강 출판잡지사, 국제출판과 정책, 출판잡지 경영론의 4과목이 들어갔다.41)

---

40) 신매체(new media)의 개념은 상대적인 것이라 할 수 있다. 라디오 시대에 서 TV 시대로 들어서면 TV가 new media가 되고, 종래의 TV(analog 방 식)에서 디지털 TV로 발전하면 디지털 TV가 new media이고, 종래의 TV 는 old media라 할 수 있다. 종이가 발명될 당시에는 종이가 new media이 었지만, 광방식의 Compact Disc가 나오고 나서 종이는 old media라 불리 게 되었다.
41) 동국대 언론정보대학원 site URL은
http://home.dongguk.ac.kr/~cominfo/ index.htm 임.

[표 1] 출판잡지학과 과목 변화(석사 과정)

	과목명	1999	2001
1	출판잡지론	○	○
2	출판잡지특강	×	○
3	전자출판론	○	○
	인쇄제책론	○	×
	사무자동화론	○	×
4	출판잡지사	×	○
5	출판잡지 기획론	○	○
6	출판잡지 디자인론	○	○
	DTP 편집론	○	×
7	국제출판과 정책	×	○
8	현대사회와 저작권	○	○
9	전자출판 스튜디오	○	○
10	출판잡지 경영론	×	○
11	화면책 제작론	○	○
	출판 마케팅론	○	×
12	출판잡지 유통론	○	○(유통＋마케팅)

동국대학교 언론정보대학원에서 2006년에 개설되고 있는 강좌들은 2001년 커리큘럼 수정 시에 변경된 과돈이 추가된 것이다. 이는 국내의 타 대학원과 달리, 1990년대 커리큘럼에 재빠르게 DTP 편집론, 출판잡지 디자인론, 전자출판 스튜디오, 화면책 제작론의 4과목을 추가시켜 전자출판 분야를 강화시킨 것과 맥락을 같이하고 있다. 1980년대 말에 전자출판론 강좌를 개설하고, 이를 강화하는 DTP, 디자인, 화면책, 스튜디오 과목을 1990년대 초에 신설했다. 변화하는 출판 환경에 신속히 대처하고 있는 것이다.

디스크책 시대의 진입은 멀티미디어 시대에 진입해서 멀티미디어를 이용한 출판물이 생산되는 시대가 되었다는 것이다. CD-ROM, DVD,

웹잡지(Webzine), 인터넷 통신망을 사용하는 화면책 eBook 단말기, 이런 것들이 멀티미디어를 사용할 수 있는 출력 매체가 된다. 2001년에 동국대 언론정보대학원의 커리큘럼에서 출판잡지 특강 전자출판론, 출판잡지 디자인론, 전자출판 스튜디오, 화면책 제작론의 5과목은 새로운 출판 기술을 배우고, 응용할 수 있는 과목이다. text, graphic image, 정지 화상(still photo image), 도표(chart & table), voice, sound, music, animation, video(동화상) 등을 디지털로 처리하여 두 가지 이상을 동시에 사용하여 출판물을 제작할 때 멀티미디어 출판물이라 할 수 있고, 멀티미디어 출판물에서는 디스크책과 화면책이 대표적인 제품이다.

비종이책인 디스크책의 출현은 대용량의 저장 장치가 개발됨으로 가능해졌다. 디스크 한 장에 한글 18만 자(360K byte)를 저장하던 5.25인치 플로피디스크에서, 한글 60만 자(1.2 MB)를 저장하는 3.5인치 플로피디스크의 한계를 초월하여, 한글 2억 5천만 자(500 MB) 이상을 저장하는 CD-ROM, 광디스크(optical disc), DVD 가 발명됨으로 디스크책의 제작이 가능해진 것이다.

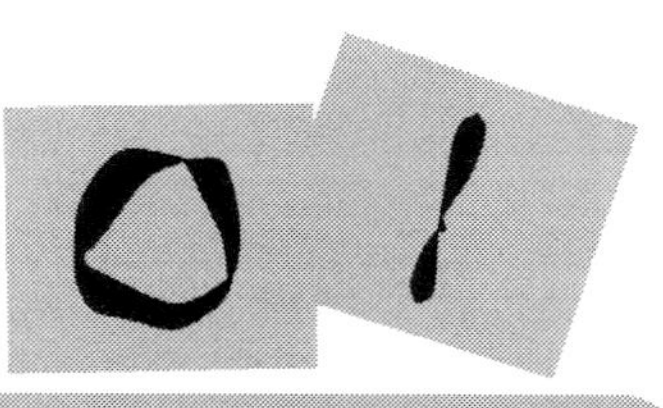

디스크책 출판

비종이책 전자출판에는 디스크책 출판과 화면책 출판이 있다. 디스크책 출판의 최종 출력 매체는 종이가 아니고 CD-ROM, DVD 같은 디스크이다. 디스크책 출판(Disk Book Publishing) 단계도 종이책 출판과 같이 기획, 편집, 제작(생산), 마케팅(영업)의 4단계로 분류가 가능하여, 디스크책 기획, 디스크책 편집, 디스크책 제작, 디스크책 마케팅 단계로 구분한다.[42]

[표 2] 디스크책 제작 8단계

① 디스크책 출판 기획서 작성
② flow sheet 작성
③ 스토리보드 작성
④ 텍스트 제작
⑤ 멀티미디어 제작
⑥ 도입부(intro) 제작
⑦ 표지 및 자켓 디자인
⑧ 마케팅

---

42) 디스크책 제작 8단계는 화면책 제작 8단계와 동일하다.

디스크책 제작 8단계 중 텍스트 제작 단계와 멀티미디어 제작 단계에 대하여 좀더 구체적으로 살펴보자

[표 3] 디스크책과 화면책 제작하기 순서43)

---

1. 디스크책이나 화면책의 출판 기획서 작성
   독자 확정, 제목, 저자, 예산, 기간, 소요 인원
2. 순서도 작성
   2-1. 상세 flow chart 그리기
   2-2. 약식 스토리보드 작성하기
3. 스토리보드 작성
   3-1. 출판의 기본 목표 재 확인(고유 문화 계승, 보호)
   3-2. 상세 스토리보드 작성
4. 텍스트 제작
   4-1. 800 × 600 지정
   4-2. 시작 화면으로, 끝내기 루틴
   4-3. 시작, 끝, 앞, 뒤(다음) 매 화면에 통합 아이콘 작성
        통합아이콘 위치 지정(위, 아래, 왼쪽, 오른쪽)
   4-4. map(차례, 지도)
   4-5. 지름길 화면(메뉴)
   4-6. 도움말(사용법 및 기타)
   4-7. 참고 문헌, 후기, 판권
   4-8. 브라우저의 호환성(IExplorer와 Netscape)

---

43) ① 뚱보강사 이기성이 웹마스터로 근무하는 도서출판(주)장왕사의 웹 사이트 URL http://my.dreamwiz.com/jangwang 의 [전자출판 강좌]에서 '화면책 기획하기' 참고. [전자출판 강좌]에서 [검색] 단추를 누르고 '제목으로 찾기'에서 '화면책'을 검색어로 넣으면 찾을 수 있다. 2006.10.9.
   ② 뚱보강사 이기성의 드림위즈 홈페이지인http://my.dreamwiz.com/yikisung 의 [컴퓨터 강좌], [계원조형예술대학 게시판], [동국대 언론정보대학원 게시판]에서도 화면책 관련 정보를 찾을 수 있다
   ③ 사이버출판대학학장 이기성의 [전자출판론] 강좌 참고, http://publishing21.com, 2006.5.26.

---

5. 멀티미디어 제작
   5-1. 오디오, 사운드 file 크기
   5-2. 동영상 길이
       동영상 촬영 시 마이크를 인터뷰하는 사람 앞에 놓도록
   5-3. 애니메이션
   5-4. 멀티미디어 효과
   5-5. 칼라 효과(시작 효과)
   5-6. 음악 file 등 MAC과 IBM 공용 file 사용
6. 도입부 제작
   6-1. 도입부 액센트 주기
       웅장, 박력, 화려, 움직임, 멀티미디어 효과 최대화
7. 표지 및 재킷디자인
8. 마케팅

디스크책을 제작할 때 사용하는 도구로는 텍스트(text)를 편집하는 흔글 워드프로세서와 그래픽(graphic)을 편집하는 페인트샵프로나 포토샵, Painter가 주로 사용된다. 저작도구(authoring tool)로는 칵텔99 S / W(①)나 Toolbook S / W(②)와 C 언어(③) 혹은 디렉터 S / W(④)와 디렉터에서 제공하는 링고 언어(⑤)가 많이 사용된다. 2D 애니메이션은 플래시, Animater Pro S / W, 3D 애니메이션은 3DS Max S / W가 흔히 사용되는 S / W이다.

실사 동영상(실제 상황을 카메라로 촬영하는 것)이 아닌 애니메이션(움직그림, 꿈틀그림)은 디스크책이나 화면책에서 많이 이용될 수 있는 분야이다. 참고로 '애니메이션' 제작 과정을 10단계로 나누어 소개한다.

[표 4] 애니메이션 제작 과정 10 단계

---

1. 애니메이션 기획
   Idea 발상과 착상
2. 시나리오 작성
   1) 기획에 따른 내용을 구체적으로 문장화
   2) 또는 기존 발행된 종이책을 시나리오로 작성한다
3. 캐릭터 만들기
   1) 성격에 맞는 주인공 모습 그리기, 희로애락의 감정 표현 모습
   2) 소품(역사적 배경에 맞춘), 의상
   3) 배경(백그라운드) 결정
4. 콘티(스토리보드) 작성
   1) 편집자(감독, PD)가 각 장면을 구분하고
   2) 대사, 효과 등을 기록하여 콘티(대본) 작성
   3) 시나리오 완성, 캐릭터 완성 후에 PD가 콘티 작성함
5. 색 지정 및 Layout 잡기
   1) 캐릭터의 얼굴, 몸, 의상, 신발 등 색 지정
   2) 작성된 그림을 인물과 배경으로 분리해내고
   3) 본격적인 그림을 그리기 전에 레이아웃(틀)을 잡는다
6. Foreground(전경) 그리기
   1) 주인공 그리기(정지 화상면=원화)
   2) 원화를 변화시켜 주인공이 움직이는 그림(동화상=동화) 장면 작성
7. Background(배경) 그리기
   주인공(캐릭터)이 움직이는 모든 상황의 배경을 붓과 물감으로 꼼꼼하게 그린다
8. 스캐닝과 채색 후 합성
   1) 원화와 동화를 스캔해서 컴퓨터로 색을 입힌다
   2) 배경을 스캔한다
   3) 주인공과 배경을 합성해서 완성된 장면 제작
9. 촬영
   완성된 장면을 컴퓨터로 한 장씩 촬영=한 장면씩 제작
10. Audio 더빙

디스크책 기획 및 편집

디스크책 콘텐츠의 아이디어를 생각해내서 출판기획서 작성을 완료할 때까지가 디스크책 기획 단계로 볼 수 있다. 기획 단계는 '무에서 유를' 창조해내는 고달픈 과정이다. 아무리 좋은 아이디어나 정보가 머리 속에 많이 있다고 해도, 독자에게 전달이 되지 않는다면, 그 정보나 아이디어는 한사람만이 소유한 개인 지적재산에 불과하다. 저자의 머리 속에 있어서 눈에 보이는 형태가 없는 '무 형태'에서 종이책이나 디스크책이나 화면책 같은 '유 형태'의 출판물로 변신할 수 있게 하는 작업이 기획 작업이다. 디스크책 기획은 11개의 단계로 세분할 수 있다.

[표 5] 디스크책의 기획 단계

1. 대충 주제 설정(idea)	6. 제작 기간 산출
2. 자료 준비 가능성 여부 검토	7. 원가 계산(예상 제작 비용 산출)
3. 기획 실무팀 구성(주요 제작 팀원 구성)	8. 책 상품성의 가치 판단
4. 편집 도구와 저작 도구 선정	9. 제작 여부 결정
5. 제작 소요 인원 산출	10. 일정표 및 현금 흐름도(cash flow) 작성
	11. 디스크책 기획서 작성

디스크책의 상품성 판정 여부는 유통 판매용과 번들 판매용으로 구분하여 판단한다. 제작 소요 인원은 디스크책의 분량이나 주제에 따라 다르겠지만, 멀티미디어를 다룰 줄 아는 편집부장이나 팀장(PD) 1명, 멀티미디어에 익숙한 편집자(프로그래머) 3명, 출판(그래픽) 디자이너 3명, 음악 1명(혹은 외부 하청)의 8명 정도로 구성하는 것이 일반적이고, 제작 기간은 최소 6개월이다. 목표 독자(고객)의 나이, 학력, 소득, 해당 책 주제와의 친숙도, 컴퓨터 사용 능력 등에 맞추어서 인터페이스가 달라져야 한다. 이해를 쉽게 하려면 2D나 3D animation을 활용하는 것이 좋다.

디스크책 기획서가 완성되면, 편집 단계에서는 기획서를 자세히 검토하여 기획자의 의도를 확실히 파악하고 나름대로 상세한 제작 계획서를 작성한다. 저자 혹은 시나리오 작가가 원고를 완성하여 갖고 오면, 편집자와 디자이너가 검토하고, 협의하여 세부 flow sheet를 그리고, Story book의 초안을 작성한다.

이렇게 멀티미디어가 가능한 디스크책의 원고(시나리오)를 작성할 수 있는 저자나 종이책의 저자에게 원고를 구입한 다음에, 다시 디스크책용 시나리오를 제작할 수 있는 작가에게 원고 집필을 의뢰하여, 이 원고를 검토하여 편집하는 것이 원칙이다. 반드시 이런 순서를 밟아서 디스크책을 제작하여야 판매에 실패가 적다.

그런데도 불구하고, 우리나라의 현실은 출판 경험이 미천한 편집장이거나 멀티미디어를 잘 모르는 영세한 경영자들이 컴퓨터 업계나 디자인 업계 같은 타 업계의 지도를 받아서, 디스크책의 내용을 중요시하기보다는 알록달록한 색과 사운드, 동영상을 중요시하는 풍조에 빠지는 경우가 많다. 이것을 비유해 본다면, 돈을 보관하는 금고의 케이스가 더 중요한지, 그 속에 들어 있는 돈이 더 중요한지, 판단을 잘못하는 경우가 비일비재한 것과 같을 것이다. 대표적인 보기로, 전문 필자나 작가가 아닌, 프로그래머와 디자이너가 시나리오를 쓰고, Story book을 작성하여 디스크책을 완성하는 경우가 많다.

이런 경우에 판매 결과는 어떠할까? 서점에서 책을 사든, 인터넷 서점에서 책을 사든, 돈을 주고 책을 구입하는 독자는 아주 현명하고 똑똑하다. 전문 출판인이 제작한 책인지 아닌지를 구별할 능력이 있는 독자가 생각보다도 많이 존재하고 있음을 알 수 있을 것이다.

디스크책 출판은 저자나 작가가 디스크책용 원고를 작성해 온 다음에 그 원고를 프로듀서와 멀티미디어에 익숙한 편집자 혹은 프로그래머가 검토하고, 출판 디자이너(또는 그래픽 디자이너)와 협의하여 인터페이스(화면) 디자인, 애니메이션 등을 확정하여 세부 flow sheet 및 Story book의 초안을 작성하여야 하는 것이다.

'아침에 학교에 가기'란 제목으로 디스크책을 만드는 프로젝트를 보기로 들어보자. 다음의 5 단계 과정을 거칠 것이다.

[프로젝트 1] Project: 아침에 학교에 가기

사건: Project: 아침에 학교에 가기＝무얼 하나?(＝기획 단계)

1 단계. 어떻게 하나?(＝편집 단계 시작)
    idea 내고, 자료 및 정보 수집＝몇 번 버스? 또는 지하철?,
    학교까지 걸리는 시간, 밥 먹는 시간, 세수 시간, 몇 시에 일어나야 하나,
    점심은 도시락 혹은 사먹나?
    Project flow 작성 ⇒ Block diagram

2 단계. Project flow
    1. 일찍 일어난다
    2. 세수한다

---

      3. 가방 싼다
      4. 밥 먹는다
      5. 이 닦는다
      6. 화장한다
      7. 옷 입는다
      8. 버스 타러 나간다

3 단계. flow 항목별 일정 시간표 작성(분 단위로)

4 단계. 약식 기획서(flow chart와 일정표) 검토
      화장실 가는 것=생략, 학교에서
      담배 피는 것=버스 정류장에서
      차비가 있나?
      점심값은?

5 단계. Flow sheet와 Story book 작성

멀티미디어 기획은 텍스트, 오디오, 비디오 등 각 매체들을 다양하고 interactive(상호연관)하게 복합시켜서 contents를 사용자에게 쉽고, 편리한 상품을 제공하는 전 과정을 말한다. 멀티미디어 출판물 기획 역시, 텍스트, 오디오, 비디오 등 각 매체들을 다양하고 interactive(상호연관)하게 복합시켜서, contents를 독자에게 쉽고 편리한 출판물을 제공하는 전 과정을 말한다. 이때의 매체는 digital 상태이고, 두 가지 이상 동시에 복합하여 사용한 출판물이어야 멀티미디어 출판물이라 한다. analog 상태의 오디오, 텍스트, 비디오를 복합한 것은 analog 영화나 analog video라 부르지, 멀티미디어 제품이라 부르지 않는다. 출판물의 내용 역시 contents라 부를 때는 내용이 digital화되어 있고, 통신망에 upload시킬 수 있는 상태이어야 한다. 출판 멀티미디어 영역은 하드웨어, 소프트웨어, contents의 3 영역으로 구분할 수 있다.

멀티미디어 출판물 기획자는 전략적으로(headwork) 생각하고, 전술적으로(footwork) 행동하고, headwork와 footwork를 잘 구성(schedule)하여 계획(program)을 짜서 각종 기획서(plan)를 작성할(handwork) 수 있어야 한다. 각종 기획서에는 기획 내용이 제대로 진행되도록 개발 계획서 작

업 진행 기록서, 작업 지침서(flow sheet, story book) 등이 있다.44)

디스크책 편집 단계는 10개로 구분할 수 있다.

[표 6] 디스크책의 편집 단계

1. 기획서 검토
2. 상세 제작 계획서 작성
3. 제작팀 구성
   편집팀장(프로젝트 책임자), 프로듀서(PD), 구성 작가, 편집자(프로그래머),
   출판(그래픽) 디자이너, 음악 담당, 내용(contents)의 분야별 전문가
4. 저자 혹은 시나리오 작가 확보
5. 자료 준비
6. contents 확보(원고 작성)
7. 내용 정리
   세부 flow sheet 작성
   Story book 초안 작성
8. 자료 유형별 점검(준비한 자료 수집 및 분류, 정리)
   사진, 비디오 촬영
   그래픽 자료 작성
   음악 작곡, 음향 효과 작곡
9. Navigation(검색 및 항해) 부분 확인
10. 완전 Story book 작성

---

44) 이영아, '멀티미디어 기획', 정보기술교육원, pp.7~9, 1999

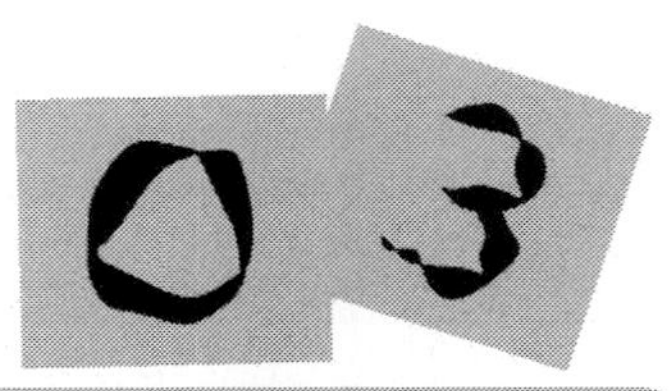

디스크책 제작

디스크책의 제작 단계는 출판사 내에서 이루어지기도 하고 외부 하청(out sourcing)에 의하여 이루어지기도 한다. 디스크책 편집과 디스크책 제작의 한계나 업무의 경계가 점점 변화하고 있다. 조판 작업이 인쇄업계의 일이었다가, 지금은 워드프로세서의 대중화로 인하여 출판업계의 몫으로 변화하듯이 CD-ROM 굽는 작업까지 출판업계에서 수행하는 경우도 많아지고 있다.

[표 7] 디스크책 제작 단계

1. Story book 검토
2. 편집 idea의 시각화
3. 정리된 자료를 유형별로 입력
   text, 사진, 비디오 촬영 자료,
   그래픽 자료, 음악 및 음향 효과 작곡 자료
4. 원고와 대조, 수정, 보완
5. 프로그램 제작
   유형별로 입력된 자료를 시나리오에 구성에 맞추어
   모니터 화면에 표현
6. 기획자 / 편집자의 교정, 수정, 확인
   기능별 테스트
   총괄 테스트
7. 초벌 CD-ROM 작성
8. 사용자 테스트
9. WORM CD(Pre-Mastering용) 완성

[표 8] 디스크책 인쇄(대량 복제) 단계

1. Pre-Mastering
   편집팀에서 넘어온 CD를 ISO9660 형식과 대조, 수정
2. Mastering
   1) Glass Master 제작
   2) Father 판 제작
   3) Mother 판 제작
   4) Stamper 제작
3. Replication(사출 성형 대량 인쇄)
   1) Polycarbonate를 사출 성형
   2) 반사용 은박을 표면에 입힘
   3) 표면 보호용 코팅
4. Label printing
5. 포 장

ISO9660 Format

Device Sync.	Address Header	User Data	Error Detaction code	Gap	Error Corection Code	
					P parity	Q parity
12	4	2048	4	8	172	104

2336 Byte
2352 Byte

[그림 1] CD-ROM 디스크책용 ISO 규격

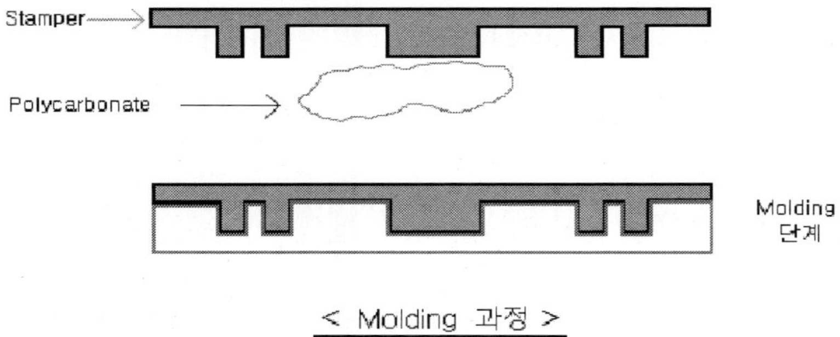

[그림 2] CD-ROM 디스크책 인쇄(대량복제) 과정

디스크책 출판을 앞에서 본 것과는 다른 방향으로 접근하여 기획, 편집, 제작, 마케팅 단계의 4단계로 나누어서 살펴보자.

[표 9] 디스크책 출판 4단계

Disk Book(CD-G, CD-ROM, CD-I, DVD), Digizine(디스크 잡지)
1) 기획 단계—기획 회의, 수익성 검토, 기획안 정리
2) 편집 단계
  2-1) 기획안 구체화, 저자, 원고 확보, 업무 분장, 업무 스케줄 작성
  2-2) 조판 단계—text 작업을 하면서
      2-2-1) Video 작업(그래픽 작업)
      2-2-2) Audio 작업(더빙, wave file 변환기, MIDI용 키보드,
          동영상 file 변환, Sound 효과)
      2-2-3) Video+Audio 통합 작업
      2-2-4) 프로그램화 작업—검색 기능 필수
      2-2-5) debugging
      2-2-6) Master CD-ROM 작성(CD-write)
3) 제작 단계(본 생산 단계)—CD 대량 복제
4) 마케팅 단계—광고, 홍보, 유통

디스크책 출판이나, 화면책 출판이나 기획 단계, 편집 단계, 제작 단계, 마케팅 단계의 4단계로 같으나, 화면책은 Master CD-ROM 작성 후 바로 통신망에 올리는 것이 다르다.

1) DTP와 디스크책

디스크책 출판이 DBP(Disk Book Publishing)이고 탁상출판이 DTP (Desk Top Publishing)이다. DTP에는 개인용 DTP와 기업용 DTP가 있다. 최고급 폰트를 원하거나, 일간신문사처럼 빠른 시간에 많은 양의 내용을 조판할 경우에는 아직도 전산조판시스템인 CTS가 애용되고 있다.[45]

---

45) 이기성 출연, 1997년 12월 19일 EBS-TV '지금은 정보시대—활자의 비트

[표 10] DTP 시스템과 CTS

출판사 DTP- 한울출판사- 오현주 과장,
　　　　　PageMaker 사용-Film 출력기로 출력한다
개인 DTP- 청첩장, 개인소식지, 초청장, 자서전,
　　　　　문방사우, 컬러페지, 페이지메이커, 익스프레스, 흔글 사용
일간 신문사 CTS-2시간 안에 대판 신문 48면 조판 (시스템 가격 50억~500억)
출판사 CTS-20시간에 조판 완료 (시스템 가격 2억)

1997년에 계원조형예술대학 전자출판과 졸업작품조 학생들을 이기성이 지도하여 제작한 디스크책 제목 '연지곤지'를 보기로 소개한다 '연지곤지'에는 '지름길'이란 화면을 삽입하여, 이곳에서는 어느 메뉴이든지 한번에 찾아갈 수 있도록 디자인했다 연지곤지는 계원대 출판디자인과 96학번인 강현정/ 김은희/ 김현정/ 최연희가 편집하고 제작한 졸업작품이다.

[그림 3] 연지곤지 시작화면

화- 전자출판', 전자도서관에서 원문 서비스를 하는 것은 '출판사 죽이가'에 해당한다.

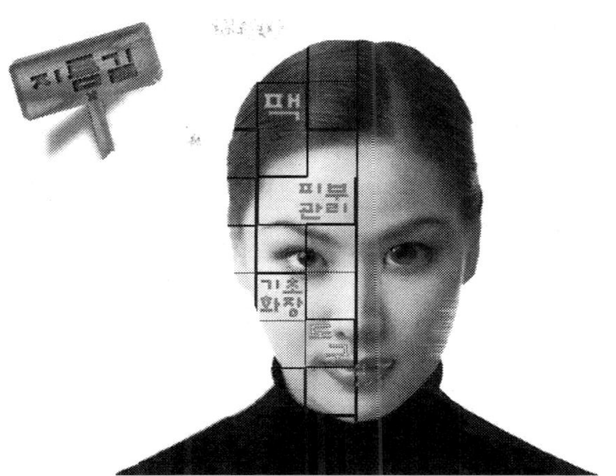

[그림 4] 연지곤지 지름길 화면

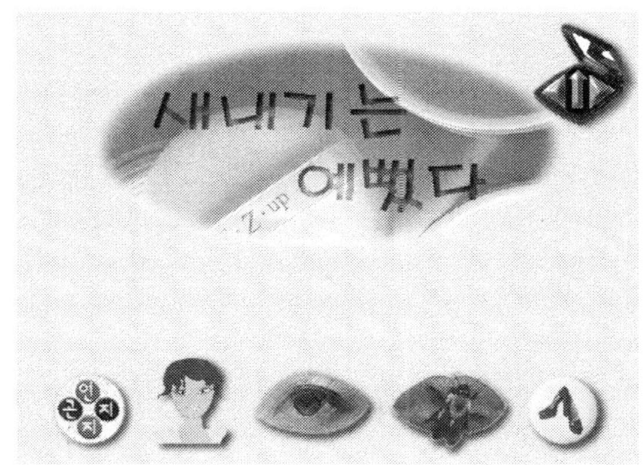

[그림 5] '새내기는 예뻤다' 메뉴 화면

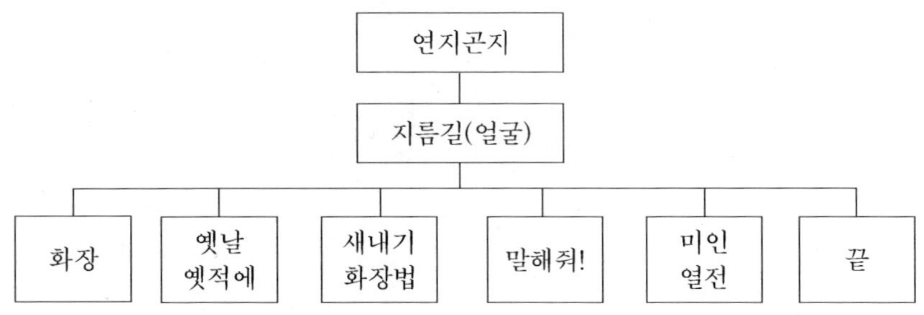

[그림 6] 연지곤지 flow chart

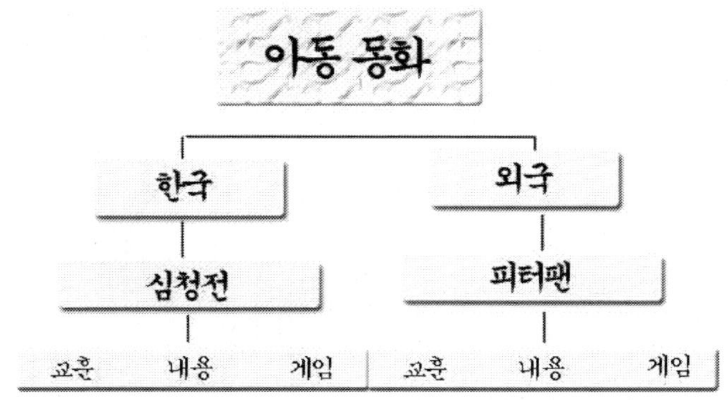

[그림 7] '아동 동화' 순서도(흐름도)[46]

---

46) '아동 동화'는 엄정은 / 우지혜 / 이봄이 / 최민정 조, '도심 속의 예술'은 윤
   나라 / 최아름 / 한영희 조, '한국의 궁궐'은 강민정 / 이정화 / 육선영' 팀의
   프로젝트 이름이다. 계원조형예술대학 출판디자인과 2006 / 10 / 24 현재.

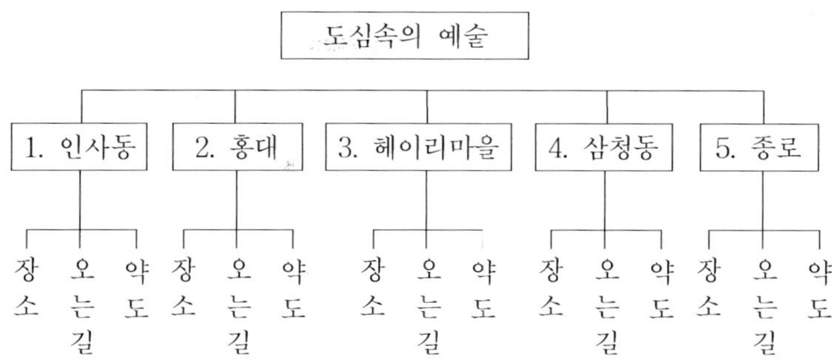

[그림 8] '도심 속의 예술' 순서도(흐름도)

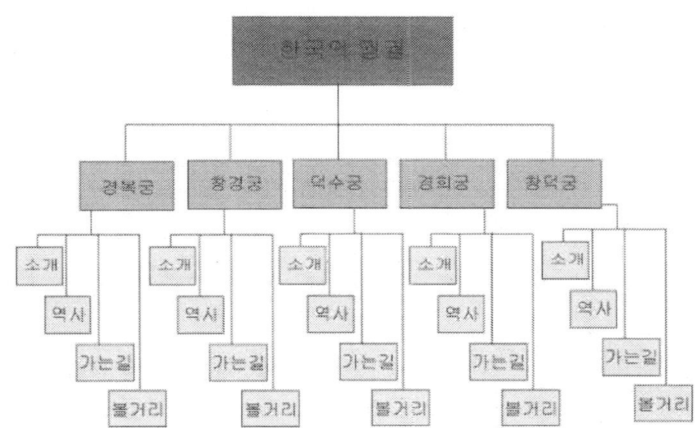

[그림 9] '한국의 궁궐' 순서도(흐름도)

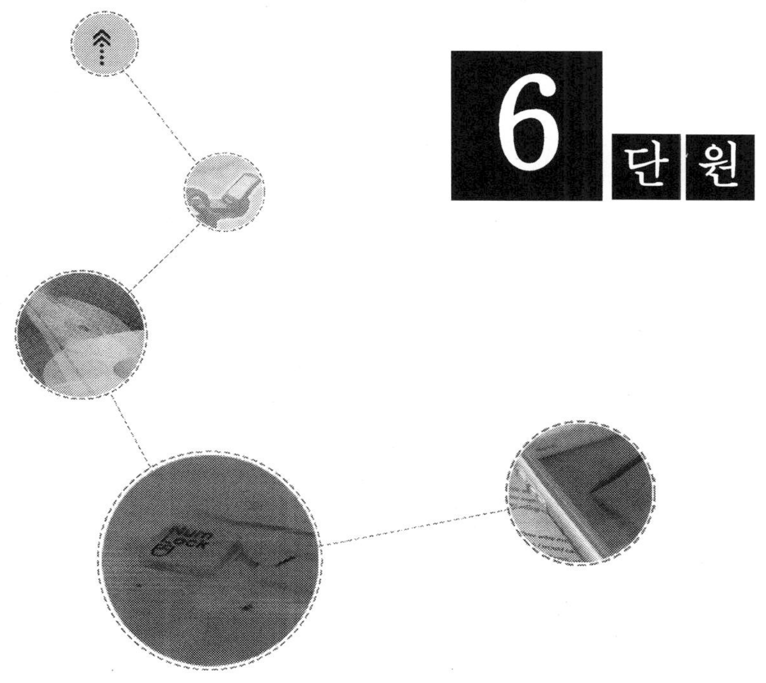

6 단 원

화면책의 기획과 편집을 중점으로 살펴본 다음에 화면책의 제작과 마케팅을 중점으로 살펴보기로 한다. 화면책은 일반적으로 플래시 애니메이션 작품 또는 학습콘텐츠라고도 부른다.

출판의 output media가 paper에서 non-paper로 다양화되고 있다. 1980년대에는 종이에서 disk로, 1990년대부터는 disk에서 network screen으로 변화하는 추세이다. book도 paper book, disk book, screen book으로 다양화되고 있다. network screen book(화면책) 역시 PC 위주에서 Post PC로 platform이 확대되고 있으며, 대표적인 것이 1998년부터 실용화된 ebook 전용 단말기이다.

▣ EBS 수능 PDA 로 본다 (2005. 1. 28)

3월부터 교재값 인하…高1·2 내신강좌도 개설

개인휴대단말기(PDA)로 교육방송(EBS) 수능강의를 볼 수 있게 될 전망이다. 또 수능강의 교재수가 줄고 값도 내린다.

교육인적자원부와 EBS는 19일 이런 내용의 'EBS 수능강의 발전방안'을 발표했다. 발전방안에 따르면 3월부터 무선 인터넷이 가능한 지역에서는 언제든 EBS 수능강의를 시청할 수 있는 'PDA를 활용한 u(유비쿼터스)-러닝' 사업을 2년간 시범 실시한다.

교육부는 우선 6개 고교를 연구학교로 지정해 학생들에게 EBS 수능강의 내용을 전송하기로 했다. u-러닝은 인터넷에 접속해 원하는 교육과정을 밟는 e-러닝보다 한 단계 발전한 온라인 학습 방식이다. 교육부는 시범실시 기간이 끝나면 u-러닝을 전국으로 확대할 계획이다.

강의 구성도 달라진다. 학생들의 집중력을 높이고 교사들이 수업보조 교재로 활용할 수 있도록 30분·20분짜리 프로그램을 만들기로 했다. 고3 대상 수능강의뿐 아니라 고 1, 2학년의 학교수업에 도움을 주는 수준별 내신 강좌를 제공한다.

동영상 강의(VOD) 화질도 300Kbps 일변도에서 600Kbps급 고화질을 공급, 선택의 폭을 넓혔다.

인터넷 수능강의 교재를 42책에서 27책으로, 고3년 대상 언어·외국어·수리영역 방송 교재를 30책에서 19책으로 줄였다. 가격도 지난해보다 권별로 500~2,000원씩 내린다.

[그림 1] EBS 수능 강의 수강용 화면책 사진

[그림 2] 화면책(부키의 동화나라)

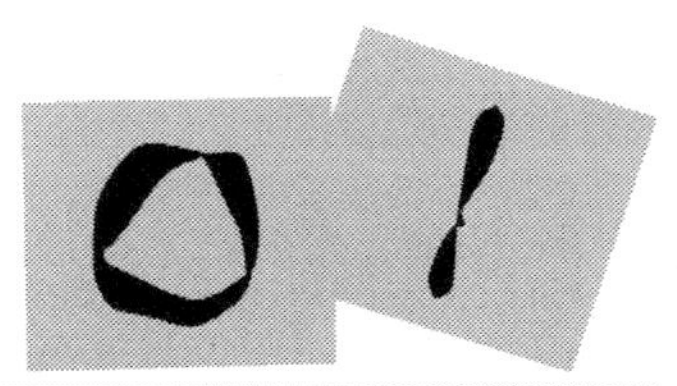

화면책 기획

통신망에 연결된 network screen book인 화면책 편집자는 종이책처럼 일방적이 아닌 '상호 교류가 가능한' HTML 같은 언어를 이해할 줄 알아야 한다. 화면책은 정적인(still) 것이 아니고, 2차원적인 것도 아닌, 그 이상의 것으로 멀티미디어를 사용하는 출판물이다.

화면책을 제작하는 순서를 다음과 같이 8가지로 간단하게 나누어 볼 수 있다. ① 화면책 출판 기획서 작성 ② 순서도 작성 ③ 스토리보드 작성 ④ 텍스트 제작 ⑤ 멀티미디어 제작 ⑥ 도입부 제작 ⑦ 표지 및 재킷디자인 ⑧ 마케팅 단계.

멀티미디어를 취급하는 비종이책을 제작하는 8개 단계는 화면책이나 디스크책이나 같다. 이것은 기획 / 편집 / 제작 / 마케팅의 4단계로 구분하는 방식을 좀더 세분한 것이다. 독자 확정, 제목 정하기, 저자 확보, 예산, 제작 기간, 소요 인원 계산, flow chart(sheet) 그리기, 약식 스토리보드 작성하기, 진행 일정표 작성하기 등이 8가지의 ①, ②번에 해당하는 기획 단계에 속할 것이다.

이번에는 이 기획 단계에서 이루어지는 일들에 한정하여 다른 측면에서 다시 한번 생각해보기로 한다 화면책을 기획하려면 용도, 목표 독자, 검색 기능 등 다음 7가지 사항을 먼저 생각해야 한다.

첫째, 화면책의 용도이다. 화면책을 왜 만드는지, 어디다 쓰려고 만드는지를 확실히 정해야 한다. 또한, 화면책의 어느 부분이 가장 중요한 곳인지를 확정해야 한다. 독자가 원하는 정보를 빨리, 쉽게 찾을 수 있도록 하는데 도움이 된다.

둘째, 목표 독자(이용자)에 대한 설정이다. 주요 대상층을 설정하는 것이다. 독자 설정이 확실해야 편집의 기본 개념, 인터페이스 디자인, 색상, file format 등을 적절히 정할 수 있다.

셋째, 주요 이용자가 가장 관심을 갖게 될 부분이 어느 것인지를 고려해야 한다. 독자의 최대 관심사를 파악하라.

넷째, 주요 대상층에 대하여 자세히 분석을 해야 한다 주요 고객 층의 나이, 성별, 학력, 소득, 인터넷 경험, 취미 등등을 파악해야 한다. 이 분석이 제대로 되어야 서체, 활자의 크기, 중심 색 등을 적합하게 지정할 수 있다.

다섯째, 독자의 컴퓨터 환경 파악이다. 모니터 해상도는 얼마인지? 대부분 모니터는 72 ~ 96 PPI(pixel per inch)이지만 72 PPI가 표준이다. 독자가 주로 사용하는 컴퓨터의 종류는? IBM PC냐? 맥킨토시냐? CPU는 어느 것인가? 인터넷을 항해하는 브라우저는 넷스케이프 내비게이터인지? 인터넷 익스플로러인지? 컴퓨터를 사용하는 능숙도는 어느 정도인지? 화면책 site에 접속하는 속도는? 전화선에 모뎀을 연결한 것인지? 초고속 통신망을 사용하는자? 화면책을 보는 장소가 회사인지, 집인지, PC방인지, 기타인지? 화면책 읽는 시간(site에 머무는 시간)은?

화면 전환(한 화면을 download)하는데 걸리는 시간은? 독자의 컴퓨터 환경이 파악되면 화면책 분량의 다소, 디자인의 복잡성 정도를 조절할 수 있다.

여섯째, 유저 인터페이스는? 물론, 독자의 컴퓨터 환경이 바로 독자의 인터페이스에 가장 큰 영향을 준다. 색상, 인터랙티브 기능, 화면 전환 시간 등이 고려된다. 화면책을 1권 제작하는 것은 1개의 대형 프로그램을 설계하는 것과 비슷할 정도로 생각하여야 하며, 의외로 작업할 것이 많다.

일곱째, 검색 기능은? 아무리 유효한 정보를 담은 화면책이라도 독자를 위한 화면디자인이 제대로 되어 있지 않거나, 검색 기능이 빈약하다면, 실패작이 되기 쉽다.

---

1. 예상 제목:
   주제(내용 요약):
2. 세부 독자
   성 별: 교육 정도:
   나 이: 거주 지역:
3. 출판 목적:
4. 예상 저자:
   저자의 기존 실적
5. 예상 발행부수:

---

6. 판 형:	총쪽수:	조판 방법:	본문판면(자,행):
	제책 방법:	표지 지질:	표지 색도:
	본문 지질:	본문 색도:	기 타:

7. 예상 발행알:

8. 예상 정가:

   타사 동일 서적 정가-1:   타사 동일 서적 정가-2:

9. 기타 사항

[그림 3] 참고용 종이책 기획서

[참고] 화면책 관련 용어 정리

1. 콘텐츠(contents)

출판물의 내용으로 디지털화되어 통신망에 올려놓을 수 있는 상태를 콘텐츠라 한다. 통신망에 상에 올려놓을(upload) 수 있어야 콘텐츠이고, 아날로그 상태라면 그냥 내용이다. 내용에는 지식, 정보, 데이타 등 여러 가지가 있을 수 있다. 그러나 일반인들은 그냥 내용을 콘텐츠라고 잘못 알고들 있다. 출판산업이 대표적인 콘텐츠산업이다. 출판인을 콘텐츠 프로바이더(CP)라고 한다. 그 이전에는 출판인을 인포메이션 프로바이더(IP)라고 불렀다.

2. 포털(portal)

무협지에서 보면 XX관을 지나려면 보초에게 검색을 당한다. 우리나라 남한산성을 올라가려면 입장료와 주차료를 내는 곳을 통과해야 한다. 해상 운송을 하려면 콘테이너를 실은 배가 항구에 들어가야 육지에 하역을 하고 물품을 유통시킬 수 있다. 포털은 관문이나 입구를 뜻한다. 인터넷에서 포털사이트는 인터넷 서비스를 한 곳에서 받을 있는 곳이라는 뜻이다.

일반적으로 포털사이트에서는 포털사이트 주인이 직접 서비스를 하지 않고 어디에 가면 어떤 서비스를 받을 수 있다는 것을 알려주는 검색 서비스만을 제공하는 것이 정상이다. 말하자면 아날로그 시대의 전화번호부 서비스나 안내창구 역할만 하는 것이다. 검색서비스를 제공하는 곳이 대부분 포털사이트이다. 야후, 심마니, 엠파스, 알타비스타, 네이버, 라이코스 등이 대표적인 포털서비스를 제공하는 곳이다. 드림위즈, 네띠앙, 네츠고, 천리안, 하이텔, 유니텔, 나우누리 등도 포털사이트이다. 포털사이트에서는 검색 서비스 이외에 웹

방식 전자우편(E-Mail) 서비스도 제공하는 것이 일반적인 추세이다

3. 허브(hub)

허브사이트는 포털사이트와 달리, 허브사이트 주인이 직접 서비스를 한다. 그런데 주인이 혼자가 아니라 여러 명이다. 여러 명이 모여서 여러 가지의 인터넷 서비스를 연합해서 제공한다. 전자서점(가상서점) 서비스, 전자사전(백과사전, 어학사전) 서비스, 검색 서비스를 한 곳에서 제공한다면 포털사이트보다는 허브사이트라고 부른다. 포털사이트에서 쇼핑몰 서비스를 제공하는 경우에는 허브사이트가 되는 것이다.

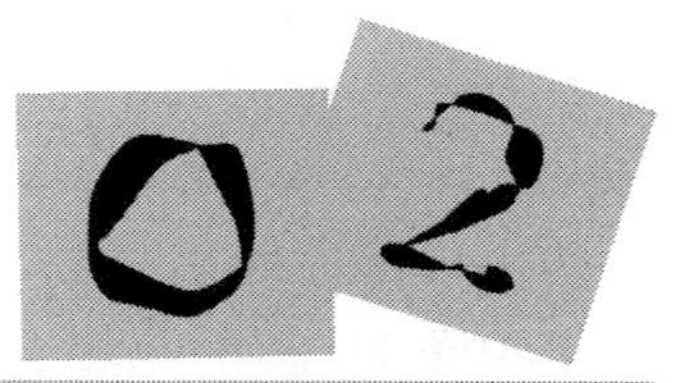

화면책을 기획할 때 고려해야 할 7가지 사항을 알아보았는데, 이번에는 화면책을 편집할 때 주의해야 할 사항 6가지를 점검해 본다.

1) 화면책 글꼴(서체)

화면책용 서체는 돌기가 있는 본문체(바탕체) 한글 글꼴보다는 돌기가 없는 네모체(돋움체) 한글이 가독성이 높다. 한글 본문체를 사용할 경우에는 종이책 본문의 활자 크기보다 20% 정도 크게 해야 종이책의 경우와 같은 가독성을 유지할 수 있다. 종이책 본문의 한글 본문체는 5호(10P에서 11P) 크기가 성인에게 적합한 크기이나 화면책 본문의 한글 본문체는 12P 이상이 되어야 한다. 행간 역시 화면책에서는 활자 크기의 160% 이상이 되어야 눈의 피로를 덜 느끼게 할 수 있다. 일반적으로 12P 활자에 18P 또는 20P 행간이 무난하다.

2) 화면책 표지

web site의 홈페이지에 해당하는 화면책의 표지는 알록달록하게 멋있게 보이게 디자인하기 쉽다. 이때 한 화면(페이지)의 용량이 사진 파일을 포함하여 30 K byte 이상이 되면, 정보를 끌어 오는데 시간이 28800 baud 모뎀으로 10초가량 걸리게 되어, 독자에게 아주 지루하게 느껴진다. 초고속 통신망이 깔린 독자만 화면책을 보는 것이 아니라는 점을 명심해야 한다. 일반적으로 인터넷상에서 download에 5초 이상 걸리는 site는 거부감을 준다고 알려져 있어, 최근에는 복잡한 대기업의 홈페이지를 간단한 디자인으로 변경하는 추세이다.

화면책의 표지는 시작 화면 한 화면이면 되고 차례 페이지는 별도로 제작하는 것이 좋다. 시작 화면 아래에다 길게 차례를 달면(연결하면) 독자가 화면을 아래로 스크롤하여 볼 수는 있으나, 독자 중에는 구태여 스크롤을 하는 노력을 포기하는 경우도 있다.

[그림 4] 화면책(우리 건국 신화)
표지 디자인[47]

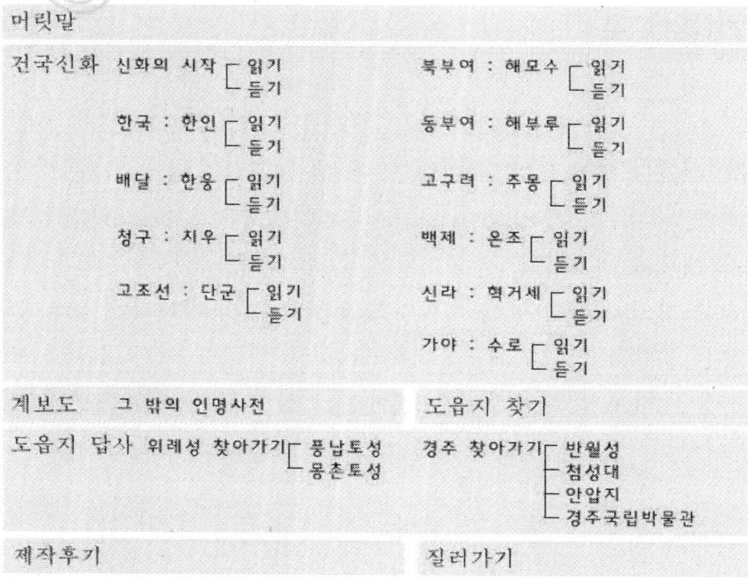

[그림 5] 구상도(우리 건국 신화의 질러가기)

3) 통합 안내 아이콘

화면책에서는 항해 지도 막대(navigation bar)라고도 부르는 안내 아이콘이 반드시 필요하다. 화면책은 종이책과 달리 순서대로 페이지를 넘기기만 하는 것이 아니고, 언제라도 보고 싶은 곳으로 건너뛸 수 있는 hyper text 기능이 있다. 몇 번 건너뛰다 보면 지금 자기가 화면책의 어느 곳에 있는지 모를 경우가 발생한다. 그러므로 화면책에서는 반드시 매 화면마다 '앞으로, 뒤로, 시작으로, 끝으로'를 나타내는 통합 안내 아이콘을 표시하여 주어야 한다. 실제로 화면책 편집을 시작하면

---

47) '우리 건국 신화'는 계원대 출판디자인과의 김효진/ 송민지 / 변수민이
    2006년 10월에 졸업작품으로 제작한 전자책이다.

맨먼저 screen design에서 통합 안내 아이콘의 크기와 화면상의 위치를 지정해주어야 한다.

4) 화면책 시나리오

통신망에 연결된 화면책은 종이책과 달리 모니터 화면으로 책을 읽게 된다. 안정감을 주는 종이와 달리 모니터 화면은 뭔지 모르게 불안감과 초조감을 주기 쉽다. 300 페이지씩 빡빡하게 글자가 가득찬 화면책을 읽으라고 하면, 이는 즐거움을 느끼게 해주는 것이 아니고, 고문을 당하는 느낌을 들게 할 것이다.

이미 출간된 종이책을 화면책으로 바꾼다고 종이책 체재 그대로 html data로 바꾸기만 한다면, 이는 종이책 analog data를 컴퓨터용 digital data로 바꾼 것에 불과하지, 화면책을 제작했다고 볼 수 없다. 이은성의 '소설 동의보감'을 TV에서 '명의 허준'으로 방영했을 때 소설 동의보감을 보고 시나리오를 다시 썼고, 박종화의 '태조 이성계'를 TV에서 '용의 눈물'로 방영했을 때도 시나리오를 다시 써야만 했다. 종이책의 'digital화'와 '화면책 출판'은 엄연히 다른 것이다.

화면책에서는 활자로만 표현하는 부분(내용의 분량)은 한 화면으로 끝나야 한다. 3~4 페이지씩 계속 스크롤 되는 것은 편집을 잘못한 책이다. 종이책 300 페이지의 내용을 300개의 text 화면에 옮기려 하지 말고, 글자를 그림이나 사진, 동영상, 소리내어 읽기(narration) 등으로 변경시켜 화면책으로 제작하여야 할 것이다.

종이 소설책을 TV나 영화로 제작할 때, 시나리오를 다시 쓰듯이 화면책을 제작하려면, 화면책 기획부터 다시 하고, 화면책용 원고를 다시 쓰고, 편집과 제작을 하여야 정상이다.

5) 화면책의 depth

화면책을 볼 때, 마우스 단추를 몇 번 눌러서 원하는 화면으로 찾아갈 수 있는가? 원하는 곳으로 찾아갈 때 몇 번 click 해야 갈 수 있는가? 일반적으로 3번까지 용서할 수 있다고 본다. 어느 상태에서도, 3번 마우스 단추를 click하면 원하는 내용을 찾을 수 있어야 한다는 뜻으로, 이 경우 마우스를 누른 횟수가 화면책의 depth(깊이)가 된다. '클릭 최대 3번' 원칙을 지켜야 제대로 편집된 화면책이라 할 수 있다.

시작 화면에서 한 번 클릭하여 2개의 항목을 선택할 수 있으면, 화면책 depth가 1일 때, '원 메인 투 서브(One Main Two Subs)'라 하고, 3개의 항목을 선택할 수 있으면 '원 메인 쓰리 서브'가 된다. 두 번째 클릭하면, 즉 화면책 depth가 2일 때, 3개의 세부 항목을 선택할 수 있으면 '원 서브 쓰리 서브서브(One Sub Three Subsubs)'라 한다. 시작 화면이 Main 화면(부모 화면)이 되고, 그 아래가 Sub 화면(자식 화면)이 되는데, Sub 아래로는 Sub를 하나씩 추가하여 Subsub(손자), 그 아래는 Subsubsub(증손자), 다시 그 아래는 Subsubsubsub가 된다.

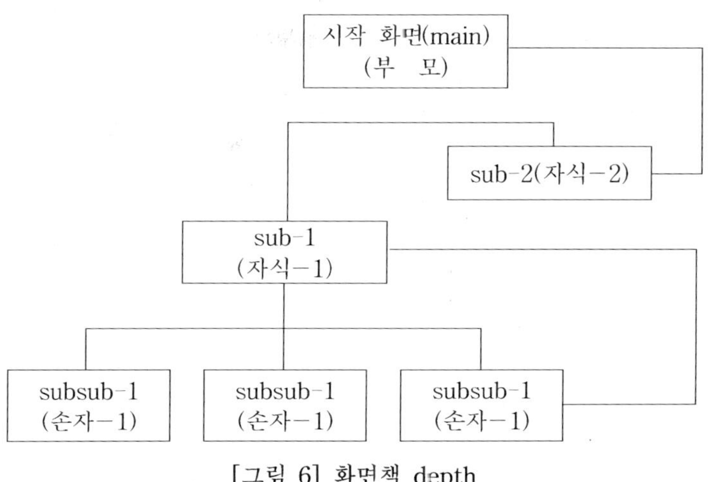

[그림 6] 화면책 depth

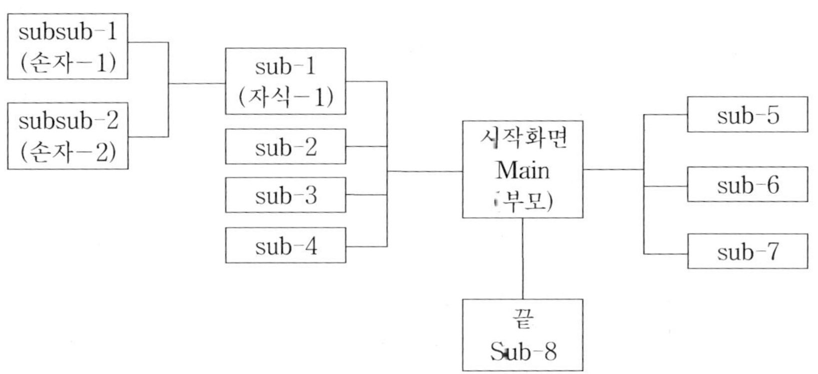

[그림 7] 원 메인 에잇 서브(One Main Eight Subs)

6) '쉽 좋 빠' 원칙

　　화면책의 편집의 원칙에는 6가지가 강조된다. 그 중에서도 핵심적인 것이 '화면책 편집의 3대 원칙'인 '쉽 좋 빠' 원칙이다. 화면책 편집은 물론 화면책 기획에서도 강조되는 것이 '쉽 좋 빠' 원칙이다. 쉽게, 좋게, 빠르게 이 3가지가 화면책의 핵심이다. 화면책은 종이책과 달리 읽는 방법이, 앞에서부터 한 페이지씩 차례로 넘겨보는 방법으로 제작된 것이 아니고, 자기가 필요한 것을 3번의 클릭으로 찾아갈 수 있도록 hyper text 방식으로 제작된 것이다. 종이책 읽는 법은 별도로 배울 필요가 없으나, 화면책은 읽는 방법을 별도로 배워야 할 정도로 복잡한 것이 많다. 아이콘에 대한 설명이나 원하는 정보를 찾아가는 방법을 별도로 배우지 않으면 사용하기 곤란한 화면책이 적지 않다.

첫 번째 편집 원칙은, 독자가 사용하기 쉽도록 편집하는 것이다(①). 제작자만 사용법을 아는 책은 성공하기 어렵다.

둘째 편집 원칙은, 내용을 좋게 만드는 것이다(②). 훌륭한 품질의 내용(contents)을 갖추어야 한다. 좋은 품질, 좋은 내용, 좋은 정보야말로 베스트셀러를 만드는 지름길이다. "그 화면책의 내용이 좋다"라고 독자가 다른 사람에게 권해줄 경우가 가장 확실한 베스트셀러가 되는 길이다.

편집의 셋째 원칙은, 원하는 정보를 빠르게 찾을 수 있도록 편집하는 것이다(③). 클릭은 '최대 3번' 원칙을 지켜야 한다. '5초가 넘으면 마우스 단추를 클릭한다'라는 말이 사실이다. 컴퓨터 화면이 새로 나타나는데 5초 이상 '그림 파일 15개 남았음……'이런 안내 메시지가 뜨는데 기다리는 독자가 몇이나 될까? 빠르게 화면 전환이 될 수 있도록 편집해야 한다.

'쉽 좋 빠' 원칙에 하나 더 추가를 해도 좋은 원칙이 있다. '작게'이다(④). 어찌 생각하면 '빠르게'와 상통하기 때문에 편집의 3대 원칙에는 안 들어갔지만, 편집시 반드시 신경 써야 하는 문제이다. file 크기가 작아야 사진을 빠르게, 그림을 빠르게, 화면을 빠르게 download할 수 있을 것이다.

　화면책 편집에서 한국인이 항상 신경을 곤두세워야 할 분야가 있다. 바로 한글 활자(font) 문제이다(⑤). 한 화면에서 펼쳐지는 사진, 그림, 동영상, 오디오와 어우러져 책의 내용(contents)을 한국의 독자에게 정확하고 빠르게 전달하는 것이 바로 한글 font 이다. 화면용 한글 font는 종이에 인쇄되는 활자와 특성이 다르므로, 조심하여야 한다. 화면책의 font는 종이책의 정지된 font와 달리 font의 이동(움직임)이 가능하다. 또 font가 제자리에서 빠르게 또는 천천히 보였다 안보였다(flash) 할 수 있다. font가 제자리에서 커졌다 작아졌다도 가능하다. 화면책의 font는 보였다 안보였다, 천천히 나타났다 빨리 나타났다, 빨리 없어졌다, 천천히 없어졌다 등 종이책의 정지(still) 현상에 시간성을 부여할 수 있는 것이다.

　또 정지한 상태가 아니고 공간의 이동이 가능하다. font의 좌우 상하 2차원적인 이동뿐 아니라 입체적인 3차원적인 이동이 가능하여, 3차원적인 font는 물론 시간 차원까지 가미한 4차원적인 font도 활용이 가능하다. 화면책에서 한글 font는 모든 현대 한글 음절 1만 1172자의 표현은 물론, 옛한글, 한자, 고어까지도 표현이 가능해야 한다. 한글 font는 한글의 특성을 살리면서 또한 2차원적인 공간에서 벗어날 수 있는 화면용 한글 font의 장점도 살려서 화면책의 편집에 임해야 할 것이다48)

---

48) 이기성, 'ebook과 한글폰트', 동일출판사, 2000

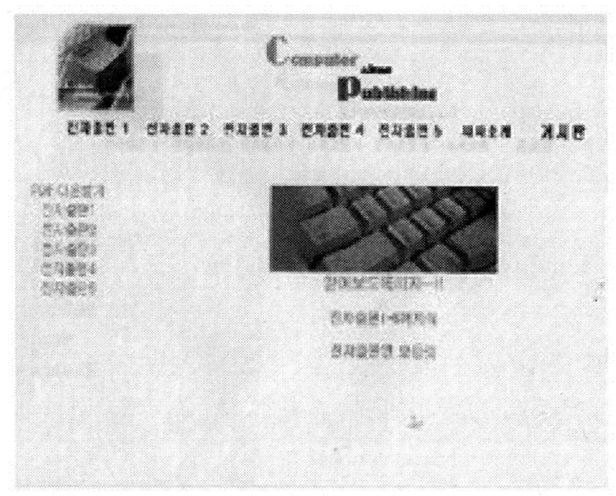

[그림 8] 화면책의 한 화면(frame) 디자인의 보기
(상단에 주메뉴가 있고 왼쪽에 보조메뉴가 위치했다)

마지막으로 화면책 편집을 할 때 주의하여야 할 점이 화면책으로만 그칠 것인지, 아니면 종이책으로나 아니면 필요한 부분만 종이에 인쇄할 것인지(OSMP)를 미리 고려하라는 것이다(⑥). 화면에는 72 PPI로 어느 정도 괜찮은 품질의 사진이나 그림으로 보이지만, 종이에 인쇄하고 보면, 해상도가 너무 낮은 경우가 대부분이다. 따라서 종이에 인쇄할 사진이나 그림이라면, 화면으로 display 될 경우만 72 PPI 파일을 사용하고, 종이에 인쇄할 경우는 해상도가 더 높은 별도의 그림 파일이 인쇄되도록 하는 방식을 생각해보도록 한다.

[표 1] 화면책용 소프트웨어

	화면책	종이책	디스크책
워 드 프로세서	흔 글	흔 글	흔 글
그래픽 프로세스	PSP(페인트샵프로) 포토샵	PSP 포토샵	PSP 포토샵 3DS Max
레이아웃 (page design)	나모웹에디터 드림위버 핫도그프로 프론트페이지	문방사우(IBM DTP) 디자인퍼펙트(IBM DTP) 페이지메이커(IBM / 맥) 퀵익스프레스(맥 DTP) 모리지와(CTS) 사켄(CTS)	디렉터 툴 북 칵텔99 프래시

7) 화면책 편집자는 웹PD

정보사회나 지식 기반 산업 사회 특히 현재의 문화 산업 사회에서
는 'PD라 불리는 편집자가 되라'라는 것을 뚱보강사 이기성이 동국대
정보산업대학원 출판잡지과에서 강의할 때나 계원조형예술대학 출판디
자인과에서 강의를 할 때 항상 강조하고 있다 출판물의 최종 매체가
종이뿐만 아니라, disk, 통신망(network, internet)이 된 지금에 종이로
제작한 것만 책이라는 고집을 갖고 있는 출판 기획자나 출판 편집자는
출판계에서 시급히 물러나야 우리나라 출판계가 발전할 것이라고 생각
한다.

매체의 발전에 따라서(발맞추어) 기획이나 편집 기술도 발전하지 못
한다면, 이는 출판 산업의 고객인 독자를 우롱하는 처사일 것이고 외
국 출판사와의 경쟁에서 패배하는 결과를 초래할 것이다

disk책의 편집자는 멀티미디어 편집자로, 인터넷에 올려놓는 화면책의 편집자는 web 편집자 혹은 web PD라 불린다. 출판사의 편집자도 요새는 감독이나 PD라 불린다. 종이책만 편집하는 것이 아니라, disk책인 멀티미디어책, network screen book(화면책)인 인터넷책(web 책)도 편집하기 때문이다.

일반적으로 인터넷에다 화면책을 제작하여 업로드(upload) 시키는 사람을 인터넷 방송국에 근무하는 web PD와 혼동한다. 화면책을 기획하거나, 편집 / 제작을 총괄할 수 있는 사람을 화면책 편집자 또는 화면책 PD, 화면책 감독, ebook 편집장 혹은 web PD라 한다. 인터넷 비즈니스를 기술적인 측면에서 총괄하고 홈페이지나 contents 제작을 지휘할 수 있는 사람을 web PD라 하는 인터넷 방송국 측의 견해나 출판계의 편집자를 web PD라 하는 견해나 그 근본은 비슷하다. 화면책이니 screen book이니 하는 용어는 낯설어 하면서도, webzine(웹잡지)이나 ebook, web book(웹책)이란 용어는 제법 통용되고 있는 현실이다.49)

---

49) 김용섭, '웹 PD가 되는 길', 영진닷컴. web PD의 필수 자질로는 기획력 49%, 제작력 24%, 마케팅 능력 16% 등으로 기획력이 가장 중요한 요인이다.

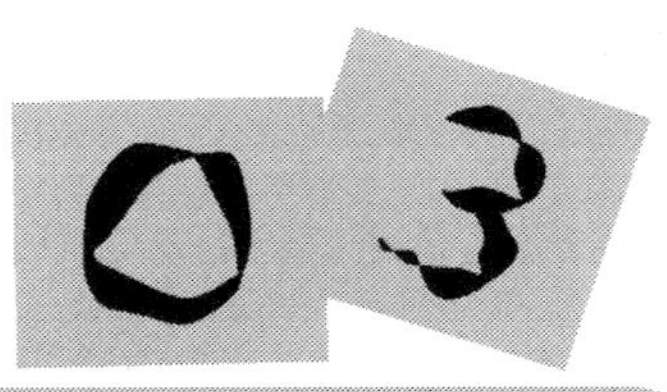

화면책 제작

화면책 출판—2에서는 화면책의 제작에 대하여 주로 알아본다. 2000년 가을에 25명의 동국대 언론정보대학원생들이 직접 화면책 제작에 참여한 실적을 보기로 들면서 기획 단계부터 차분히 살펴보기로 한다. 먼저 개략 기획서를 작성하고 약식 순서도에 해당하는 구상도를 그린다. 5개의 기획서를 먼저 알아보자.

1) 기획서

제 1 조는 6명의 조원으로 구성되고, 가칭 제목은 '영화4계'이다. 영화를 4계절로 구분한다. 제 2 조는 '가을 여행'이라는 주제로 30˜40대의 남자 샐러리맨을 노린다. 제 3 조는 '별 이야기'라는 제목으로 자연과 인간의 조화를 보여주려는 컨셉을 갖고 있다. 제 4 조는 가을 여행지로 사찰(절)을 순례하면서 한국 고유의 아름다움을 찾으려 한다. 제 5 조는 혼자서 작업을 하려고 하는데, 장년층과 노년층의 컴맹에게 인터넷을 전파시키려는 의도를 갖고 있다.[50)]

[표 2] 5개의 기획서(1명~6명이 1조로 구성됨)

조	조　원	작품명	기　타
1조	공주영 김영길 김정연 문정숙 한철욱 최영록	영화사계	
	1조 기획 의도→	미디어의 발달로 현대인들의 문화생활에 가장 큰 영향을 미치는 문화매체로 대두된 영화를 계절이라는 컨셉을 사용해 좀더 감각적이고 독특한 방식으로 접근하기 위한 기획	
	시각화 컨셉→	사계절을 색깔로 4구분하여, 각 색깔과 계절의 분위기에 맞는 영화를 선정하여 각각의 개성과 느낌을 구분짓는다.	
	진행 계획→	10.22＝자료수집 및 컨셉의 구체화 10.23-10.29＝각 페이지 구성	
2조	송수현 안경만 이창래 민병윤 소근용 최가영	가을여행	
	2조 기획 의도→	가을에 가볼만한 여행지를 소개 성별: 남 연령: 30-40 대 직업: 샐러리맨	
3조	김태화 남윤중 이영란 안세연 임건석 김종수	별이야기	
	3조 기획 의도→	자연과 인간의 조화를 보여주기로 한다	
	시각화 컨셉→	스크린상에서 실제 밤하늘을 보는 효과를 주려고 한다	
	진행 계획→	㉠ 자료수집 ㉡ 디자인 컨셉을 정한다 ㉢ 입력완료 후 점검	
4조	조대웅 방주현 박수자 임재현 임성민 전용배	사찰기행	

---

50) 이기성의 드림위즈 URL인 http://my.dreamwiz.com/yikisung 의 [언론정보대학원 게시판] 항목 참조.

조	조 원	작품명	기 타
	4조 기획 의도→	우리나라 문화를 가장 많이 엿볼 수 있는 각 지역 사찰을 순례하고, 가을 여행지를 안내하며 한국사찰 고유의 아름다움을 살펴보며 독특한 사찰양식을 알아보려 한다.	
	시각화 컨셉→	짙은 부라운 계열을 back ground로 하며 사진 위주 및 편안한 폰트를 사용하여 단순한 디자인을 추구한다	
	진행 계획→	10.16-10.21＝story board 작성 10.23-10.28＝1차 작업 진행－본문 page 완성 10.30-12.2＝본문 page 마무리 작업	
5조	이덕교	컴맹도 하는 인터넷	
	5조 기획 의도→	우리나라 인터넷 사용자층의 확산을 위해서는 장노년층을 돌아보아야 한다. 학생 및 일반직장인들은 어깨너머라도 기본적인 인터넷접속을 하고 있으나, 장.노년층에서는 엄두를 나기 힘든 일일 것이다 일단 인터넷접속을 하게 되면 인터넷의 기본교육을 수행할 수 있도록 유도를 하고자 한다.	
	시각화 컨셉→	가장 단순하고 약간 큰듯한 글씨, 여백을 많이 두면서 하이퍼 기능을 최대한 이용하여 전체적인 화면 구성을 최대한 단순화시킨다	
	진행 계획→	㉠ 10여 개로 인터넷에서 꼭 할 수 있어야 되는 부분을 간추린다. ㉡ 10여 개의 file을 완성시킨다. ㉢ 실제 모델로 하여금 실습하게 하고 수정. 보완한다.	

[표 3] 화면책 기획 단계의 작업(디스크책 기획 11단계와 비슷하다)

1. 아이디어(대충 주제 설정)
아이디어 발상—착상—전개
2. 독자 설정 및 조사
3. 약식 flow sheet
개략 story board 작성
4. 주제 설정
5. 기획 실무팀 구성
저자, 시나리오 작가 수배
멀티미디어 가능 편집장 수배
6. 가상 제목 작성
7. 대략 원가 계산
8. 예산, 스케줄표 작성
9. 기획서 작성

기획 단계에서 가상 제목 및 저자 수배 명단이 넘어오면 편집 단계
에서는 flow sheet와 story board를 구체화시켜야 한다. 상세 story
board를 책으로 묶은 것을 대본(story book)이라 한다. story board 양식
은 특별히 정해진 것은 없고, A4 크기 한 장에 9개의 네모 상자(1 × 9)
가 있는 것, 또는 8절 크기 한 장에 12개(1 × 12)나 20개(1 × 20)의 네모
상자가 있는 것이 보통이다. 상세 story board는 A4 크기나 8절 크기
한 장에 네모 상자 한 개(1 × 1)만 있는 것도 있다.

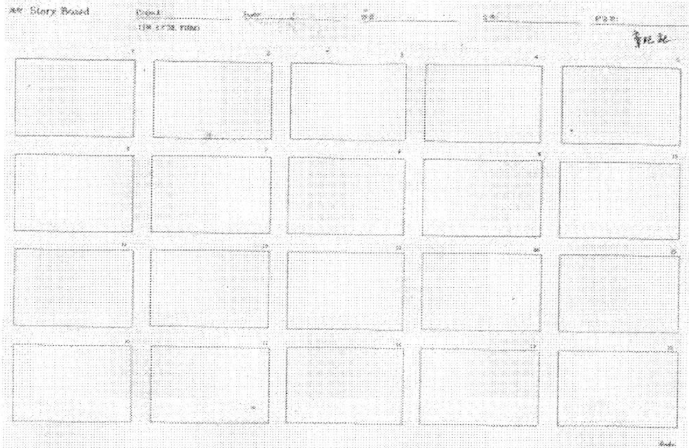

[그림 9] 1 × 20 스토리보드 양식(story board 1 × 20)

story board (1X12) 양식

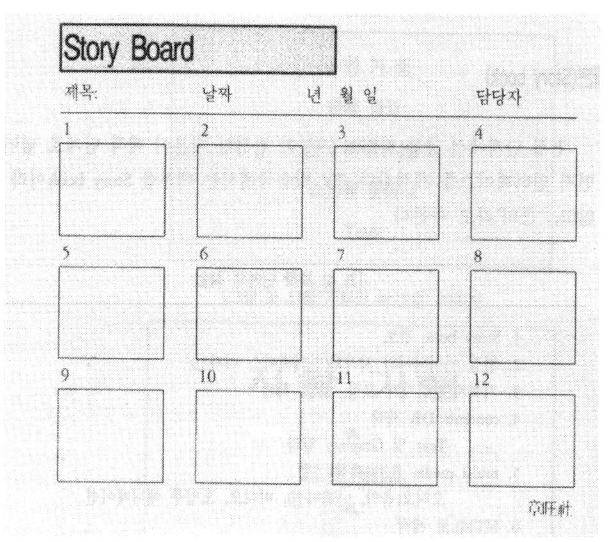

[그림 10] story board(1 × 12) 양식

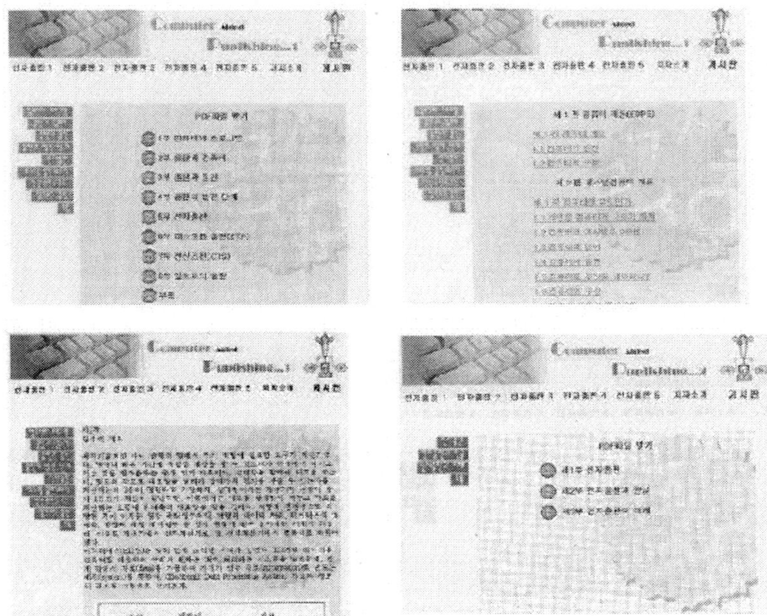

[그림 11] 1 × 4 스토리보드의 보기(정확히 말하면 스토리보드 중
화면 부분만 떼어낸 스케치보드의 보기이다)

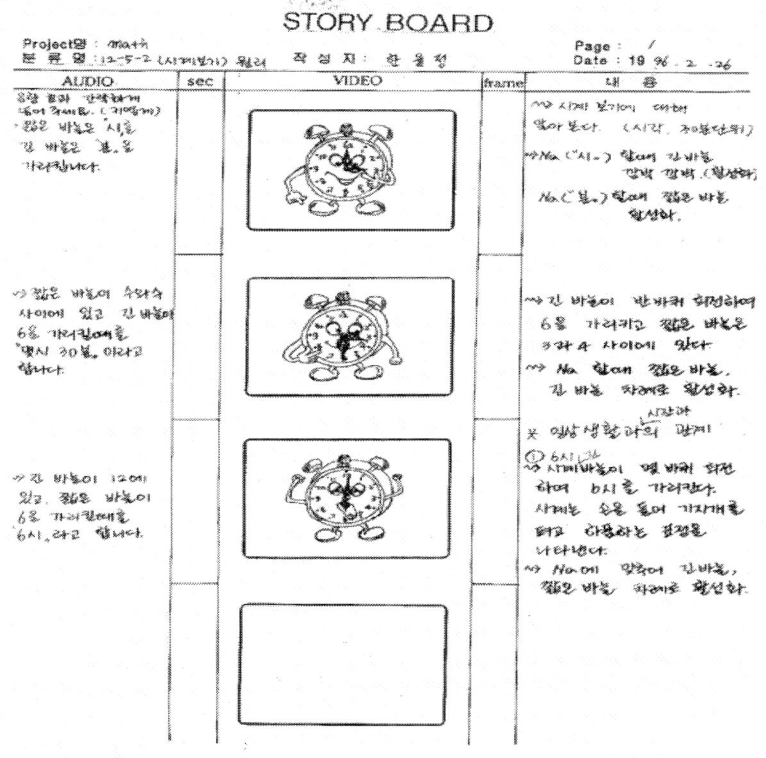

[그림 12] 세로로 나열된 1 × 4 스토리보드의 보기(세광데이타테크)

화면책 편집은 화면책 기획서 검토 단계부터 완전 story book 작성 단계까지 9가지 단계로 구분할 수 있다.51)

---

51) 디스크책의 편집 10단계는 ① 기획서 검토 ② 상세 제작 계획서 작성 ③ 제작팀 구성 ④ 저자 혹은 시나리오 작가 확보 ⑤ 자료 준비 ⑥ contents 확보(원고 작성) ⑦ 내용 정리 ⑧ 자료 유형별 점검(준비한 자료 수집 및 분류, 정리) ⑨ Navigation(검색 및 항해) 부분 확인 ⑩ 완전 Story book 작성 이다.

[표 4] 화면책 편집 단계의 작업(디스크책 편집 10단계와 비슷하다)

---

1. 기획서 검토
   flow sheet 검토 및 수정, 보완
   story board 검토 및 수정, 보완
2. 구체적인 자료 수집
3. 저자 혹은 시나리오 작가 확보
4. contents 확보
5. 내용 정리
   세부 flow sheet 작성
   세부 story board가 포함된 대본(story book) 초안 작성
6. 기술 부분 점검
   text 부분, graphic 부분,
   audio 부분, video 부분
   프로그래밍 부분
7. navigation 확인, 수정, 보완
8. DB 및 검색 기능 점검
9. 완전 story book(대본) 작성
   여럿이 공동 작업이 가능하도록 자세한 대본 작성 필요

---

2) 대본(Story book)

편집 단계에서 공동 작업이 가능한 완전한 대본이 제작 단계로 넘어오면 먼저 인터페이스를 제작한다. TV 방송국에서는 대본을 Story book이라 하지 않고, '콘티'라고 부른다.[52]

---

[52] 디스크책 제작 9단계는 ① Story book 검토 ② 편집 idea의 시각화 ③ 정리된 자료를 유형별로 입력 ④ 원고와 대조, 수정, 보완 ⑤ 프로그램 제작 ⑥ 기획자/편집자의 교정, 수정, 확인 ⑦ 초벌 CD-ROM 작성 ⑧ 사용자 테스트 ⑨ WORM CD(Pre-Mastering용) 완성 이다.

[표 5] 화면책 제작 단계의 작업(디스크책 제작 9단계와 비슷하다)

1. Story book 검토
2. 편집 아이디어의 시각화(인터페이스 디자인)
3. 기획자 / 편집자의 교정, 수정, 확인
4. contents DB 제작
   Text 및 Graphic, 칼라
5. multi media 요소 제작
   오디오(음악, 나래이션), 비디오, 도입부 애니메이션
6. HTML로 제작
   HTML script, 표, frame,
   CGI 양식, DB와 연결
7. 임시 홈페이지에 올려서 concept, contents, design 등 검토, 수정
8. 기술적 문제 검토 및 보완
9. 차후 update 계획 수립 및 update 예산 확보
10. CD-ROM에 구어서 최종 검토

『eBook 전자출판 1,2,3,4,5』 Intro의 screen 디자인

[그림 13] 'eBook 전자출판 1, 2, 3, 4, 5'의
인트로 화면디자인 보기[53]

---

53) '전자출판 1, 2, 3, 4, 5' 전자책은 계원대 출판디자인과 01학번인 임진희,
유수현, 김영란이 디자인하고 제작한 졸업작품이다

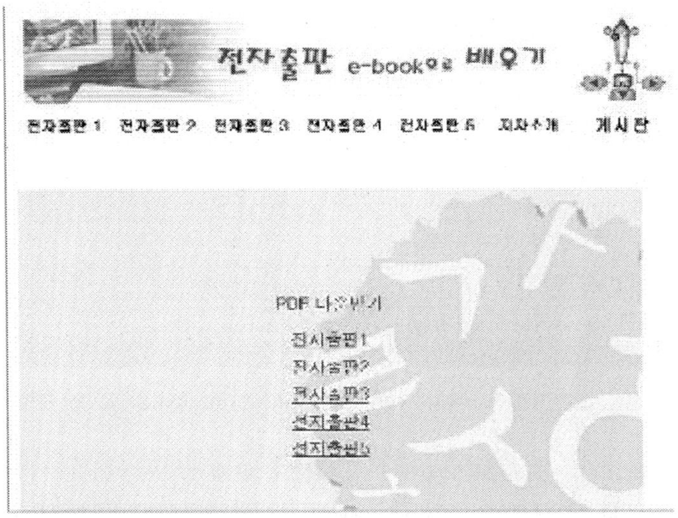

[그림 14] 시작 화면의 보기

4조 '사찰 기행'의 기획 의도는 '우리나라 문화를 가장 많이 엿볼 수 있는 각 지역 사찰을 순례하고, 가을 여행지를 안내하며 한국 사찰 고유의 아름다움을 살펴보며 독특한 사찰양식을 알아보려는 것이다. 대본(story book)에서 시작 화면을 그린 story board를 보자. 맨 윗줄에 제목이 있고, '한국 불교', '전국 유명 사찰', '스님을 찾아서'의 3개 메뉴가 있고 맨 아래에 'Top'이란 메뉴가 있다. 원 메인 퍼 서브(One Main Four Subs) 형식의 시작 화면이다 4개의 sub menu가 있지만 'Top'은 시작 화면으로 가는 것인데 지금이 시작 화면이므로 'Top' 메뉴는 있을 필요가 없다.

[그림 15] 시작 화면

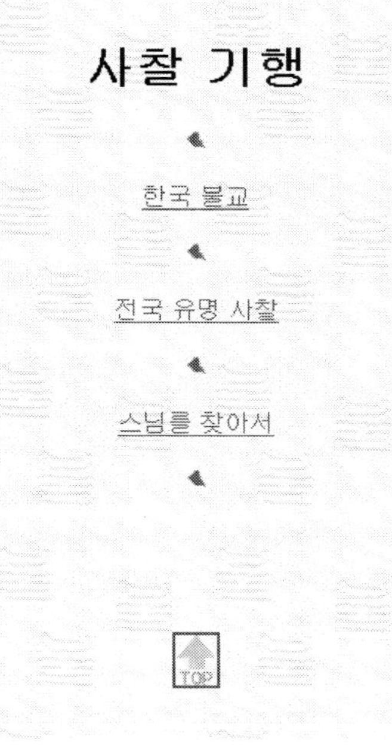

[그림 16] 사찰 기행의
메인(홈) 페이지

[표 6] 사찰 기행 '시작 화면'의 HTML 소스

```
<html>
<head>
<title>사찰 기행</title>
<body background="bg11.gif">
<div align="center"> <center>
<p> </p>
<br> <br>
<h1> 사찰 기행</h1>
<P> <img src="bg3.gif"> </p>
<a href="hanbul.html"> 한국 불교</a>
<br> <br>
<P> <img src="bg3.gif"> </p>
<a href="temple.html">전국 유명 사찰</a> <br>
<P> <img src="bg3.gif"> </p>
<a href="sunim.html"> 스님을 찾아서 </a>
<P> <img src="bg3.gif"> </p>
<br> <br> <br> <br>
<a href="index.html"> <img src="arrowup.gif"> </a>
</body>
</html>
```

'Top'을 제외한, 3개의 Sub 메뉴의 HTML 소스는 다음과 같다.

① `<a href="hanbul.html"> 한국 불교</a>`

② `<a href="temple.html">전국 유명 사찰</a> <br>`

③ `<a href="sunim.html"> 스님을 찾아서 </a>`

시작 화면의 소스는 http://my.dreamwiz.com/hwadu/index.html 에 있다.

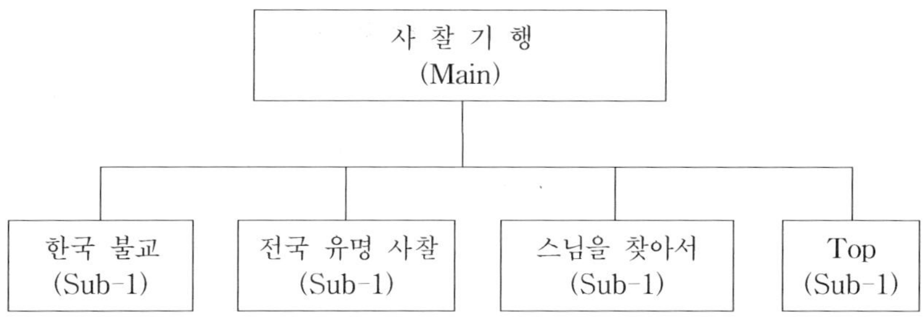

[그림 17] '사찰 기행'의 flow sheet

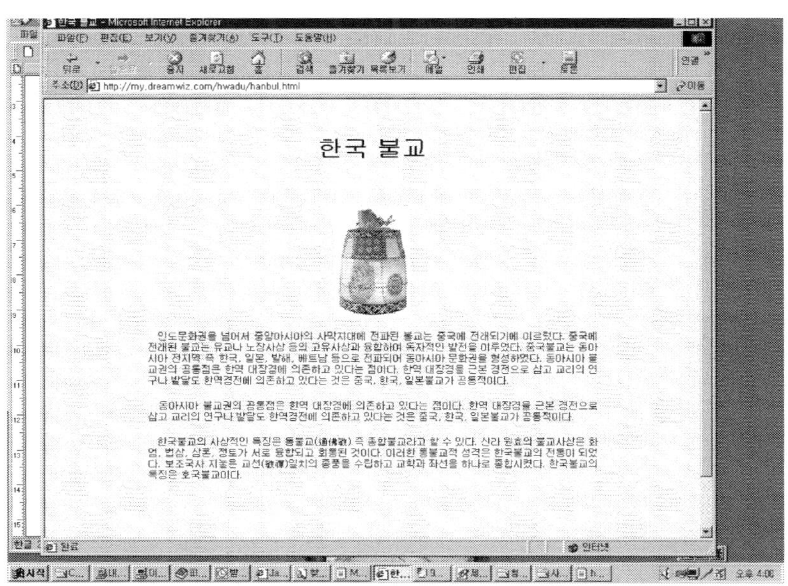

[그림 18] 한국 불교 화면(sub-1)

[표 7] 한국 불교 화면(sub-1)의 HTML 소스

```
<html>
<head>
<title>한국 불교</ / title>
<body background="bg11.gif">
<div align="center">  <center>
<p> </ / p>  <br>  <br>
<h1> 한국 불교</ / h1>
<table border="0" width="600">
    <tr>
        <td width="100%" align="center">
        <img src="03.jpeg" WIDTH="100
HEIGHT="150">  </ / td>
    </ / tr>
    <tr>  <br>  <br>
        <td width="100%">  <font FACE="굴림체">
        <p ALIGN="JUSTIFY">  </ / font>
            <font size="2">  <br>
```

   인도문화권을 넘어서 중앙아시아의 사막지대에 전파된 불교는 중국에 전래되기에 이르렀다 중국에 전래된 불교는 유교나 노장사상 등의 고유사상과 융합하여 독자적인 발전을 이루었다 중국불교는 동아시아 전지역 즉 한국, 일본, 발해, 베트남 등으로 전파되어 동아시아 문화권을 형성하였다. 동아시아 불교권의 공통점은 한역 대장경에 의존하고 있다는 점이다. 한역 대장경을 근본 경전으로 삼고 교리의 연구나 발달도 한역경전에 의존하고 있다는 것은 중국, 한국, 일본불교가 공통적이다. </p>

<p ALIGN="JUSTIFY"> <font size="2">   동아시아 불교권의 공통점은 한역 대장경에 의존하고 있다는 점이다 한역 대장경을 근본 경전으로 삼고 교리의 연구나 발달도 한역경전에 의존하고 있다는 것은 중국, 한국, 일본불교가 공통적이다

</p>

<p ALIGN="JUSTIFY"> <font size="2">   한국불교의 사상적인 특징은 통불교(通佛敎) 즉 종합불교라고 할 수 있다. 신라 원효의 불교사상은 화엄, 법상, 삼론, 정토가 서로 융합되고 회통된 것이다 이러한 통불교적 성격은 한국불교의 전통이 되었다 보조국사 지눌은 교선(敎禪) 일치의 종풍을 수립하고 교학과 좌선을 하나로 종합시켰다. 한국불교의 특징은 호국불교이다. </font> </p>

</tr>

<tr>

<td width="100%" align="center">

<div align="center"> <center>

<a href="index.html"> <img src="arrowup.gif"> </a>

</ul>

</body>

</html>

'한국 불교'라고 화면에 큰 글자로 쓰고, 종 사진(img src="03.jpeg")을 넣고, 그 아래에 설명('인도문화권을 넘어서……호국불교이다.')을 넣고, 맨 아래에 '화살표 Top' 그림을 넣었다. 화살표는 한 화면에 보이질 않고, 화면을 아래로 스크롤시켜야 보인다 화살표 그림(arrowup.gif)을 누르면 시작 화면인 index.html로 간다(<a href="index.html"> <img src="arrowup.gif"> </a>).

HTML에서도 죄측 정렬, 우측 정렬, 가운데 정렬이 가능하다. <font face=>이라는 font tag를 사용하여 다양한 서체 선택도 가능하다. 같은 값이면, IBM이나 맥킨토시 둘 다에서 모두 표준으로 사용되는 서체로 디자인을 하고, 그 서체를 지정하면 좋을 것이다.

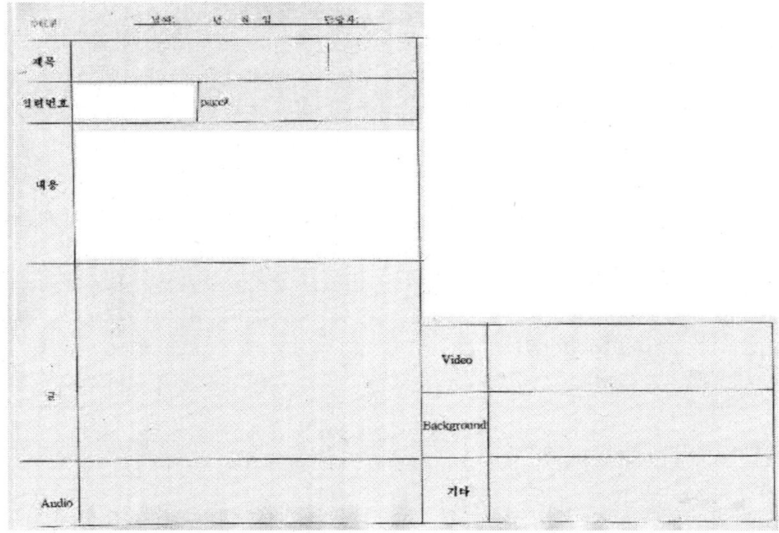

[그림 19] 1×1 스토리보드 양식의 보기

전자책 '멀티미디어 전자출판2345' 제작에 실제로 사용된 story board 1×1의 보기를 들어본다.

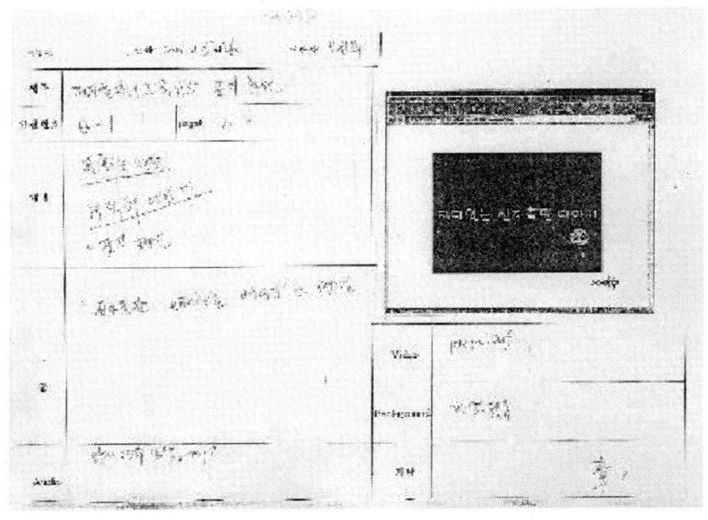

[그림 20] 실제로 사용된 1 × 1 스토리보드

도서출판 (주)장왕사에서 사용하는 story board(1 × 1) 양식의 왼쪽에는 제목, page#, 일련 No, 내용:, Audio, Video, Text, Background, 기타 항목을 기록하게 되어 있다. 이 story book의 제목은 '우리별 이야기'이다.

'견우와 직녀 이야기' 같이 밤하늘에 빛나는 별에 관한 우리나라 고유의 이야기가 있음에도 불구하고, 서양 별자리 이야기에 더욱 익숙한 우리나라의 청소년들에게 '동방칠사와 청룡, 북방칠사와 현무, 남방칠사와 주작, 사방칠사와 백호' 등 우리나라에서 전해오는 우리별에 대한 이야기를 소개한 화면책 story book의 일부를 소개한다 카시오페아, 안드로메다 등 서양 별자리 이름은 알고 몇 천 년 전부터 불러오는 우리 별자리 이름을 모르는 우리나라 사람들에게 별의 한국 이름을 알려주는 훌륭한 기획 작품이다.

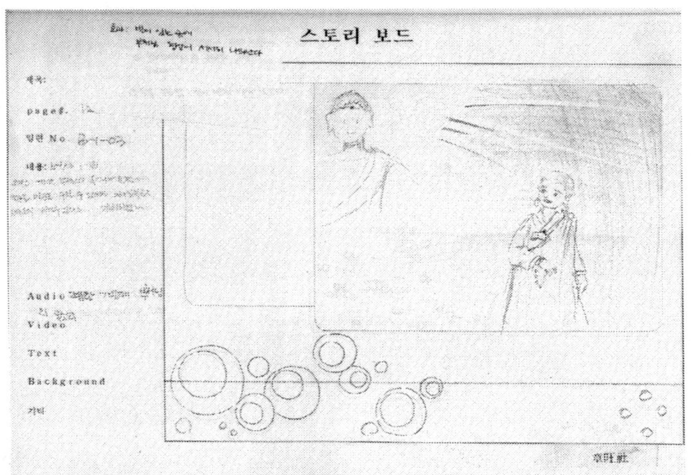

[그림 21] story board(1 × 1)를 묶은
story book의 12 페이지

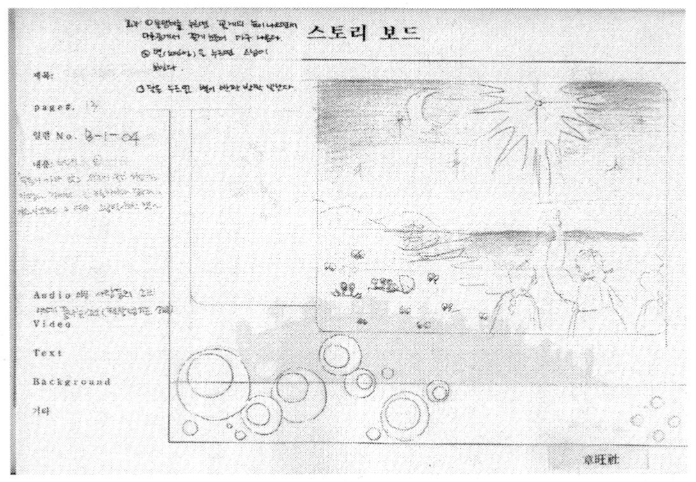

[그림 22] 장왕사 story board(1 × 1) 다음 페이지(# 13)

그림 왼쪽의 'page#'에는 13, '일련 No.'에는 B-1-04, '내용:'에는 스님성…… ④. "폭풍이 가라앉고 서춘이 죽고 하늘에는 지평선 가까이 큰 별 하나가 떴다". 마을 사람들은 그 별을 스님별이라고 했다. 그리고 'Audio'에는 마을 사람들의 소리, 이야기 끝나는 소리(책장 넘기는 소리)라고 기록되어 있다. 기타 자리 대신에 맨 위에다 '효과 ①②③'을 적어놓았다. '효과 ①' 돌멩이를 누르면 꽃게의 눈이 나오면서 다른 곳에서 꽃게 눈들이 마구 나온다. '효과 ②' 별(노인성)을 누르면 스님이 보인다. '효과 ③' 달을 누르면 별이 반짝반짝 빛난다.

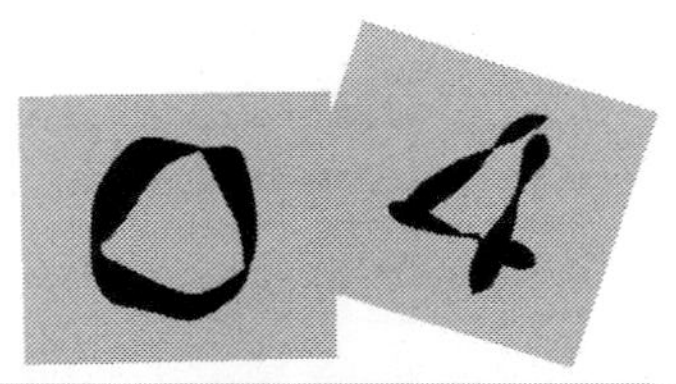

5세에서 8세까지는 '엄마랑 나랑', '한글나라 한글공부, '낱말공부', '숫자놀이', '어린이 음료' 등의 제목으로 한글 공부와 음료 및 간식에 대하여 콘텐츠를 정리하고 제작해보기로 한다

1) '엄마랑 나랑'

제 작: 계원대 출판디자인과 97학번 김명현 / 조희진 / 김준선
콘텐츠:
　① 친척
　② 동물 친구
　③ 엄마랑 케이크 만들기
　④ 동화(욕심꾸러기 아들)
　⑤ 친구(남자 아이의 동영상)

[그림 23] 인트로 화면(umma1)

[그림 24] 시작 화면(umma2)

2) '한글나라 한글공부'

제　작: 계원대 출판디자인과 허지영/ 최하나/ 김성은/ 유은경
콘텐츠:

① 자음, 모음

② 단어 맞추기(동물 / 식물)

③ 그림 찾기(놀이터, 원시 시대)

④ 전래 동화(혹부리 영감, 해님 달님)

[그림 25] 한글나라 한글공부 인트로 화면

[그림 26] 시작 화면(hangl2)

[그림 27] 자음과 모음(hangl2_1)

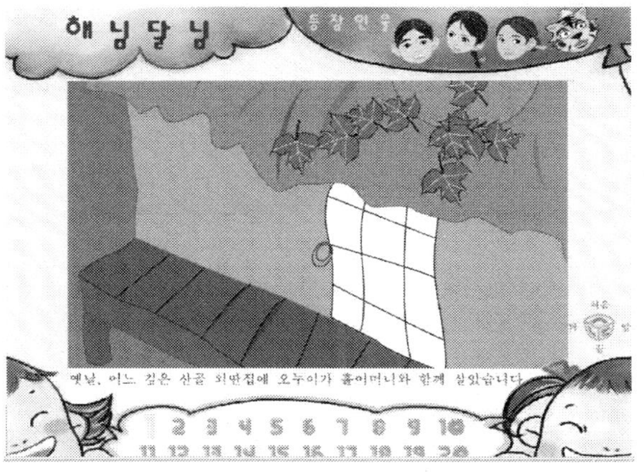

[그림 28] 해님 달님 (hangl5_2)

3) '낱말 공부'

제 작: 계원대 출판디자인과 윤보라, 김소희, 정미진
콘텐츠:

① 자음

② 모음(전화 키보드에 배치)

③ 자음＋모음

④ 낱말 놀이(6단계)

특　징: 한국에서 보기 쉬운 애완용 동물로 낱말을 선정하였음

[그림 29] 애완 동물과 함께 하는 낱말 공부
인트로 화면(nat1)

[그림 30] '낱말 공부' 시작 화면(nat2)

[그림 31] '낱말공부' 6단계 시작 메뉴
(natmal_1)

4) '숫자 놀이'

제　작: 계원대 출판디자인과 김유진/ 송지애 / 이혜진
콘텐츠:
① 사물 세는 법
② 시계 보는 법
③ 길이 재는 법

[그림 32] 우리 숫자 여행가자 인트로
화면(suja0)

[그림 33] 숫자 놀이 시작 화면(suja1)

[그림 34] 숫자 1~20 (sujain_2)

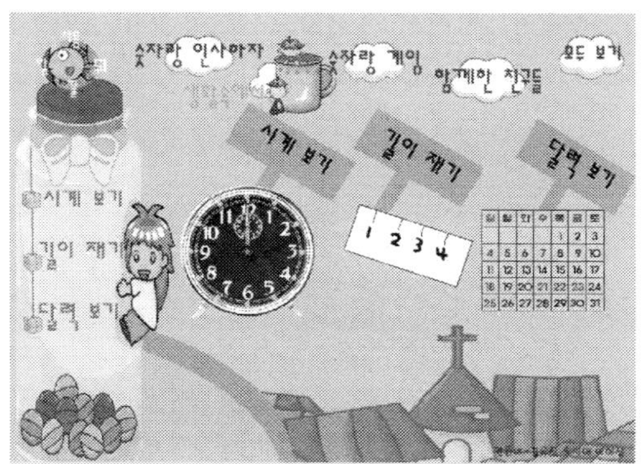

[그림 35] 생활 속에서 (sujas0)

5) '어린이 음료'

제 작: 계원대 출판디자인과 서지혜/ 홍보라/ 전인욱

콘텐츠:

① 6살짜리 3명의 모델 조사

② 유치원 3곳 방문 조사

③ 우리의 전통 음료

[그림 36] 어린이 음료 인트로 화면(drink0)

[그림 37] 아이들 음료 시작 화면(drink1)

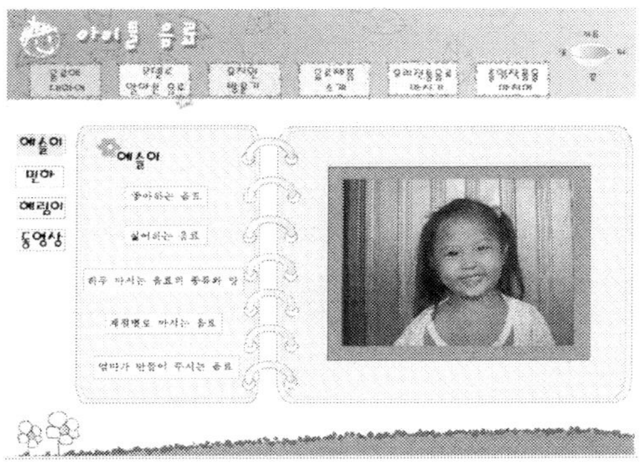

[그림 38] 예슬이 (drink2_1)

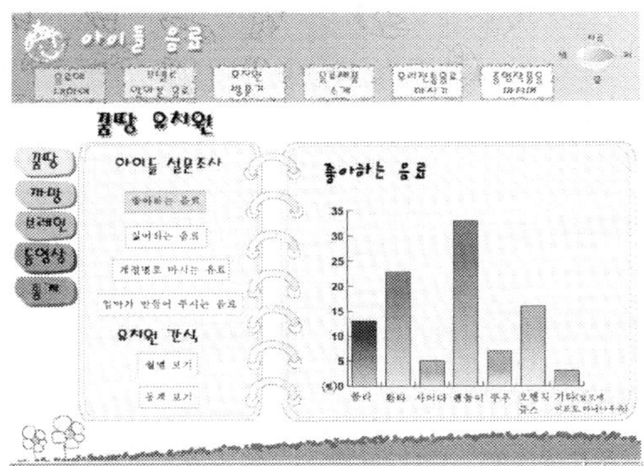

[그림 39] 꿈땅 유치원 (drink311)

‘우리 동요’ 제작: 계원대 출판디자인과 김진숙/ 강미진/ 김연수/ 김
혜란

콘텐츠:

① 속닥속닥 우리 동요

② 덩실덩실 우리 동요

③ 우당탕탕 놀이터

④ 알쏭달쏭 우리 동요

특 장: 우리 고유 동요를 알리고, 노래 가사로 인하여 어휘수가 400개 가량
공부된다. 5개 유치원 교사를 설문 조사하여 선곡의 기준으로 삼았다

[그림 40] 사물놀이 친구들과 함께 하는 굽이굽이
우리 동요 인트로 화면(song0)

[그림 41] 우리 동요 시작 화면(song1)

[그림 42] 가재 (song1_1)

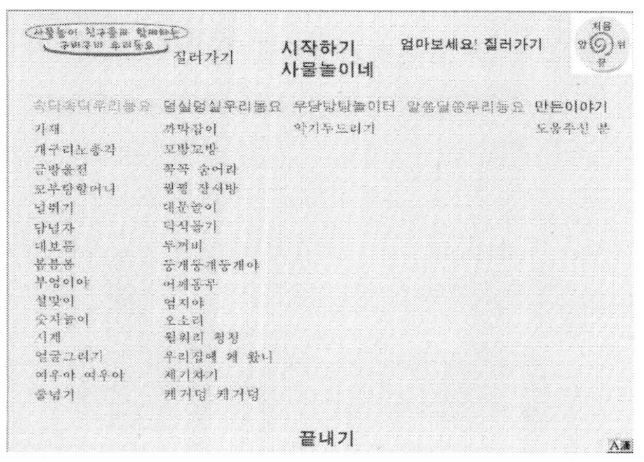

[그림 43] 질러가기 지도 (song_map)

‘이유식’ 제작: 계원대 출판디자인과 강현미/ 이지형 / 정미진

콘텐츠:

① 초기 이유식

② 중기 이유식

③ 후기 이유식

④ 완료기 이유식

특　징: 동영상 위주로 제작된 출판물이다 단계별로 이유식이 무엇
인지를 알려준다. 부록에서는 아픈 아기의 이유식과 아기용 식기
와 조리 도구 파는 곳을 소개했다

[그림 44] 이유식_엄마맘마 인트로
화면(ma_00)

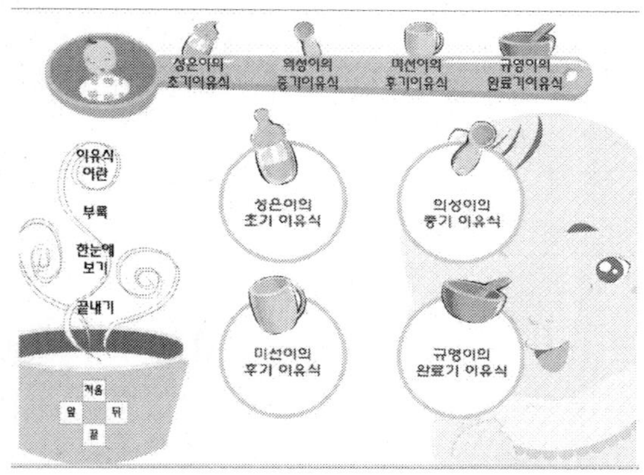

[그림 45] 이유식 시작 차림표 화면(ma_01)

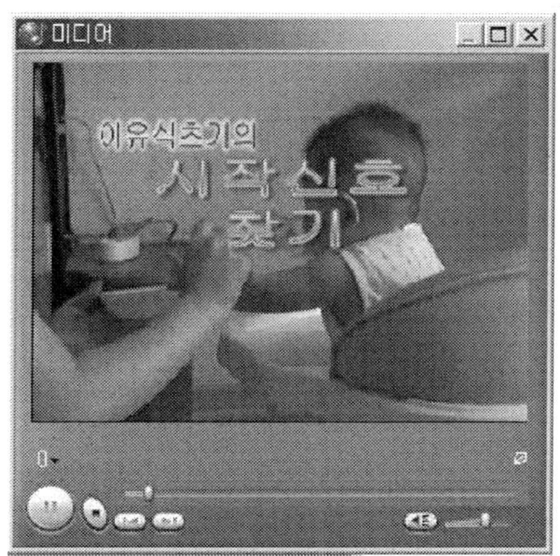

[그림 46] 이유식 초기의 시작 신호
찾기 (mal_3)

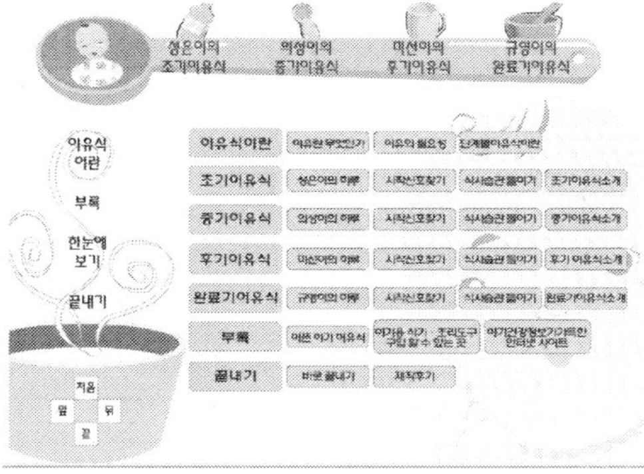

[그림 47] 이유식 질러가기 (ma_map)

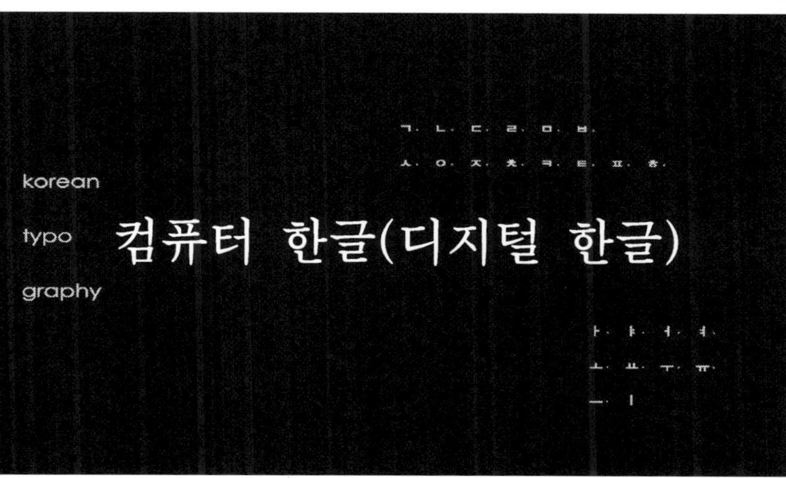

컴퓨터 한글(디지털 한글)

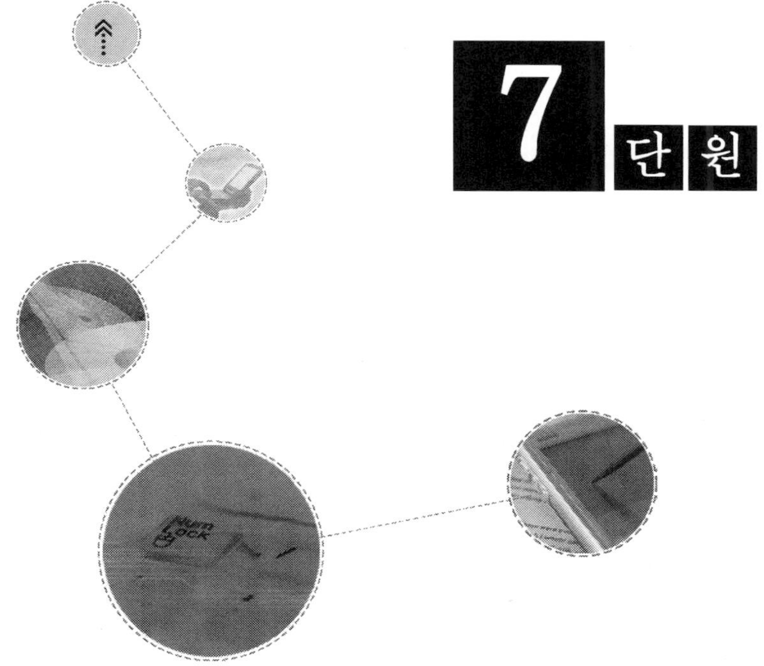

7 단원

　인간이 사용하는 글자를 컴퓨터는 이해하지 못한다. 컴퓨터에서는 모든 것을 영(0)과 일(1)의 조합으로만 이해하므로, 인간의 글자도 컴퓨터용으로 바꾸어야 한다. 컴퓨터는 모든 것을 자료로 일단 받아들여서 그것이 명령어인지, 아니면 자료인지를 구별한다. 숫자나 글자나 그림이나 컴퓨터는 그저 자료(data)로 이해할 뿐이다. 자료를 해독하여 정보로 사용하는 것은 인간의 몫이다.

　문화는 그 문화를 보관하는 그릇의 크기에 따라서 발전이 빠르기도 하고, 한계에 부딪치기도 한다. 문화를 담는 그릇에는 그림, 기호, 조각, 글자 등이 있다. 그 중에서도 가장 커다란 그릇이 글자이다. 이 글자를 사용하여 손으로 진흙에 그리거나, 돌에다 새기거나, 붓으로 종이에 쓰거나, 나무판을 칼로 파내서 대장경을 만들거나 도장을 새기거나 놋쇠로 자모(틀)를 만들어 끓는 납을 부어 납활자를 만들어 잉크를 칠하여 종이에 인쇄하거나, 연필이나 볼펜으로 종이에 쓰는 작업을 통하여 인간의 생각을 기록하고 오랜 시간동안 보관시킬 수 있다.

　이렇게 문화의 기본이 되는 글자를 보존하고 계승시키는 일이야말로 그 문화를 보존하고 계승시키는 데 중요한 역할을 하는 것이다. 우리 한국인의 문화는 한국말이라는 고유의 언어를 사용하며 글자도 한글이라는 고유의 문자를 사용한다. 그러나 현실에서 우리나라만큼 여러 나라 글자가 신문이나 책에 나타나는 나라는 거의 없다. 한겨레신문 같이 한글 전용을 하는 몇 개의 신문을 제외하면 한글 한자, 일본어, 영어, 로마 숫자가 섞여서 신문이 만들어진 것을 발견할 것이다.

그러면 우리의 글자인 한글이란 무엇을 말하는가? 영어 글자, 일본 글자, 중국 간자체 한자가 포함되는가? 아니다. 순수한 현대 한글 이외에 한자, 옛한글, 이두만이 우리글인 것이다. 우리가 보통 때 무심코 말하는 한글은 한국글을 의미할 때가 많다. 표준말 이외에 방언과 무속인의 말도 우리말인 것이고, 방언 연구야말로 우리말의 근원과 변천을 연구하는데 좋은 자료가 되는 것이므로, 방언 역시 한자도 빠짐없이 한글로 표현될 수 있어야 하는 것이다.

1) 디지털 활자의 역사

디지털 활자는 아날로그 방식의 사진 활자와 달리 컴퓨터가 유일하게 이해할 수 있는 두 가지 신호인 0과 1로 이루어진 디지털 데이터로 구성된다. 디지털 활자는 초기에는 전산사식 활자라 불리었다. 수동사진 식자기에다 전자식 셔터를 부착한 전자사진 식자기가 나오다가 셔터의 개방 시간을 컴퓨터용 마이크로프로세서로 조작하는 마이컴사진 식자기로 발전하였다. 마이크로프로세서를 탑재하였어도 렌즈와 네가티브 필름을 사용하기는 수동사진 식자기와 마찬가지였던 상태에서 렌즈와 필름이 필요 없이 인화지에 출력하는 디지털사진 식자기가 출현한다. 디지털사진 식자기는 전산사식기로 많이 불린다. 전산사식기는 입

력기, 조판편집기, 출력기로 구성된다54)

 1970년대 초의 전산사식기는 입력을 하면 종이테이프에 구멍이 뚫리고 이를 판독기(paper tape reader)로 읽어서 디스켓에 저장하는 2단계 입력 방식이었다. 이 당시의 전산사식기는 중형급 이상의 컴퓨터와 연결하여 조판을 하였기에 컴퓨터 사진식자시스템(CTS; Computerized Typesetting System)이라 불린다. 1980년대부터는 입력기로 입력하고 조판편집기로 조판하던 방식에서 입력기에서 디스크에 바로 입력하여 조판하는 방식으로 발전한다. 이 시기는 이미 개인용컴퓨터에도 워드프로세싱 프로그램이 개발되어 대중화되기 시작하였다. 한국에서도 1980년대 초에 8비트급 애플 Ⅱ+컴퓨터에서 한글Ⅲ 워드프로세서, 중앙한글 워드프로세서 등이 사용되었다.

 1980년대 중반부터는 16비트급 IBM PC 호환용 컴퓨터에서 보석글(T-Maker, T-Master), 장원, 글벗, 명필, 워드스타, 워드퍼펙, PFS-Write, Symphony, Framework, 텔레비디오 워드 등 워드프로세싱 프로그램이 사용되었다. 1989년 IBM XT 컴퓨터용 흐글 워드프로세서 버전 1.0이 나올 때까지는 컴퓨터 메이커별로 워드프로세서 판매 경쟁이 치열하였다

---

54) 이기성, '제5회 아시아지역 출판연수코오스 수료기', <출판문화> pp.16-21, 1971년 12월

[표 1] 개인용컴퓨터의 발달

1946년 진공관식 에니악 컴퓨터 발명

1971 I400 MicroProcessor 개발, 벨 연구소 UNIX 개발

1975-1984
　　Altair PC(I8080), 6800 CPU 개발, 마이크로소프트 BASIC 개발
　　Z8000 CPU 개발, APPLE(6502), TRS-80, PET PC 개발
　　한국사진식자개발상사(정주기기) 김정홍 '수동 사진식자조판기' HK-1 형 개발
　　CP/M용 WordStar 워드프로세싱 프로그램 개발,
　　PC-8001(NEC, Z80), MZ(샤프) PC 개발
　　한국컴퓨그래피 '전산사식조판시스템(HK-7910)' 개발
　　MS DOS 1.0 개발, IBM-PC 개발, 삼보 SE-8001 개발
　　I80286 CPU 개발, 세운상가 APPLE-II 개발, 68010 CPU 개발
　　IBM XT PC 개발, MS DOS 2.0 발표, MS 윈도 1.0 발표, 삼보 TG-20(6502),
　　금성 FC-100, 삼성 SPC-1000 PC 개발, 일제 IBM-5550 PC 개발, 68020 CPU 개발,
　　애플컴퓨터 LISA(68000) PC 개발
　　IBM AT PC 개발, Mc(68000) PC 개발

1985-1990
　　삼보 TG-88, 진 Star-XT, 삼성 SPC-3000, 금성 마이티-16,
　　대우PRO-2000 등 16bit CPU(8088) PC 개발
　　STI '캅프로86' 입력기 개발
　　I80386,80486 CPU 개발, 68030 CPU 개발
　　IBM 386, IBM 486 PC 개발
　　NeXT(68030) PC 개발

1991-1999
　　펜티움 프로세서 발표, 문방사우 버전3.0(칼라분판 가능) 개발, 윈도 95 발표,
　　윈도 NT 4.0 발표, 펜티움프로 PC 개발, 흔글 97 개발, 흔글 8·15 판 발표,
　　디자인퍼펙트 개발, 윈도 98 발표, 누보미디어의 로켓BOOK 개발,
　　리눅스가 서버용 O/S로 각광받음

2000-2006
　　Post PC 보급, 윈도XP(윈도Me+윈도2000) 운영체계
　　U-단말기(MP3, PMP, 모띠), 흔글 버전2005 발표

미국에서 영문 DTP가 시작된 해인 1985년도 우리나라에 도입된 입

력기 수는 모리자와 102대, 사껜 47대, 모도야 40대로 모두 189대였고, 개인용컴퓨에서는 T-Maker 프로그램을 삼보컴퓨터가 한글화한 보석글이 워드프로세서 프로그램으로 사용되었다 납활자 조판 위주에서 이미 사진 활자 조판시대로 접어든 1986년에는 국내의 사진식자사 수가584개에 달하였다.

정주기기(전 이름은 한국사진식자개발상사)의 김정홍이 수동 사진식자조판기를 개발한 해인 1979년에 한국컴퓨그래피에서는 전산 사식조판시스템(HK-7910)을 개발하는 쾌거를 이루었으나, 당시 국내 인쇄계의 인식은 일제를 선호하는 것을 벗어나지 못하고 있었다. 그러다가, 1986년에 생산된 국내 STI 회사의 '캅프로86' 입력기와 1988년도의 '캅프로88'은 개인용컴퓨터에다 한글 조판용 프로그램을 탑재한 전산사식입력기로, 당시 일제 사껜 시스템과 모리자와 시스템 모도야 시스템이 판치던 국내 전산사식업계를 놀라게 하였다55)

디지털 활자로 조판을 한 것은 조판 결과를 일반 프린터로 인쇄하여 교정을 볼 수 있음은 물론, OK가 난 조판물은 필름 현상기를 부착하여 네가티브나 포지티브 필름으로 출력할 수도 있고, 인화기를 부착하여 인화지에 출력할 수도 있다 인화지에 출력된 글자만 보아서는 수동사식기로 출력한 것인지 전산사식기로 출력한 것인지 구별할 수 없다. 그러나 수동사식기로 출력한 것은 글자꼴의 원도가 네가티브 필름 형태이고, 전산사식기로 출력한 것의 원도는 0과 1로 구성된 디지털 형태이다. 디지털 형태의 원도를 '코드(code)로 표현된 원도'라 한다.

---

55) 이기성, <전자출판– Ⅱ> 개정판, PP.204-205, 장왕사, 1997

2) 1 바이트 코드와 2 바이트 코드

컴퓨터가 처리할 수 있는 최소 단위를 비트(bit=Binary digIT)라고 하고, 컴퓨터가 처리할 수 있는 글자의 최소 단위를 바이트(byte)라고 한다. 1 바이트는 알파벳의 자음이나 모음 한 개를 나타낼 수 있도록 정한 것으로 비트 8개를 모아서 사용한다 1 바이트는 8비트이다. 알파벳 모음이나 자음이 비트 8개를 사용하는데 비해서 한글이나 한자는 한 글자가 비트 16개를 사용하므로 바이트 2개에 해당한다(16bit 를 8bit로 나누면 2바이트).

컴퓨터가 처리하는 최소 단위인 1 비트는 2가지 신호를 처리할 수 있는데 이 2가지 신호를 숫자로 나타내면 2진수가 된다. 비트를 전구에 비유하여 전구에 불이 들어온 경우와 전구가 꺼진 경우의 2가지 상황을 1과 0으로 표시할 수 있는데 이것이 바로 0과 1만 사용하는 2진수와 똑같은 것이다.

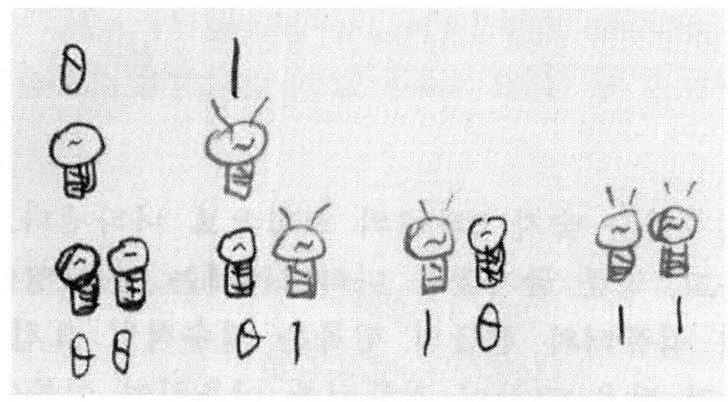

[그림 1] 꼬마 전구와 비트

[표 2] 비트와 바이트

비트(전구) 컴퓨터 처리의 최소 단위		바이트(byte) 글자 처리의 최소 단위	1바이트 알파벳과 2바이트 한글
1 비트	누적(1)		
1	2		
1	3		
1	4		
1	5		
1	6		
1	7		
1	8 개	1 바이트	알파벳 1개
1	9		
1	10		
1	11		
1	12		
1	13		
1	14		
1	15		
1	16 개	2바이트	한글 1개, 알파벳 2개

[표 3] 4비트 2진수와 8비트 2진수

16진수 (hexa)	10진수	4비트 (2진수)	8비트 (2진수)		16진수 (hexa)	10진수
0	0	0000	0000	0000	0	0
1	1	0001	0000	0001	1	1
2	2	0010	0000	0010	2	2
3	3	0011	0000	0011	3	3
4	4	0100	0000	0100	4	4
5	5	0101	0000	0101	5	5
6	6	0110	0000	0110	6	6
7	7	0111	0000	0111	7	7
8	8	1000	0000	1000	8	8

16진수 (hexa)	10진수	4비트 (2진수)	8비트 (2진수)		16진수 (hexa)	10진수
9	9	1001	0000	1001	9	9
A	10	1010	0000	1010	A	10
B	11	1011	0000	1011	B	11
C	12	1100	0000	1100	C	12
D	13	1101	0000	1101	D	13
E	14	1110	0000	1110	E	14
F	15	1111	0000	1111	F	15
			0001	0000	10	16
			0001	0001	11	17

[표 4] '비트'당 표현 가능 상황 숫자

비트	상황 수	변화된 상황	공 식
1	2 가지	0, 1	$2 \times 1 = 2$
2	4	00, 01, 10, 11	$2 \times 2 = 4$
3	8	000, 001, 010, 011 100, 101, 110, 111	$2 \times 2 \times 2 = 8$ (2의 3제곱)
4	16	0000, 0001, 0010, 0011 0100, 0101, 0110, 0111 1000, 1001, 1010, 1011 1100, 1101, 1110, 1111	$2 \times 2 \times 2 \times 2 = 16$ (2의 4제곱)
5	32	00000, 00001, 00010, 00011 00100, 00101, 00110, 00111 01000, 01001, 01010, 01011 01100, 01101, 01110, 01111 10000, 10001, 10010, 10011 10100, 10101, 10110, 10111 11000, 11001, 11010, 11011 11100, 11101, 11110, 11111	$2 \times 2 \times 2 \times 2 \times 2 = 32$ (2의 5제곱)
6	64		$2 \times 2 \times 2 \times 2 \times 2 \times 2 = 64$ (2의 6제곱)
7	128		$2 \times 2 \times 2 \times 2 \times 2 \times 2 \times 2 = 128$ (2의 7제곱)
8	256		$2 \times 2 \times 2 \times 2 \times 2 \times 2 \times 2 \times 2 = 256$ (2의 8제곱)
16	6만 5536		$256 \times 256 = 6$만5536 (2의 16제곱)

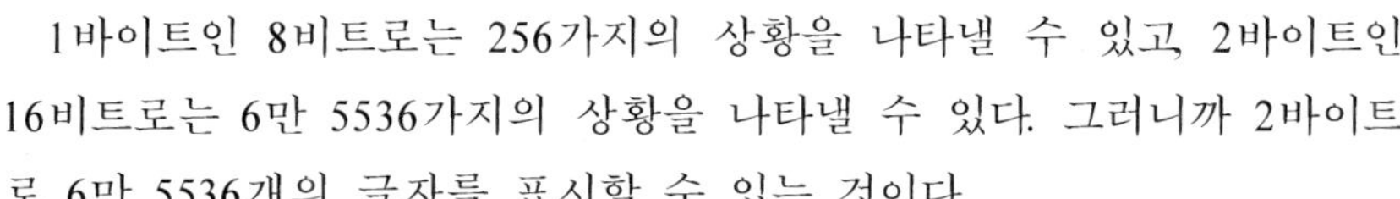

   1바이트인 8비트로는 256가지의 상황을 나타낼 수 있고, 2바이트인 16비트로는 6만 5536가지의 상황을 나타낼 수 있다. 그러니까 2바이트로 6만 5536개의 글자를 표시할 수 있는 것이다.

3) 디지털 활자와 한글 코드

   '코드'는 컴퓨터가 읽을 수 있는 형태로서, 2진수 숫자 0과 1의 조합으로 나타낸다. 한글 글자꼴을 나타내는 데는 한글 코드를 사용하고, 영문 글자꼴을 나타내는 데는 영문(영어) 코드를 사용한다. 정보사회에 들어서면서부터 컴퓨터와 한글의 접목은 필수적인 요건이 됐다. 문서 작성을 비롯하여 수작업에 의존하던 많은 것들이 컴퓨터를 이용하여 이루어지게 됨으로써, 컴퓨터에서의 한글 구현은 기본적으로 필요한 과제가 됐으나, 컴퓨터상에서 옛한글은 물론 현대 한글의 일부 음절까지도 제대로 표현되지 못하는 일이 자주 발생하고 있다.

   문서를 작성할 때나 소설을 쓸 때 한글 글자가 모자람은 물론 인터넷이나 하이텔이나 천리안 같은 통신망을 사용할 때도 한글이 제대로 표현되지 못하고, 심지어는 교육용컴퓨터라고 중, 고등학교에서 구입한 컴퓨터마저도 한글을 완벽하게 구현하지 못하는 실정이다. 개인용컴퓨터에서는 1998년 가을에 한글 윈도98 O/S 프로그램 발표 이후 변칙적이라도 현대 한글 음절 1만 1172개를 다 사용할 수 있는 길이 열리기는 했다.

   한글은 1999년 현재 사용하고 있는 현대 한글과 1443년에 제정되어 1446년에 반포된 훈민정음으로 구분할 수 있다. 훈민정음의 한글 글꼴이 옛한글의 시초이다. 옛한글의 어휘 및 글꼴은 1446년부터 지금까지

550여 년간 계속하여 조금씩 변하여 왔다.

알파벳 문화권에서 개발된 컴퓨터이기에 영어를 기준으로 컴퓨터에서 문자 표현을 하도록 컴퓨터의 문자 자료 표현 방식이 설계되었다. 그러나 알파벳 문화권에서 사용하는 영어와 우리나라의 한글은 그 특성이 다르다. 한 개의 글자라는 개념조차 다르다. 영어는 음절 단위로 글자가 구성되는 것이 아니고, 단어 단위로 글자가 구성된다. 한 개의 단어를 먼저 완성하고, 그 단어를 음절별로 나누어야 음절이 생성된다. 따라서 초성, 중성, 받침으로 구성된 음절을 먼저 완성하는 한글과는 다를 수밖에 없다. 특히, 영어처럼 받침이 없는 글자와 한글처럼 받침이 있는 글자는 완성된 음절의 형태가 크게 다르다. 또한, 영어와 한글은 컴퓨터에서 입력 방식과 처리 방식과 출력 방식이 각기 다르다.[56]

한글은 현재 쓰이는 24개 자모로서 조합 가능하고, 현대 맞춤법에 맞는 음절은 모두 1만 1172개이다. 초성과 중성과 종성(받침)으로 구성되는 음절은 1만 773개($19 \times 21 \times 27$)이고, 초성과 중성만으로 구성되는 음절은 399개(19×21)이므로 1만 773개와 399개를 합한 숫자가 조합 가능한 총 음절수가 된다. 영어는 알파벳 자소가 모여서 바로 단어가 되므로 한글처럼 음절의 개수를 계산하기 힘들다.

---

56) 이기성, '전자공학에서 본 컴퓨터와 한글', <새국어생활> 제6권제2호, 국립국어연구원, 1996

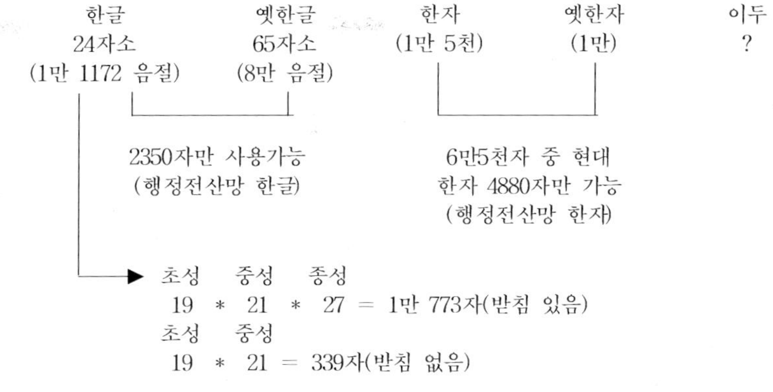

[그림 2] 한글과 한국글

이제부터는 옛한글로 정의되는, 훈민정음에서 정의하는 한글 표기에 대하여 알아보자. 일반인은 대부분이 훈민정음에서 제정한 자소는 28개라고만 알고 있으나, 사실은 고유어 표기, 외래어 표기, 외국어 표기의 3가지를 다 제정한 것이다.

첫째, 고유어 표기는 우리가 아는 대로 28개의 자소이고 둘째, 외래어 표기는 동국정운 한자음 표기를 위한 것으로 쌍히읗 미음아래 이응, 쌍비읍 아래 이응, 피읖 아래 이응 등이고 셋째, 외국어 표기용은 치두음과 정치음을 구별하였다. 지읏의 오른쪽삐침을 왼쪽삐침보다 길게 한 것은 치두음이고, 지읏의 왼쪽삐침이 오른쪽삐침보다 긴 것이 정치음이다. 그러므로 옛한글의 자모는 초성 65개, 중성 36개, 받침 60개여서 이를 조합하면 약 8만개의 음절이 생긴다. 그러나 현재 쓰이지 않는 옛한글 중 일반적으로 현재 많이 발견되는 옛한글은 약2500자이고, 어쩌다가 발견되는 것까지 포함하면 약 7000자이므로, 7000자만 가지면 일반적인 출판물 조판과 인쇄에는 별 문제가 없다.[57)

영어와 한글은 서로 다른 점이 많다. 특히, 글자의 중심선(Baseline)이

---

57) 김충회, 인천대 교수, 한글코드자문회의 1990

다르고, 받침이 있는 글자는 받침을 모음 밑에다 모아쓴다는 특성이 다르다. 한 글자(음절)를 이루는 자소의 크기가 다르다. 알파벳은 I자와 M자와 n자의 폭이 서로 다르다. 컴퓨터에서도 한글 코드와 영어 코드는 그 구성 원리가 서로 다르다58)

컴퓨터용 영어인 영어 코드와 컴퓨터용 한글인 한글 코드는 컴퓨터에서 입력 방식과 처리 방식과 출력 방식이 각기 다르다. 영문자의 영문코드는 한글의 한글코드와 달리 키보드로 입력되는 코드와 컴퓨터 내부에서 처리하는 코드와 모니터로 출력하는 코드가 한가지 형태이다. 그러나 한글코드는 한글의 특성상 입력코드, 처리코드, 출력코드가 각기 다르다. 길이 역시 영문코드는 1바이트, 한글코드는 2바이트 또는 3바이트가 필요하다.

4) 한국표준(KS) 한글코드의 변천

한국표준 한글코드는 1987년에 KSC-5601-87 규격으로 2바이트 완성형코드로 지정하였고, 1992년에는 KSC-5601-92 규격으로 2바이트 조합형코드를 한국표준 코드로 추가하였고 1995년에는 공업진흥청에서 국제문자부호체계에 맞춘 KSC-5700 한글 규격을 공포하였다.

컴퓨터에서 한글을 표현하는 방식에는 완성형 코드 방식과 조합형 코드 방식이 있다. 1987년에 제정된 한글 표준 코드(KSC-5601-87)는 2350자의 한글 음절을 표현하는 완성형 한글 코드 방식이고 1992년에 한글 표준 코드로 추가된 규격(KSC-5601-92)은 현대 한글 음절 1만

---

58) The width of a character is its set. Typeface designs vary in their relative widths., <Typography for Desktop Publishers>, Mark Hengesbauch, Business One Irwin, Illinois, 1991

1172자를 다 표현할 수 있는 조합형 한글 코드방식이다 한글 완성형 방식은 한글 음절마다 코드를 부여하는 방식이고, 한글 조합형 방식은 한글의 자모(초성, 중성, 종성)에 코드를 부여하여 초성, 중성, 종성(첫소리/ 가운뎃소리/ 끝소리)의 조합으로 한글 음절의 코드값을 지정하는 방식이다.

[참 고] KSC-5601-87 규격은 ISO-2022-86 규격을 참고하였고, KSC-5700-95는 ISO-10646-92 규격을 참고하였다. KSC-5601-87 완성형 한글 코드와 KSC-5601-92 조합형 한글 코드 사이에 KSC-5657-91 완성형 규격이 ISO에 보고됐다. KSC-5657-91 완성형 규격은 2350자의 한글 완성자에다 1930자의 완성자를 더하여 총 4280자의 한글을 표시할 수 있으나, 현대 한글 음절 1만 1172개 중 6892개를 표시하지 못한다.

따라서 공업진흥청에서는 2376개의 한글 음절을 또 추가하여 ISO에 보고하였으나, 이것을 합친 6656개의 음절로도 1만 1172개 중 4516개나 되는 한글 음절을 표시하지 못하여, 국제적으로도, 국내에서도, 한글 표준 규격으로 지지받지 못하였다. 1987년에 제정되어 문제점을 발생한지 5년이 지난 1992년에야 1만 1172자를 다 표시하는 조합형 한글 코드 규격이 새로운 한글 코드 표준 규격으로 각계의 지지를 받고 KSC-5601-92 라는 이름으로 탄생했다.

1995년 12월 7일 공업진흥청은 기존의 정보교환용 한글 표준 코드인 KSC-5601 규격을 대신하여, 한글의 입출력을 컴퓨터 내부에서 처리할 수 있는 코드체계로서 조합형 방식으로 사용 가능한 자모 240개와 완성된 한글 음절 1만 1172개로 구성된 국제문자부호계(유니코드)를 한글 표준 코드(KSC-5700)로 제정 고시했다. 이 규격은 완성형 한글과 조합형 한글을 동시에 사용할 수 있고, 조합형 방식을 사용할 경우에 옛한글의 구현이 쉽게 가능하다59)

---

59) '유니코드 채택……다국어 호환성 높였다', 'KSC 5700의 제정 의미와 전망', 전자신문, 1995년 12월 8일자. '일명 유니코드로 통하고 있는 국제문자부호계(USC)가 드디어 KS 표준규격으로 제정됐다'.

유니코드의 정식 명칭은 ISO.IEC 10646－Ⅰ인데, 이 10646－Ⅰ은 문자 하나에 부여되는 데이터의 값을 모두 2바이트(16비트)로 통일시켜서, 전 세계 문자간에 호환성을 갖도록 하는 규격이다 이럴 경우, 한글이나 한자는 원래 2바이트 규격을 많이 사용하고 있었으나, 영문자는 1바이트 규격을 사용하고 있었으므로, 영문자권에서는 글자용 메모리가 2배로 늘어나게 된다. 여태까지는 영문자는 7비트, 비영문자는 8비트, 한글은 16비트를 사용하는 등, 제각기 다른 코드를 사용하여 왔으므로, 이 코드를 서로 호환성이 있도록 바꾸자는 것이다

10646－Ⅰ의 문자판(Plane)에는 최대 6만 5536자를 수용할 수 있는데, 이 중에서, 영어, 한국어, 일본어, 중국어, 히브리어, 태국어, 아랍어, 말레이어 등 전 세계에서 사용하고 있는 26개 언어의 문자와 특수기호 등 4만 7268자에 대해 일일이 코드값을 부여하고 있다

한글은 현대한글 1만 1172자를 가나다순으로 배열해 놓은 완성형 부분(HANGUL, AC열)과 초성 / 중성 / 받침(첫 / 가 / 끝) 조합형 한글 자모 240자 부분(HANGUL JAMO, 11열)과 KSC-5601의 조합형 한글 자모 94자 부분(HANGUL COMPATIBILITY, 31열) 등 3덩어리로 돼 있다. KSC-5700 한글 표준 코드 규격에서는 이 완성형과 조합형 코드를 모두 표준으로 인정하고 있다.

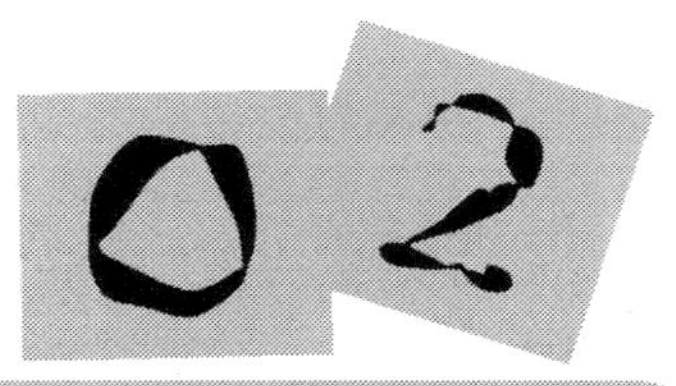

한글 입력 코드

　　인간이 맨눈으로 읽는 한글을 컴퓨터가 읽을 수 있는 디지털 형태로 바꾸어주는 작업이 컴퓨터 쪽에서 본 입력 부분이다. 현재까지 가장 많이 사용되는 입력 형태는 한글의 자소를 글쇠판(키보드)에다 할당시키고, 각 글쇠를 침으로써 그 글쇠에 해당하는 입력 코드(Input Code)를 발생시켜서 모니터에 보여주거나 디스크에 저장시키는 키보드 방식이다. 키보드 방식 이외에, 스캐너로 한글 문서를 읽어서 문자인식장치로 한글을 구별해내고 인식해서 메모리에 저장하는 방식도 있고 영문으로 작성된 파일을 영한 번역프로그램을 사용하여 한글로 바꾸어 메모리에 저장하는 방식도 있다.

　　컴퓨터에서 한글 입력은 타자기와 같은 원리이나 기계적인 방식으로 종이에 직접 인쇄하는 대신에, 눌려진 글쇠의 한글 자소의 코드값을 메모리에 기억시켰다가 프린터로 출력하는 것이 다른 점이다. 여기서 발생하는 코드값은 어떻게 키보드를 구성하는가에 따라 달라진다. 수동식 전산사식기의 키보드는 과거의 청타나 공판타자 방식으로 완성된 한글 음절을 한 개씩 골라서 타자하는 방식이므로, 완성형 키보드 방식을 사용한다. 이렇게 완성된 글자를 여러 개의 판으로 나누어 준비해놓고 필요한 글자가 있는 판을 골라서 타자하는 방식을 타블렛 방식이라고도 한다.

반면에, 현재 사용되는 전동타자기나 컴퓨터의 글쇠판처럼 초성 중성, 종성 또는 자음과 모음으로 구분하여 글쇠를 치는 방식을 조합형 키보드 방식이라 한다.60)

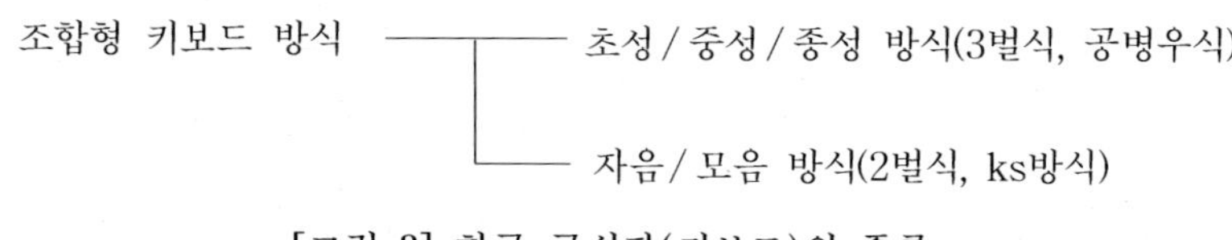

[그림 3] 한글 글쇠판(키보드)의 종류

1) 자음 / 모음(2벌식) 한글 자판

한글은 자음(ㄱ-ㅎ)과 모음(ㅏ-ㅣ)으로 구성된 글자이므로, 자음 1벌과 모음 1벌로 키보드를 구성하면 된다는 단순한 생각으로 제작된 것이 2벌식 한글 자판이라고 볼 수 있을 것이다. 왜냐하면, KS 한글 자판은 '왼손잡이용 자판'이라고도 불릴 정도로 허술하기 때문이다. 한글의 구성 원리는 초성과 중성 종성(받침)이 어우러져 한 개의 음절을 만든다. 그런데 초성과 받침에는 자음이 쓰이고 중성에는 모음이 쓰인다. 그러니까 자음이 모음보다 더 많이 사용된다. 받침이 없는 글자는 자음과 모음이 같은 비율로 사용되지만, 받침이 있는 글자는 자음 두 번에 모음이 한 번 사용된다. 그런데 많이 사용되는 자음을 왼쪽에다 배치시킨 것이 2벌식 자판이고, 이 2벌식 자판이 한국표준자판이니까

---

60) 이기성, '한글 코드와 전자출판', <월간 사무자동화> PP.57-63, 사무자동화, 1988년 11월

'왼손잡이용 자판'이라고 불리는 것이다. 2벌식 자판을 일명 '바지들고
서' 자판이라고 한다. 키보드의 왼쪽에 몰려 있는 자판이 '바지들고서',
'만나오리호', '키타춤판'이다. 맨위가 'ㅂ ㅈ ㄷ ㄱ ㅅ'이고, 다음줄이
'ㅁ ㄴ ㅇ ㄹ ㅎ'이고, 아래줄이 'ㅋ ㅌ ㅊ ㅍ '으로 배치돼 있다.

[그림 4] 2벌식 한글 자판

현재 KS 한글 자판인 2벌식 자판의 단점은 또 있다. 사용자의 눈과
정신을 어지럽히는 것이다. 2벌식 자판을 많이 사용하다 보면 눈동자
에 경련이 일어날지도 모른다. 한글 한 글자를 칠 때마다 모니터에서
번쩍번쩍하는 움직임이 일어난다.

'고소영'을 입력한다고 해보자. '고'까지는 좋다. 다음에 시옷을 치면
애기는 달라진다. 번쩍하고 '곳'이 된다. 다시 'ㅗ'를 치면 '고소'가 됐
다가 이응을 치면 '고송'이 된다. 다시 'ㅕ'를 치면 '고소여'가 되고 이
응을 치면 '고소영'으로 변한다. '곳'이 '고소'로 될 때, '송'이 '소여'로
될 때, 바로 모니터 화면에서 '번쩍'하는 현상이 일어난다. 이 번쩍거림
현상을 도깨비불 현상이라고 한다. 사실 '여'가 '영'으로 될 때도 받침
없이 사용하는 'ㅕ'가 짧은 'ㅕ'로 바뀌고 그 밑에 이응 받침이 붙어서
'영'으로 되면서 화면이 순간적으로 번쩍하고 바뀐다. 2글자에 한 번씩
도깨비불 현상이 일어난다고 해도 한 페이지에 1000자가 들어 있는 원

고 1장을 칠 때만도 500번이나 도깨비불 현상이 일어나니까, 한국의 표준 자판인 2벌식 글쇠판을 사용하는 사람들의 눈과 정신이 걱정이 된다는 것이다.61)

2) 초성 / 중성 / 종성(3벌식) 한글 자판

개인용컴퓨터에서 한글 입력 코드를 지원하는 한글 자판에는 2벌식 자판과 3벌식 자판이 있다. 그러나 한글타자기의 자판에는 2벌식, 3벌식, 5벌식, 4벌식이 있었다. 1900년대 초에 이원익이 영문타자기를 개조해서, 84글쇠(12글쇠, 7열)식 한글타자기를 최초로 만들어냈다 그러나 윗글자쇠(시프트 키)를 누르는 횟수가 너무 많고 속도가 느려서 널리 사용되지는 못했다. 1934년경에는 송기주씨가 42글쇠 2단 시프트식 한글타자기를 제작하였다 이원익씨는 자모 구성이 5벌식이었던 반면에 송기주씨는 자음 3벌, 모음 1벌의 4벌식이었다. 두 분의 한글타자기는 둘다 한글을 가로로 찍어서 세로로 읽게 한 방식이었다 왜냐면 당시는 모든 인쇄물이 세로쓰기로 조판되던 시절이었기 때문이다 한글타자기 말고 한글식자기의 발명가는 이대위 씨이다 라이노타이프로 한글을 찍을 수(인쇄할 수) 있도록 된 한글식자기이다 이걸로 하와이 교포신문과 로스앤젤레스의 신한민보를 발행했다

지금처럼 가로쓰기로 된 최초의 한글타자기는 1949년 공병우 씨가 개발하였다. 타자 속도를 빠르게 하는 것을 최우선 목표로 두고 개발한 3벌식 한글타자기로서 본격적인 실용타자기로 볼 수 있다 쌍초점 방식이란 독특한 방식을 고안하여 미국 특허까지 획득한 자랑스런 타자기이다. 이후, 타자 속도보다는 글자 모양에 신경을 쓴 김동훈 씨의

---

61) 소년조선과 중학조선에 1994년 1월부터 1996년 3월까지 매주 연재한 '뚱보강사의 컴퓨터 교실 중에서 한글 자판에 관한 글 2편 참조.

5벌식 한글타자기가 1958년에 개발되었다. 공병우 씨는 글자 모양이 아름다운 4벌반식 한글타자기도 개발하였다.

1960년대에 들어서 공병우식 3벌식 타자기가 60%, 김동훈식 5벌식 타자기가 30% 정도의 비율로 사용되고 있을 정도로 2종류의 한글타자기가 주종을 이루고 있었다. 그러던 중, 1968년 10월에 상공부에서 4벌식 표준자판 시안을 발표하더니 다음해인 1969년 7월에는 과기처에서 초성 1벌, 중성 2벌, 종성 1벌로 구성된 4벌식 타자기를 한글타자기의 국가 표준으로 정하고, 인쇄전신기(텔레타이프)용으로는 풀어쓰기 2벌식을 표준으로 확정하는 사건이 발생하였다. 이후 계속적인 자판 논쟁이 일어나고 있던 중에 1982년 과학기술처가 2벌식 한글 자판을 컴퓨터의 표준 자판으로 확정하고, 1985년에는 컴퓨터와 타자기의 자판 배열을 통일해야 한다는 명분으로 한글타자기마저 2벌식으로 표준을 정하였다.

[그림 5] 3벌식 한글 자판

2벌식 자판을 '바지들고서' 자판이라고 하듯이 3벌식 자판은 '돌려내어라' 자판이라고도 부른다. 2벌식 자판에서 아라비아 숫자가 배열된 맨 윗줄에, 3벌식 자판에서는 받침의 'ㅎㅆㅂ'과 모음 'ㅛㅠㅑㅖㅢㅜ'와 초성'ㅋ'과 '─ =\' 글쇠가 있다. 2벌식에는 '바지들고서'가 있는 2

번째 줄에 3벌식 자판은 받침의 'ㅅㄹ'과 모음 'ㅕㅐㅓㄹㄷㅁㅊㅍ'과 '[ ]'이 있다. 3번째 줄에는 '받침 'ㅇㄴ'과 모음 'ㅣㅏㅡ'가 있고 초성 'ㄴㅇㄱㅈㅂㅌ'이 있다. 4번째 줄에는 받침 'ㅁㄱ'과 모음 'ㅔㅗㅜㅅㅎ'이 있고 ',. /'이 그 옆에 이어져 있다. 2벌식의 '바지들고서' 자판 자리에 3벌식은 '옷돌려내어라'가 있어서 3벌식 자판을 '돌려내어라' 자판이라고 부르는 것이다.62)

[표 5] 한글 자판의 벌식 변화

1차	2차	3차	현재
공병우 3벌식	공병우 3벌식	공병우 3벌식	공병우 3벌식
김동훈 5벌식	김동훈 5벌식		
—	KS 4벌식	—	
—	—	KS 2벌식	KS 2벌식

---

62) '손가락 부담율, 타자 속도를 떨어뜨리는 요인들, 운지 거리 문제, 오타율 / 피로도 / 학습도', 한글 코드와 자판에 관한 기초 연구 주관연구기관 (주) 한글과컴퓨터, 문화부, 1992.

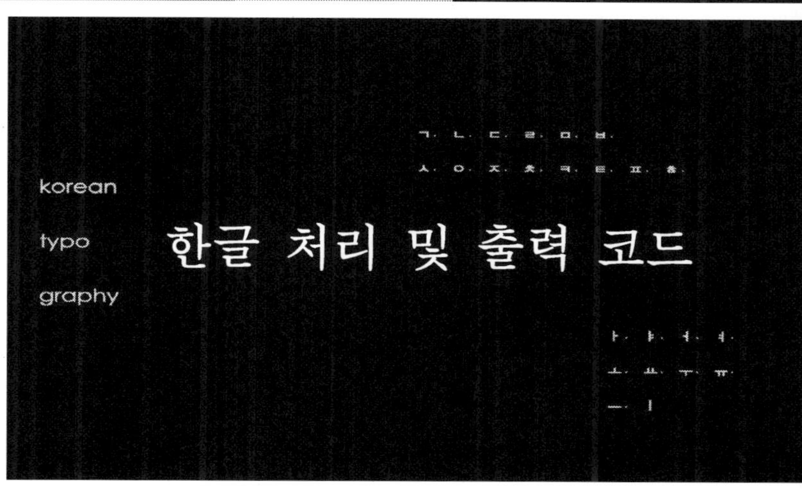

korean
typo
graphy
한글 처리 및 출력 코드

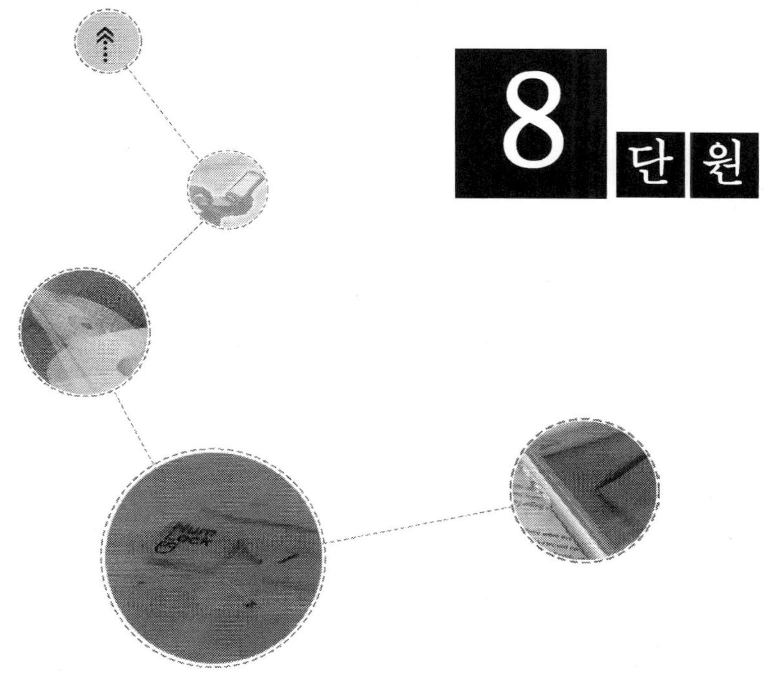

8 단 원

한글 처리 코드

컴퓨터에서 키보드로 한글을 입력할 때는 거의 대부분 조합형 방식으로 입력한다. 자음과 모음으로 입력되는 2벌식 자판에서는 자음이 초성과 종성(받침)에 두 번 사용되고, 모음은 중성에 사용된다. 초성 / 중성 / 종성(첫 / 가 / 끝)의 3벌식 자판에서는 초성용 자음과 종성용 자음이 따로 있다. 이렇게 키보드로부터 들어온 자소의 코드값을 조합하여 바로 처리 코드(Process Code)로 만드는 방식이 조합형 처리 코드이고, 입력된 자소의 코드값을 조합하여 한 개의 음절을 만든 뒤에 그 음절에 해당하는 완성된 코드의 값을 처리 코드로 사용하는 것은 완성형 처리 코드이다.

1987년도의 한글 KS 규격인 KSC 5601-87은 완성형 한글 코드이고, 1992년의 KSC 5601-92 한글 KS 규격은 조합형 코드이고, 1995년의 KSC 5700 규격은 1만 1172자의 완성자와 240개의 자소를 사용하는 완성형과 조합형이 둘 다 사용 가능한 절충형 처리 코드이다. 1980년대에 국내 개인용컴퓨터에서 사용되던 2바이트 조합형 한글 코드 중 한 가지를 소개한다.

1) 조합형 한글 코드

조합형 한글 코드란 한글 자판에서 입력될 때는 자음 자소와 모음 자소가 입력되다가 컴퓨터의 두뇌(내부처리장치)에서 자음과 모음을 초성, 중성, 종성(받침)으로 조합하여 한 개의 한글 음절을 만드는 방식의 코드이다.

[표 1] 2바이트 조합형 한글 코드표[63)

5비트	첫소리(초성)	가운뎃소리(중성)	끝소리(종성＝받침)
00000	채움(fill code)	채움	채움
00001	채움	채움	채움
00010	ㄱ	채움	ㄱ
00011	ㄲ	ㅏ	ㄲ
00100	ㄴ	ㅐ	ㄳ
00101	ㄷ	ㅑ	ㄴ
00110	ㄸ	ㅒ	ㄵ
00111	ㄹ	ㅓ	ㄶ
01000	ㅁ	채움	ㄷ
01001	ㅂ	채움	ㄹ
01010	ㅃ	ㅔ	ㄺ
01011	ㅅ	ㅕ	ㄻ
01100	ㅆ	ㅖ	ㄼ
01101	ㅇ	ㅗ	ㄽ
01110	ㅈ	ㅘ	ㄾ
01111	ㅉ	ㅙ	ㄿ

---

63) 이기성, <전자출판시스템 중 CTS용 한글 음절 출력 방식에 관한 연구>, 단국대 경영대학원 전자정보처리 전공, 1991

5비트	첫소리(초성)	가운뎃소리(중성)	끝소리(종성=받침)
10000	ㅊ	채움	ㄹㅎ
10001	ㅋ	채움	ㅁ
10010	ㅌ	ㅚ	채움
10011	ㅍ	ㅛ	ㅂ
10100	ㅎ	ㅜ	ㅄ
10101	채움	ㅝ	ㅅ
10110	채움	ㅞ	ㅆ
10111	채움	ㅟ	ㅇ
11000	채움	채움	ㅈ
11001	채움	채움	ㅊ
11010	채움	ㅠ	ㅋ
11011	채움	ㅡ	ㅌ
11100	채움	ㅢ	ㅍ
11101	채움	ㅣ	ㅎ
11110	채움	채움	채움
11111	채움	채움	채움

　2 바이트 조합형 한글 코드표의 한글 코드는 2벌식이건 3벌식이건 키보드로부터 입력된 자소에 해당하는 코드값을 나타낸다. 예를 들어, '이'라는 음절을 입력시키기 위해서, 초성 ㅇ(이응)과 중성 ㅣ(이)의 키가 눌려지면, 키보드로부터 입력되면 초성 'ㅇ'의 코드값인 '01101'과 중성 'ㅣ'의 코드값인 '11101'이 컴퓨터 중앙처리장치에 전달된다. 이때 한글 입력기 프로그램이 조합형 한글 코드용이라면 이 두 개의 코드값을 더하고, '이'는 받침이 없는 글자이므로 종성의 코드값은 채움 코드인 '00000'을 더해준다.

　'ㅇ'은 01101, 'ㅣ'는 11101, '채움'은 00000으로 15비트인데, 한글은 맨 앞에다 숫자 1을 추가하여 '101101 11101 00000'의 16개 비트값이 한글 음절 '이'를 조합형 코드로 나타낸 것이다. 일반적으로 이 16비트값을 4비트씩 구분하여 16진수로 읽는다. '101101 11101 00000'를 4비트씩 끊어서 읽으면 '1011 0111 1010 0000'이 된다. '1011 0111 1010 0000'를 16진수 코드표에서 찾아보면 'B 7 A 0'이 나온다. 한글 '이'는 2진수로 '1011 0111 1010 0000'이고 16진수로는 'B 7 A 0'가 된다.

2) 출판계 표준 한글 코드

일반 조합형 코드표에는 채움(fill code) 코드와 안 사용(no code) 코드의 구별이 없어서 '이'자의 경우에 채움 코드가 '00000'과 '00001'의 두 가지가 될 수 있다. 채움 코드로 '00000'을 사용하면 '이'의 16진수 값이 'B7A0'가 되지만, 채움 코드로 '00001'을 사용하면 'B7A1'이 되는 것이다. 이런 혼란을 방지하기 위하여 1986년부터 한국전자출판연구회를 비롯한 출판계에서는 한국전자출판연구회(CAPSO) 표준코드라는 이름으로 '채움 코드'와 '안 사용 코드'를 구별하여 사용하고 있다.

한글 음절 '출'의 조합형 코드값을 알아보자. 'ㅊ'은 10000, 'ㅜ'는 10100, 'ㄹ'은 01001로 15비트인데, 한글은 맨 앞에다 숫자 1을 추가한 '1 10000 10100 01001'의 16개 비트값이 '출'의 조합형 코드이다. '1 10000 10100 01001'을 4비트씩 끊어서 읽으면 '1100 0010 1000 1001'이 된다. 이 '1100 0010 1000 1001'을 16진수 코드표에서 찾아보면 'C 2 8 9'가 나온다. 한글 '출'은 2진수로 '1100 0010 1000 1001'이고 16진수로는 'C 2 8 9'가 된다.

[표 2] 한글 음절 '출'의 16진수 2바이트 조합형 한글 코드

'출'	첫소리(초성)		가운뎃소리(중성)	끝소리(종성＝받침)
	ㅊ		ㅜ	ㄹ
코드표(5비트씩)	10000		10100	01001
한글 표시(1)	1 10000		10100	01001
4개씩 구분	1100	0010	1000	1001
16진수 표에서	C	2	8	9

[표 3] 일반 2바이트 조합형 한글 코드표

5비트	첫소리(초성)	가운뎃소리(중성)	끝소리(종성＝받침)
00000	채움(fill code)	채움	채움
00001	채움	채움	채움
00010	ㄱ	채움	ㄱ
00011	ㄲ	ㅏ	ㄲ
11101	채움	ㅣ	ㅎ
11110	채움	채움	채움
11111	채움	채움	채움

[표 4] 한국전자출판연구회(CAPSO)의 2바이트 조합형 한글 코드표

5비트	첫소리(초성)	가운뎃소리(중성)	끝소리(종성＝받침)
00000	안 사용(no code)	안 사용	안 사용
00001	채움(fill code)	안 사용	채움
00010	ㄱ	채움	ㄱ
00011	ㄲ	ㅏ	ㄲ
11101	안 사용	ㅣ	ㅎ
11110	안 사용	안 사용	안 사용
11111	안 사용	안 사용	안 사용

1990년 6월에 동아일보에서 '컴퓨터 한글 코드 지상 논쟁을 벌인 일이 있다. 당시에, 2350개의 한글 음절만 표현 가능한 완성형 처리 코

드 방식을 채택한 컴퓨터를 교육용 컴퓨터나 조달청 구입 컴퓨터의 규
격(KSC 5842)으로 지정함에 따라 이의 부당성을 지적하는 논쟁이었다

[예문 1] 한글 코드 신문 지상 논쟁

> 교육용 컴퓨터를 검사하는 곳에서 볼 수 있는 일이다.
> '뚱'자와 '쎅'자를 쳐서 화면에 '뚱'자나 '쎅'자가 보이면 불합격이다.
> 글자가 화면에 나타나질 않아야 한국표준(KS)규격에 합격하는
> 것이다
> 혹시 잘못 쓴 것 아니냐고 묻겠지만 그게 아니다.
> 글자가 전부다 나오는 컴퓨터는 KS 규격에 맞지 않는 불량품이
> 라는 뜻이다……(이하 생략. 1990년 6월 12일자 동아일보 논쟁
> 내용 중에서)

그러나 불행하게도, 1999년까지도 교육용 컴퓨터는 이 2350자만 표
시 가능한 완성형 방식의 처리 코드를 채택한 컴퓨터가 KS에 맞는다
고 하여, 학교에 정식으로 납품되고 있는 현실이다.64)

---

64) '표출 완벽한 조합형으로 바꿔라, '컴퓨터 한글 코드 지상 논쟁<1>', 1990
   년 6월 12일자 동아일보. '완성형 고집. 사용자만 불편', 1990년 6월 26일
   자 동아일보.

[표 5] 한국전자출판학회(연구회, 전출연) 한글 표준코드표(1987년)

hgcode4.jpg

전자출판연구회(학회) 한글 표준코드(1987년 기준)

16	2진수	전자출판연구회CAPSO			n-byte		2-byte 조합		
	회사별	삼보, 대우, 현대, 쌍용, 큐닉스			애플II		삼성		
	bit 43210	초성	중성	종성	초성/반침	중성	초성	중성	종성
0	00000	no code	no code	no code	no code	no code	fill code	no code	fill code
1	00001	fill code	no code	fill code	fill code	no code	ㄱ	no code	ㄱ
2	00010	ㄱ	fill code	ㄱ	r	fill code	ㄲ	fill code	ㄲ
3	00011	ㄲ	ㅏ	ㄲ	R	k	ㄴ	ㅏ	ㄳ
4	00100	ㄴ	ㅐ	ㄳ	s	o	ㄷ	ㅐ	ㄴ
5	00101	ㄷ	ㅑ	ㄴ	e	i	ㄸ	ㅑ	ㅆ
6	00110	ㄸ	ㅒ	ㅆ	E	O	ㄹ	ㅒ	ㅅㅎ
7	00111	ㄹ	ㅓ	ㅅㅎ	f	j	ㅁ	ㅓ	ㄷ
8	01000	ㅁ	no code	ㄷ	a	no code	ㅂ	no code	ㄹ
9	01001	ㅂ	no code	ㄹ	q	no code	ㅃ	no code	ㄺ
A	01010	ㅃ	ㅔ	ㄺ	Q	p	ㅅ	ㅔ	ㄻ
B	01011	ㅅ	ㅕ	ㄻ	t	u	ㅆ	ㅕ	ㄼ
C	01100	ㅆ	ㅖ	ㄼ	t	P	ㅇ	ㅖ	ㄽ
D	01101	ㅇ	ㅗ	ㄽ	d	h	ㅈ	ㅗ	ㄾ
E	01110	ㅈ	ㅘ	ㄾ	w		ㅉ	ㅘ	ㄿ
F	01111	ㅉ	ㅙ	ㄿ	W		ㅊ	ㅙ	ㅀ
10	10000	ㅊ	no code	ㅀ	c	no code	ㅋ	no code	ㅁ
11	10001	ㅋ	no code	ㅁ	z	no code	ㅌ	no code	no code
12	10010	ㅌ	ㅚ	no code	x		ㅍ	ㅚ	ㅂ
13	10011	ㅍ	ㅛ	ㅂ	v	y	ㅎ	ㅛ	ㅄ
14	10100	ㅎ	ㅜ	ㅄ	g	n	no code	ㅜ	ㅅ
15	10101	no code	ㅝ	ㅅ	no code		no code	ㅝ	ㅆ
16	10110	no code	ㅞ	ㅆ	no code		no code	ㅞ	ㅇ
17	10111	no code	ㅟ	ㅇ	no code		no code	ㅟ	ㅈ
18	11000	no code	no code	ㅈ	no code	no code	no code	no code	ㅊ
19	11001	no code	no code	ㅊ	no code	no code	no code	no code	ㅋ
1A	11010	no code	ㅠ	ㅋ	no code	b	no code	ㅠ	ㅌ
1B	11011	no code	ㅡ	ㅌ	no code	m	no code	ㅡ	ㅍ
1C	11100	no code	ㅢ	ㅍ	no code		no code	ㅢ	ㅎ
1D	11101	no code	ㅣ	ㅎ	no code	I	no code	ㅣ	no code
1E	11110	no code	no code	no code	no code	no code	no code	no code	no code
1F	11111	no code	no code	no code	no code	no code	no code	no code	no code
20	100000	no code	no code	no code	no code	no code	no code	no code	no code

전자출판연구회의 표준코드(출판계 표준코드)로 '조'는 2진수로 '1 01110 01101 00001'이고 16진수로는 'BA91'이다. 삼성 조합형 코드로 '조'는 2진수로 '1 01101 01101 00000'이고 16진수로는 'B5A0'이다. 출판계의 표준코드로 '조'는 삼성 조합형 코드로는 '쪽'이 된다.

1. '조'를 전출연 표준코드 2진수로 표기한 후에 16진수로 표기하시오.

	ㅈ(지읒)	ㅗ(오)	없음(fill)
전자출판연구회 표준코드	초성	중성	받침
	01110	01101	00001
한글 표시 1	01110	01101	00001＝2진수＝1 01110 01101 00001

－－－…………－－－………

1011	1001	1010	0001
16진수 B	9	A	1

2. '조'를 삼성 조합형 2진수로 표기한 후에 16진수로 표기하시오.

	ㅈ(지읒)	ㅗ(오)	없음(fill)
삼성 조합형 코드	초성	중성	받침
	01101	01101	00000
한글 표시 1	01101	01101	00000＝2진수＝1 01101 01101 00000

－－－…………－－－………

1011	0101	1010	0000
16진수 B	5	A	0

3. 전출연 표준코드 '조'는 삼성 조합형 코드에서 어떤 글자로 나타날까?

	ㅈ(지읒)	ㅗ(오)	없음(fill)＝조
전자출판연구회 표준코드	초성	중성	받침
	01110	01101	00001
삼성 조합형 코드	초성	중성	받침
	ㅉ(쌍지읒)	ㅗ(오)	ㄱ(기역)＝쪽

[그림 1] 한글 조합형 코드간의 변환

KSC5601-87(완성형 한글코드)
가=B0A1 각=B0A2 간=B0A3 갇=B0A4 갈=B0A5
곰=B1A1 곱=B1A2 곳=B1A3
나=B3AA 낙=B3AB 낚=B3AC

KSC 5601(ISO 10646-1/Unicode1.1) 한글코드(완성형-1987)

(여백의 손글씨 메모: 「B0A1」이 BO·AO행 시작에, 「B0A2」가 '각'을 가리킴, 「B1A1」이 B1·AO행 시작에, 「B3AA」가 '나'를 가리킴. 오른쪽 여백: 「조합형 가 8801 / 각 8862 / 가 8863 갸 8864 / 간 8865 / 간 8866」)

B0	00	01	02	03	04	05	06	07	08	09	0A	0B	0C	0D	0E	0F
A0		가	각	간	갇	갈	갉	갊	감	갑	값	갓	갔	강	갖	갗
B0	갘	같	갚	갛	개	객	갠	갤	갬	갭	갯	갰	갱	갸	갹	갼
C0	갽	갾	갿	거	걱	건	걷	걸	걺	걻	검	겁	것	겄	겅	겆
D0	겇	겈	겉	겊	겋	게	겐	겔	겜	겝	겟	겠	겡	겨	격	겪
E0	견	결	겸	겹	겻	겼	경	곁	계	곈	곌	곕	곗	고	곡	곤
F0	곧	골	곪	곬	곯	곰	곱	곳	공	곶	과	곽	관	괄	괆	

B1	00	01	02	03	04	05	06	07	08	09	0A	0B	0C	0D	0E	0F
A0		괌	괏	광	괘	괜	괠	괩	괬	괭	괴	괵	괸	괼	굄	굅
B0	굇	굉	교	굔	굘	굡	굣	구	국	군	굳	굴	굵	굶	굻	굼
C0	굽	굿	궁	궂	궈	궉	권	궐	궜	궝	궤	궷	귀	귁	귄	귈
D0	귐	귑	귓	규	균	귤	그	극	근	글	긁	긂	긃	금	급	긋
E0	긍	긔	기	긱	긴	긷	길	긺	김	깁	깃	깅	깆	깊	까	깍
F0	깎	깐	깔	깖	깗	깟	깠	깡	깥	깨	깩	깬	깯	깰	깸	

B2	00	01	02	03	04	05	06	07	08	09	0A	0B	0C	0D	0E	0F
A0		깹	깻	깼	깽	꺄	꺅	꺌	꺼	꺽	꺾	껀	껄	껌	껍	껏
B0	껐	껑	께	껙	껜	껨	껫	껭	껴	껸	껼	꼇	꼈	꼍	께	꼬
C0	꼭	꼰	꼲	꼴	꼼	꼽	꼿	꽁	꽂	꽃	꽈	꽉	꽐	꽜	꽝	꽤
D0	꽥	꽹	꾀	꾄	꾈	꾉	꾎	꾐	꾒	꾓	꼬	꾸	꾹	꾼	꿀	꿂
E0	꿋	꿍	꿎	꿔	꿜	꿨	꿩	꿰	꿱	꿴	꿸	뀀	뀁	뀄	뀌	뀐
F0	뀔	뀜	뀝	뀨	끄	끅	끈	끊	끌	끎	끏	끔	끕	끗	끙	

B3	00	01	02	03	04	05	06	07	08	09	0A	0B	0C	0D	0E	0F
A0		끝	끼	끽	낀	낄	낌	낍	낏	낑	나	낙	낚	난	낟	날
B0	낡	낢	낣	납	낫	났	낭	낮	낯	낱	낳	내	낵	낸	낻	냄
C0	냅	냇	냈	냉	냐	냑	냔	냘	냠	냥	너	넉	넋	넌	넎	널
D0	넑	넒	넓	넛	넜	넝	넞	넣	네	넥	넨	넬	넴	넵	넷	넸
E0	넹	녀	녁	년	녈	념	녑	녔	녕	녘	녜	노	녹	논	놂	놀

[표 6] 완성형 한글코드표(공업진흥청 발표 KSC5601-87)

1. '가'를 전출연 표준코드 2진수로 표기한 후에 16진수로 표기하시오.

ㄱ(기역) ㅏ(아) 받침 없음(fill)

전자출판연구회 표준코드 초성 중성 받침

00010 00011 00001

한글 표시 1 00010 00011 00001=2진수=1 00010=00011 00001

— — — ‥‥‥‥ — — — ‥‥‥‥

1000 1000 0110 0001

16진수 8 8 6 1

2. '각'을 전출연 표준코드 2진수로 표기한 후에 16진수로 표기하시오.

ㄱ(기역) ㅏ(아) ㄱ(기역)

전자출판연구회 표준코드 초성 중성 받침

00010 00011 00010

한글 표시 1 00010 00011 00010=2진수=1 00010 00011 00010

— — — ‥‥‥‥ — — — ‥‥‥‥

1000 1000 0110 0010

16진수 8 8 6 2

3. 전출연 표준코드 '가'인 8861(hexa) 번지가
KSC5601 완성형 코드에서는 어느 번지일까?

KSC5601-87 완성형 한글코드표에서 앞의2자리는 B0이고 뒤의 2자리는 A1이므로 B0A1(hexa) 번지가 된다.

[그림 2] 조합형 코드와 완성형 코드의 비교

KS 2바이트 완성형 규격은 현대 한글 음절 1만 1172개 중에서 2350자만 표현이 가능하고 8822자의 표현이 불가능하므로, KS 2바이트 완성형 한글 코드표에도 2350개의 코드만 들어 있다.

[표 7] 2바이트 조합형(1만 1172자) 코드와 2바이트
완성형(2350자) 코드 비교표

1만 1172 순위	한글 음절	전출연 표준 조합형(16진수)	KSC 5601-87 완성형(16진수)
1	가	8861	B0A1
2	각	8862	B0A2
3	갂	8863	–
4	갃	8864	–
5	간	8865	B0A3
6	갅	8866	–

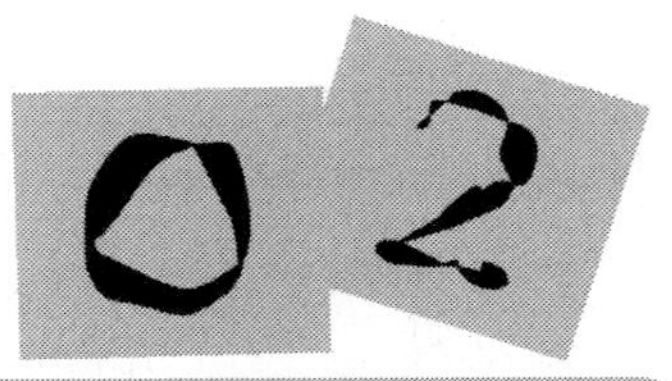

한글 출력 코드

　　컴퓨터에 한글 자소가 입력되면, 컴퓨터 내부에서 한글 자소를 초성, 중성, 받침으로 조합하여 완성된 한 개의 음절로 만들고 이 음절마다 코드를 부여하여 한글 처리 코드가 생성된다. 그러나 이 처리 코드는 컴퓨터만 알고 있지, 사람이 볼 수는 없다. 사람에게 보여주려면, 모니터 같은 디스플레이 장치가 있거나 프린터 같은 출력 장치가 있어야 화면이나 종이에다 글자를 그려낼 수 있다. 띄어쓰기에 의해서 단어가 구분되고, 단어의 실라블 나누기에 의해서 음절이 구분되는 알파벳 글자와 달리, 한글은 자소가 모여서 미리 음절을 이루므로, 한글은 초성/중성/받침이 정확한 원칙에 의해 한 개의 음절씩 완성할 수 있다. 이 완성된 음절(한글 한 자)의 모양을 그려내는 방식으로 네모틀 속에다 한 자씩 그려내는 방식과 받침이 네모틀을 벗어나서 길게 내려오는 탈네모틀 글자꼴을 그리는 방식이 있다. 현대에서 주로 사용하는 한글은 네모틀 속에 들어 있다. 받침이 있는 글자와 받침이 없는 글자가 같은 크기의 네모 속에 들어가므로, 이 네모틀 글자를 균형 있게 그려내는 것은 간단치 않다. 한글 출력코드(Output Code)에는 모니터나 프린터에 글자를 그려주는 폰트 코드와 정보 교환용 코드인 통신 코드의 두 종류가 있다.[65]

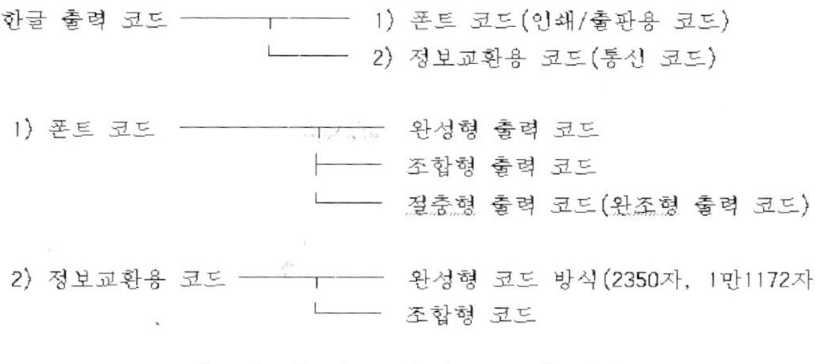

[그림 3] 한글 출력 코드의 종류

운영 체제 상에서 한글을 구현하지 않고 프로그램 안에서 한글 폰트를 그려서 사용하는 것으로 워드프로세서에는 한글과 컴퓨터 회사의 흔글 워드프로세서와 탁상출판 프로그램으로는 휴먼 컴퓨터의 문방사우 프로그램이 있다.66)

화면 폰트를 제공하는 카드나 프로그램에는 한글도깨비4, 한글마당-CEX, 옴니 매직카드, 한메한글 2.0, 금강산-24, 돌고래, 선비한글, BETA MEGA 한글, 썬더-2, 누리글 VGA, 한글 VGA 원더, MIKC6-F2, PRO-한글/한자 카드, 한글바람 카드, 블랙박스, 삼보 KSSM 카드, 대우 PRO카드, 진한글 Ⅲ(AutoCAD용), 둘리캐드 한글(AutoCAD용), 태백한글, 텔레비디오 워드프로세서 프로그램 흔글 워드프로세서 프로그램 오토페이지 프로그램, 문방사우 탁상출판 프로그램 등이 있다

---

65) 이기성, '호주에서 랩탑으로 한글 통신 성공, <월간 소프트월드> PP.153-155, 소프트월드, 1989년 8월

66) Comparison of features for major Desktop Publishing packages, <Desktop Publishing Software & New Directions>, Computer Technology Research Corp., 1992

1) 통신 코드

정보교환용 한글 코드는 통신코드라고도 한다. 국제 통신 선로는 프로토콜 때문에 조합형 한글 통신이 불가능하여서 2350자 완성형 한글 코드를 한국 표준 코드(KSC-5601-87)로 지정하였다는 완성형 코드 지지자들의 주장이 틀렸다는 것을 보여주기 위하여, 1989년 7월 11일에 호주 시드니로 건너가 랩톱 컴퓨터에서 조합형 한글 코드를 사용하여 국제 전화선으로 시드니에서 서울과 한글 컴퓨터 국제 통신을 최초로 성공했다. 호주 시드니에서 한국서 가져간 랩톱 컴퓨터에다 전영욱이 개발한 조합형 한글(CKP)을 설치하고, 묵현상이 개발한 통신에뮬레이터(SREVOLT)를 설치하고 국제 전화선을 통하여 서울에 있는 (주)한국데이콤의 3B20컴퓨터를 매개로 하여 서울 유경희 씨의 개인용컴퓨터와 교신을 한 것이 성공한 것이다.[67]

랩톱 컴퓨터와 개인용컴퓨터에서 사용한 한글은 도스용 2바이트 한글 코드였고, 3B20컴퓨터는 유닉스용 N바이트 한글 코드를 사용했다. 1980년대 중반 국내의 상황은, 1만1172자의 모든 한글을 필요로 하는 저자, 출판사 중에서, 특히, 가정 교과서, 지리 교과서, 사회과부도 등 공동 저자가 많은 교과서의 전문 출판사나 필자가 많은 잡지 출판사, 컴퓨터 서적 전문 출판사 등에서 먼저 업무에 조합형 한글 컴퓨터 통신을 이용하기 시작하고 있었다.[68]

---

67) '컴퓨터 교신 한글 시대 신호탄', '제4통신 길 열었다', 1989년 7월27일자 일간스포츠.
68) 이기성, <전자출판>, 영진출판사, 1988

[표 8] 1980년대 한글 컴퓨터 통신을 사용한 출판사와 인쇄사

(주)장왕사(이대의)	1982년부터	삼민사(한승헌)	1984년-1989년
월간디자인(이영혜)	1986년부터	영진출판사(이문칠)	1987년부터
안그래픽스(안상수)	1987년부터	STI(김명의)	1988년부터

[표 9] 컴퓨터에서 한글을 구현하는 원칙

첫째, 모든 한글이 표현돼야 한다
둘째, 한글의 특성을 살려야 한다
셋째, 통일에 대비하여 국내뿐 아니라 국외에서 사용되는 한글 글자까지도
　　　표현할 수 있어야 한다.

　컴퓨터를 이용하는 한글은, 한글의 특성을 살린 한글이 되어야 한다
컴퓨터를 사용함으로써 한글의 특성이 죽고, 한글이 다 표현이 안 되
면 한글이 아니라, 반쪽 한글인 '반글'을 사용하는 셈이지, 한글을 사용
하는 것이 아니다. 한민족의 문화를 보존하는 그릇인 민족 글자인 한
글을 컴퓨터에서 제대로 구현하여야 정보사회에서 한민족이 타민족에
비해 경쟁력을 갖출 수 있는 것이다. 따라서 현재 사용하는 현대 한글
1만1172자는 물론 옛한글까지 전부 표현할 수 있어야 우리 민족의 잠
재력과 창의력을 보존할 수 있는 바탕이 된다. 컴퓨터에 의해서 딸려
가는 한글이 돼서는 안 되고, 컴퓨터를 도구로 사용하는 한글이 돼야
만 하는 것이다.

　납활자를 사용할 때는 원하는 글자가 없으면, 목각활자를 파서 사용
하거나, 인화지 글자를 사용할 때는 모자라는 글자는 쪽자를 만들어
사용할 수 있다. 그러나 컴퓨터에서 사용하는 디지털 방식의 경우에는
원하는 글자가 컴퓨터 내부에 들어있지 않으면 나무도장을 파거나 쪽
자를 만드는 방식을 사용할 도리가 없다. 그러므로 디지털 방식에서는
자기네 국민이 사용하는 글자는 반드시 전부다 미리 그 글자가 컴퓨터

안에 들어가야 한다. 컴퓨터 안에 들어가는 디지털 방식의 한글은 '한글 코드'에 의해서 그 숫자가 정해지는데 현재 정부에서 사용하는 행정전산망 코드 등 표준 규격(KSC-5601-87)은 현대 한글 1만 1천 172자 중에서 2350자만 사용할 수 있는 규격이어서 문제가 심각하다.

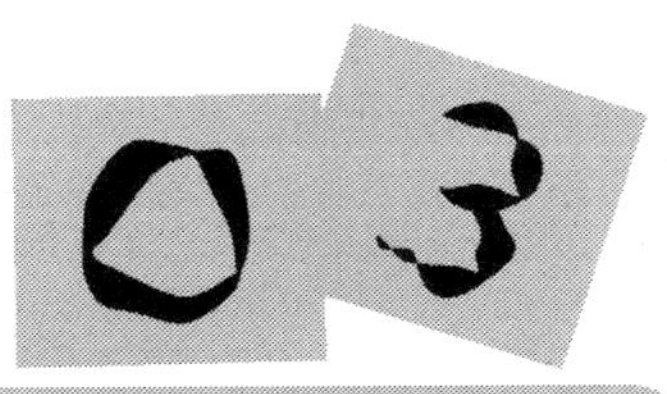

디지털 한글 글자꼴

한글 글자꼴을 디지털로 구현하는 방식에는 비트맵(도트 매트릭스) 방식, 외곽선(윤곽선) 방식, 벡터 방식 등이 있다. 비트맵(bitmap) 방식은 300 DPI 이하의 모니터나 72 hLPI 이하의 프린터에서 주로 사용하는 방식으로 전광판의 전등이 켜진 상태와 꺼진 상태로 글자를 그려내는 것과 같은 이치이다. On / Off에 따라서 1과 0으로 구분하고, 1에 해당되는 자리에 점을 찍어서 점의 연결로 글자의 가로줄기와 세로줄기를 그려서 한 개의 글자를 완성하는 방식이 비트맵 방식이다

외곽선(outline) 방식은 글자꼴의 가로줄기와 세로줄기의 외곽선(테두리 선)을 먼저 그리고 그 안을 채워 넣는 방식이다. 외곽선 방식은 가로줄기와 세로줄기의 테두리 모양의 정보를 수학적인 원곡선, 사선 등으로 분해하여 갖고 있으므로, 실제적으로는 벡터 방식과 같은 원리이다. 벡터(vector) 방식은 가로줄기와 세로줄기의 모양을 선과 운동방향으로 표시하는 방식이다. 예를 들어 가로선과 세로선은 직선으로 운동거리만 지정하면 되나, 시옷(ㅅ)의 왼가로줄기나 오른가로줄기처럼 휜 줄기는 가로방향과 세로방향으로 둘 다 운동량을 지정하여 줄기가 왼쪽이나 오른쪽으로 휘게 하는 것이다. 벡터 방식에는 글자꼴뿐만 아니라 원이나 곡

선 같은 그래픽 요소까지 표현할 수 있는 포스트스크립(postscript) 폰트
가 있다. 한글 글자꼴을 디자인하는 소프트웨어로는 휴먼컴퓨터의 폰트
매니어가 있다. 영문 글자꼴을 디자인하는 소프트웨어로는 알트시스의
폰토그라퍼와 유알더블류의 이카루스가 있다. Fontographer나 Ikarus로
한글 글자꼴을 디자인할 수도 있으나 영문 전용 소프트웨어라 불편한 점
이 있다.

1) 포스트스크립 폰트

1980년 초에 미국 아도비 회사에서 개발한 포스트스크립은 원래 프로
그래밍 언어로 개발되어서 페이지 기술 언어(Page Description Language)
라고 한다. 포스트스크립 언어는 한 페이지의 사진을 찍듯이 모든 요소
를 한 페이지 통째로 분석하여 재생을 해낼 수 있는 언어로 고급 프린터
나 출력기용으로 개발되었다. 한 페이지 내의 모든 요소를 재생해내므로
글자를 재생해낼 수 있는 것은 당연한 일이다 이 글자를 재생해내는 방
식을 포스트스크립 폰트 방식이라 한다. 포스트스크립 폰트 방식은 화면
용 폰트와 프린터용의 두 가지 폰트를 갖고 있어서 단순히 벡터 방식이
라고 말하기에는 모순이 있다.

포스트스크립 폰트 방식은 화면용 폰트는 비트맵 방식의 폰트를 갖
고 있고, 프린터나 출력기용 폰트로는 외곽선 방식의 폰트를 갖고 있
다. 조판 작업을 할 때는 화면용 비트맵 폰트를 사용하고, 출력을 할
때는 포스트스크립 폰트 각 글자의 해당 정보를 RIP에 보내어 RIP 시
스템이 갖고 있는 폰트 박스의 글자의 외곽선 데이터를 출력기에서 인
쇄한다. 만일 출력기에 RIP용 폰트 박스가 없으면 화면용 비트맵 폰트
가 출력되므로 저수준의 글자꼴이 인쇄되게 된다 출력기용 RIP 서체

폰트 가격이 고가이므로 일반인에게 대중화되기에는 문제점이 있다 RIP을 사용하여 고품질의 글자꼴 구현이 가능한 장점이 있으나 화면용 폰트와 출력기용 폰트가 정확히 일치하지 않으므로 정확한 자간과 행간의 일치를 구현하기 힘들어서 완벽한 WYSIWYG이 불가능한 것이 사소한 흠이다.[69)

2) 트루타입 폰트

포스트스크립 폰트보다 약 10년 뒤인 1991년, 매킨토시 컴퓨터를 개발한 미국 애플 회사에서 트루타입(True Type) 폰트를 개발했는데, 이 폰트는 외곽선 방식의 폰트이다. 하나의 폰트 파일에 비트맵 폰트 데이터와 외곽선 폰트 데이터를 둘다 갖고 있으므로, 출력기용 폰트가 별도로 필요치 않는 장점과 포스트스크립 폰트에 비해 가격이 매우 싸다는 장점이 있다. 더욱이, 비트맵 데이타를 외곽선 정보를 사용하여 보정한 글자꼴을 출력하므로, 비트맵 폰트처럼 심한 계단 현상이 발생하지 않고, 화면의 글자꼴과 프린터의 글자꼴이 일치하여 WYSIWYG을 가능하게 해준다. 마이크로소프트의 윈도98이나 윈도NT에서 트루타입 폰트를 사용하므로 일반인에게는 아도비의 포스트스크립보다 더 알려져 있다. 그러나 트루타입 폰트가 고품질의 출력기를 겨냥한 것이 아니고 600DPI 이하의 프린터를 주 목적으로 한 것이므로 고해상도의 출력에는 적당치 않다. 물론 트루타입 폰트를 EPS 형식으로 저장하여 출력할 수도 있지만 용량이 많이 늘어나고 출력 시간도 많이 걸려 고해상도 출력에는 아직도 포스트스크립 방식이 많이 사용된다

---

69) 라스터라이즈(Rasterize)는 문자나 도형 데이터를 점의 집합으로 변환하는 처리를 말한다.

이밖에 2바이트 코드 문자권인 아시아 지역의 글자꼴용으로 아도비에서 개발한 CID 폰트가 있다. CID 폰트는 기존 아도비의 OCF(Original Compsite Font)의 복잡한 구조를 단순화시키고 여러 시스템(IBM, MAC, SUN, UNIX)에 적합하도록 기능을 향상시킨 폰트이다. CID 폰트는 산업 표준타입1 포맷과 같고, ATM 소프트웨어를 사용하므로 거의 모든 그래픽 소프트웨어에서 사용할 수 있으며, 포스트스크립 프린터가 아닌 프린터로도 인쇄가 가능하다.

[참 고] DTP의 표준은 컴퓨터 산업의 표준이 아니다. 그러나 현재 일반인들은 CTS보다 DTP를 더 많이 사용하고 있으므로 DTP의 표준은 출판 산업에 큰 영향력을 발휘한다. 미국에서 현재 DTP text의 표준은 아도비의 포스트스크립 코드이고, 폰트는 아도비의 Type 1 코드이며, 이미지는 EPS 코드이다.

아도비의 폰트 횡포에 대항하여 한국에서 휴먼컴퓨터가 문방사우용 폰트 형식을 개발하고, 미국서는 애플이 트루타입 폰트 형식을 개발하고 마이크로소프트가 애플의 트루타입 폰트를 사용하고 있는 것이다.

[표 10] 디지털 글자꼴의 사용

	출판계/인쇄계	휴먼	한컴	아도비	IBM PC	MAC
폰 트	Type 1 문방사우	문방사우	문방사우	Type 1	TrueType	TrueType
이미지	EPS	EPS	EPS	EPS	WMF	PICT

세종대왕기념사업회가 주관하고 한국전자출판연구회가 개발한 한글 문화바탕체와 한글 문화돋움체, 한글 문화바탕제목체, 한글 문화돋움제목체는 Bitmap 데이터 코드와 아도비의 Adobe Type 1 데이터 코드의 두 가지 형식으로 제공한 바 있다.[70]

---

70) 김명환 기자, '한글표준폰트 개발작업 주도 신구전문대 이기성 교수, 조선

3) 비트맵 폰트

컴퓨터나 전산사식기에서 사용하는 디지털 활자의 출력 원리를 간단하게 알아보자. 영어는 8개 × 8개의 비트(bit)로 표시가 가능하지만 한글은 적어도 좌우 / 상하 16 비트는 되어야 예쁜 글자가 가능하고, 24 비트 이상이 되어야 실용적이다. 원리를 살펴보는 것이므로 8 비트와 16 비트 맵(map)으로 그려본다. 컴퓨터는 0과 1밖에 모르므로 0과 1로 구성된 2진수를 이해해야 한다. 또한 2진수는 너무 복잡하므로 사람이 알아보기 힘들어서 2진수를 16진수로 표시하여 사람이 이해하기 쉽도록 프로그램을 하는 것이 보통이다. 16진수는 0에서 9까지 간 다음에 10(십)이 아니고 A를 사용한다. 10진수의 15에 해당하는 것이 F이고, 10진수의 16이 16진수에서는 10(일공)이 된다.

[표 11] 디지털 코드(2진수)

2진수	16진수	10진수
0000 0000	0	0
0000 0001	1	1
0000 0010	2	2
0000 0011	3	3
0000 0100	4	4
0000 0101	5	5
0000 0110	6	6
0000 0111	7	7
0000 1000	8	8

일보 1993년 1월 14일자

2진수	16진수	10진수
0000 1001	9	9
0000 1010	A	10
0000 1011	B	11
0000 1100	C	12
0000 1101	D	13
0000 1110	E	14
0000 1111	F	15
0001 0000	10	16
0001 0001	11	17

A	0	1	2	3	4	5	6	7	16진수	가	0	1	2	3	4	5	6	7	16진수
0	0	0	0	0	0	0	0	0	00	0	0	0	0	0	0	1	0	0	04
1	0	0	0	1	0	0	0	0	10	1	0	1	1	1	0	1	0	0	74
2	0	0	1	0	1	0	0	0	28	2	0	0	0	1	0	1	0	0	14
3	0	1	0	0	0	1	0	0	44	3	0	0	0	1	0	1	1	1	17
4	0	1	1	1	1	1	0	0	7C	4	0	0	1	0	0	1	0	0	24
5	0	1	0	0	0	1	0	0	44	5	0	1	0	0	0	1	0	0	44
6	0	1	0	0	0	1	0	0	44	6	0	0	0	0	0	1	0	0	04
7	1	0	0	0	0	0	1	0	82	7	0	0	0	0	0	1	0	0	04

[그림 4] 비트맵 글자꼴(왼쪽은 'A' 오른쪽은 '가')

A를 2진수로 보면 0번줄부터 7번줄까지 8줄로 읽을 수 있다.

맨 첫줄(0번줄)은 0000과 0000으로 구성되었으므로, 2진수의 0 여덟 (8) 개는 16진수로 0(2진수의 0 네 개)과 0이다(16진수의 0이 2개).

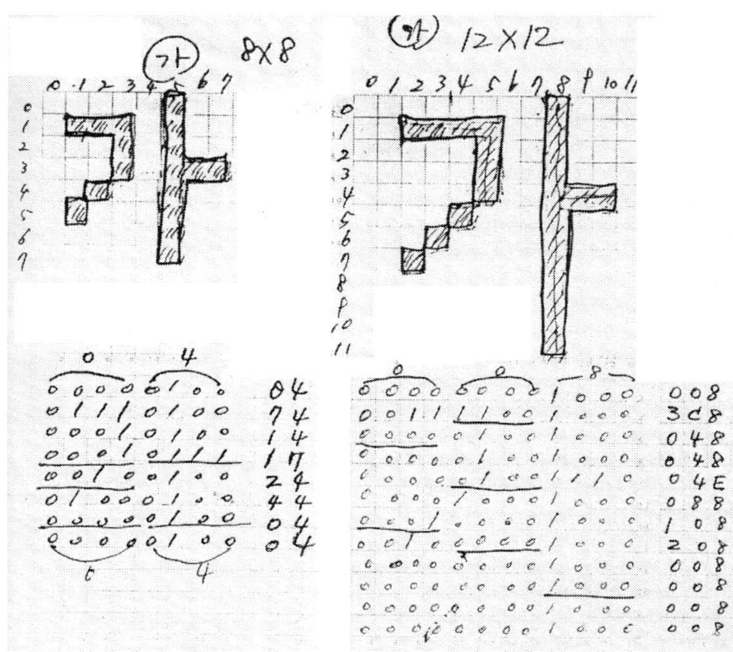

[그림 5] '가'를 8 × 8과 12 × 12 비트맵으로 그린 것과 2진수 표기

2㎜ 방안지(그래프 용지)로 24칸씩 그리면 48㎜ 길이가 되어 48㎜ × 48㎜ 크기의 네모가 생긴다.

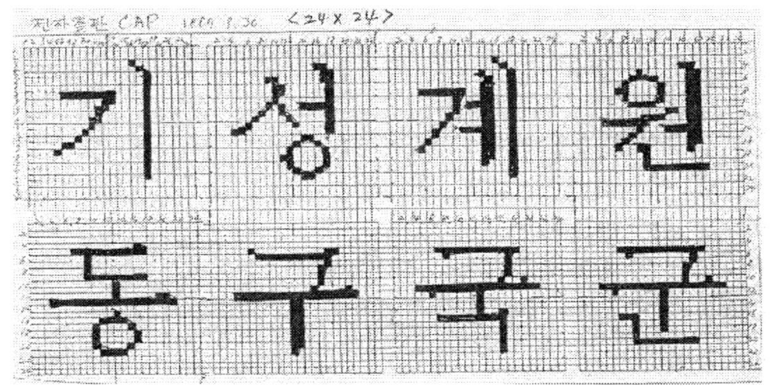

[그림 6] 24 × 24 '기 성 계 원 동 구 국 군' 음절의 비트맵 보기

한글 글자꼴에는 네모틀 안에 들어가는 본문체(바탕체, 명조체), 네모체(돋움체, 고딕체), 제목체, 디자인체, 서예체, 외국어표기체, 쓰기체, 풀어쓰기체와 네모틀에서 밖으로 삐져나오는 탈네모틀체가 있다. 바탕체는 글자의 가로줄기는 약간 가늘고 위에서 아래로 내려 그은 세로줄기는 굵은 것이 보통이다. 이것은 가로쓰기용과 세로쓰기용 한글의 글자꼴에 따라 달라져야 한다. 가로줄기나 세로줄기나 그 끝이 삼각형 모양으로 돌기가 있어서 가장 읽기 좋은 글자꼴로 인정받고 있다. 한글의 본문체는 붓으로 쓴 것 같다고 해서, 붓체라고도 한다.71)

출판계 일부에서는 30여년 전부터 한자의 명조체를 한글 글자꼴의 명칭으로 사용하는 것을 반대하여 '본문체'라는 명칭을 사용하고 있으며, 김성재 역시 <출판의 이론과 실제> 책에서 한글의 명조체 명칭이 잘못되었다고 지적하며 '보통체' 또는 '표준체'라는 명칭을 대안으로

---

71) 1970년대 초부터 삼중당 서건석, 현암사 조근태, 계몽사 김춘식, 장왕사 이기성, 박영사 안종만, 학원사 김영수 사장 등 출판 2세들이 주축이 되어, 한글 글자꼴의 명칭은 물론 인쇄 및 교정 용어에서 일본말 등을 없애고 아름다운 우리말 용어를 사용하자는 운동이 활발히 전개되었다

제시하고 있다.

한자의 글자꼴은 명조체(한자 본문체), 고딕체, 청조체, 예서체, 해서체, 송조체, 행서체, 교과서체(교과서 본문체), 선평체 등이 있다. 영문자의 글자꼴은 Roman, Venetian, Old Style, Transitional Type, Modern, Sans Serif, Egyptian, Script, Black Letter or Text, Twenty Centry Type, Contemporary Type, News Type, Display Type 등이 있다. 고딕체는 영국서는 산세리프(Sans Serif)체라고 하며, 일본이나 미국서는 Gothic, 독일에서는 Grotesk체라고 부른다. 글자의 가로줄기와 세로줄기의 굵기가 거의 같은 것이 고딕체의 특징이다. 영문체는 수천 가지가 있어 분류하기가 쉽지 않으나 세리프가 있는 것과 없는 것으로 구분할 수도 있고, 줄기의 무게에 따라서, 글자폭의 압축 정도에 따라서, 스타일에 따라서 등으로 구분할 수 있다.[72]

글자꼴은 본문체(바탕체), 네모체(돋움체)를 따로따로 개발하는 것보다는 한 페이지에서 같이 나타나는 본문체와 네모체를 한 벌로 동시에 개발하여야 한 페이지의 조화가 이루어진다. 더 나아가서는 우리의 한국글(한글, 옛한글, 이두, 한자, 옛한자)과 영문자, 아라비아 숫자를 조화가 이루어지도록 같이 개발하는 것이 더욱 바람직하다.

왜냐하면 획의 글자인 영문자와 공간의 글자인 한글은 한 줄에서 높이 및 글자 사이의 간격(자간)이 서로 균형을 이루기가 쉽지 않기 때문이다. 글자꼴 모양도 디자인 측면뿐 아니라 글자로서의 기본꼴(원도)이 변하면 안 된다. 이 글자의 기본꼴의 표준을 정하고 이에서 벗어나는 일이 없도록 노력하여야 한다. 10원 짜리 동전이나 만 원짜리 지폐나 조폐공사는 '원'을 잘못 쓰고 있다. 'ㅜ'와 'ㅓ'의 위치가 'ㅝ'와 같지

---

72) Ronnie Shushan & Don Wright, <Desktop Publishing by Design>, Microsoft Press, 1989

않다. 또 통일을 염두에 둔 글자꼴 개발이 필요하다(치읓 모양이 다른 경우가 있다고 한다). TV의 글자꼴은 균형을 잃은 디자인체가 본문체로 쓰이는 경우도 있다. 컴퓨터 그래픽에서도 한글을 사랑하는 마음으로 한글의 아름다운 글자꼴을 적재적소에 사용하여야 할 것이다

[표 12] 한글 글자꼴의 종류

본문체(바탕체, 붓체, 명조체)	네모체(돋움체, 훈민정음체, 고딕체)
제목체(헤드라인체)	디자인체(그래픽체)
서예체	외국어표기체(외래어표기체)
쓰기체(필기체)	탈네모틀체(빨래줄체)
풀어쓰기체(푸러쓰기체)	기 타

글자꼴은 글자꼴 제작 시에 사용된 밑그림(원도)에 그려진 네모 번듯한 모양의 정체와 이를 왼쪽이나 오른쪽으로 기울인 사체(좌사체, 우사체), 좌우를 좁혀서 길다랗게 보이는 장체, 아래위를 좁혀서 납작하게 보이는 평체 등으로 구분하기도 한다

같은 바탕체에서도 자소의 굵기에 따라서 가는 바탕체 보통 바탕체, 굵은 바탕체 등으로 나누기도 한다. 1993년부터 문화체육부(현 문화관광부)에서는 문화바탕체, 문화돋움체, 문화제목체, 문화쓰기체, 등 '표준 컴퓨터 한글체'를 개발해서 무료로 공급하고 있다

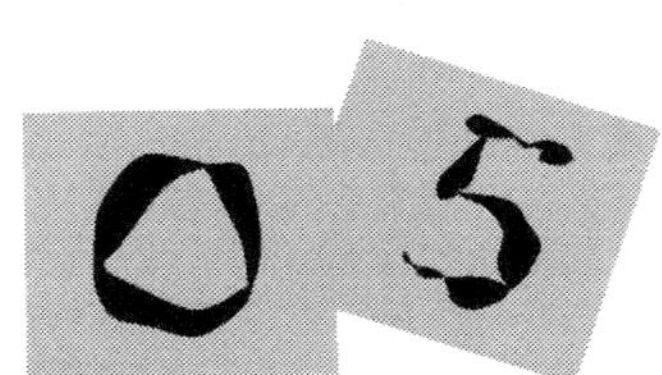

1880년대에는 최지혁, 서상륜, 백홍준 등이 한글 활자용 글꼴 디자이너로 유명했다. 당시의 한글 활자체는 육필체를 글자의 기본으로 한 것이어서 청조체나 사진식자의 태명조체와 비슷했다. 실제 조판시에는 육필체와 비슷한 한글 활자와 명조체 한문 활자와 혼합하여 조판하였으므로, 같은 책 내에서 활자끼리도 조화롭지 못하였고, 가독성도 현재의 서체보다 뒤떨어졌다.

출판용 서체는 본문용 활자 크기에서 가독성이 좋고 아름다워야 하며, 다른 글자와 조화를 이루어야 한다. 1990년 이후에 문화관광부에서 알파벳의 로만(Roman)체나 한자의 명조체에 필적하는 한글 본문체(문화바탕체)를 개발하기 이전까지는 5호 이하의 아름답고 가독성 좋은 한글 활자의 밑그림을 구하기가 힘들었다73)

1928년 동아일보사에서 한글 활자의 원도를 완성하여 일본에서 자모를 만들어온 일이 있으나, 자획이 불규칙하고 자체가 청조체여서 보기에 아름답지 못하고 가독성이 좋지 못하여 사용하지 못하고 현상 공모

---

73) '표준 컴퓨터 한글체 완성', '한글 표준 폰트 개발작업 주도 이기성, '문화부, 폰트-자소 프로그램 개발발표', 1993년 1월 14일자 조선일보

를 했다. '적은 면적에서 크게 보이게 될 수 있는 대로 명조체로 하는 것이 좋을 듯하다'는 동아일보의 자체 공모 규정에 합당한 이원모(李源模)의 글씨본이 채택되고, 이를 일본에 보내어 목각을 만들고 자모를 만들어 1932년에 동아일보사 명조체 한글 활자가 완성되었다 동아일보사는 모처럼 만드는 활자를 정교하고 신속하게 주조하기 위하여 자동 주조기인 톰슨활자주조기를 도입했다

동아일보사 명조체 한글 활자는 일제 말 동아일보 폐간 조선어 사용 금지, 조선어 서적 발행 금지 등 조선언문 말살 정책에 따라 한 때 명맥이 끊겼다. 그러다가, 1945년 광복 후에 일본 동경에서 장봉선씨가 벤톤 자모화시키고, 한글 공판타자용 활자서체로 소생되었다 그후 최정호씨, 최정순씨에 의해 한글 글꼴은 더욱 다듬어졌다74)

1953년에 국정교과서 인쇄회사에서 사진 식자기와 벤톤 조각기가 도입된 후로 최정호씨에 의해서 박경서씨의 서체로 디자인되고 장봉선씨가 제작한 한글 글자꼴 원도는 아직까지도 유명하다 1960년대에는 검인정 교과서체의 이대의, 지리부도 글자체의 김영작, 단행본 글자체의 최정호, 신문체의 최정순 등, 1970년대에는 김화복, 곽훤순, 등사기용 네모꼴 한글체의 원성훈 등이 한글 글꼴을 발전시켰다 1980년대 이후에는 홍우동, 김진평, 안상수, 석금호, 한재준, 홍동원, 윤영기 등이 한글 글꼴을 아름답게 지켜가고 있다.

유럽과 한국은 글자를 쓰는 도구가 달랐다 깃털 펜과 붓은 힘주는 곳과 방향이 다를 수밖에 없다. 힘주는 곳에 돌기가 생긴 것이다. 활자의 시작은 사람의 손으로 쓰는 육필체를 흉내낸 것이서 손으로 쓰는 도구에 따라서 활자의 기본 모양이 달라진다 자음과 모음 등 자소(알

---

74) '문자조판의 변천사(6)', <월간 사식회보>, 제75호, 한국사진식자협회 1989.4.15

파벳)의 모양 역시 활자의 기본 모양에 영향을 준다

　동글동글한 로만 알파벳에다 손 멋을 많이 부린 필사본 글자를 기본으로 한 유럽의 활자는 가독성이 좋지 않았다 이를 보다 못한 얀 치홀트(Jan Tschihold)는 타이포(활자)는 의사 전달이 최우선이므로 돌기(장식)가 없는 활자꼴을 좋은 활자라고 주장했다. 독일에서 태어났으나 나치의 압박으로 스위스로 망명한 치홀트는 '신타이포그래피' 책에서 돌기가 없는 산세리프체가 타이포의 기본이라고 역설했다 한글과 로만 알파벳은 그 자소의 모양과 한 글자(음절) 모양이 다르므로 치홀트의 주장이 한글 활자에는 적합하지 않는 것도 있다. 그러나 활자의 최우선 목적이 '정확하고 빠르게 독자에게 본문의 내용을 전달하는 데 있다'는 주장은 한글이나 로만 알파벳이나 공통적으로 옳은 말이다

　글자꼴을 제작하는 원도는 원칙적으로 금속 활자용이나 사진 활자용이나 그 기본은 같다. 즉 3-4mm 정도 크기의 본문용 활자를 제작하는데 그 원도는 15배에서 20배 정도로 크게 확대한 5-6cm 정도 크기로 그린다. 물론 납활자를 찍어내는 놋쇠 자모나 인화지에 글자를 인화하는 글자 음판 필름의 크기는 5호, 9포 등 본문용 활자 크기와 같도록 축소되어 판매된다.

　납활자 시대보다 디지털 활자 시대의 한글 글자꼴이 '예쁘지 못하고 천하다'라는 말을 자주 듣는다. 실제로 개인용컴퓨터에서 모니터 화면이나 프린터로 한글을 인쇄하여 보면 글자꼴이 미려하지 못한 경우가 많다. 컴퓨터를 사용할 때도 '한글 글자꼴이 예쁘고, 품위가 있어야 한다.' 또, '옛한글을 포함, 한글이 전부 출력되어야 한다'는 원칙이 둘 다 지켜져야 한다. 그런데 컴퓨터니까 글자꼴이 대강대강 만들어져도 좋고, 화면에서 무슨 글자인지 알아보기만 하면 된다는 식의 생각은 한국 문화를 담는 그릇인 한글 글자꼴에 대한 모욕이며 한글의 조형

미와 과학적임을 무시하는 것이다. 종이책용이나 화면책용이나 디스크 책용이나 따질 것 없이, 한글 타이포그래피 디자인이나 한글 폰토그래피 디자인에 종사하는 디자이너들은 한글에 대한 공부가 한글 디자인의 기본 요소라는 것을 알고서 디자인에 임해야 할 것이다.

경제적인 면에서 보면 한글 글자꼴의 출력은 한글의 특성인 초성 중성/종성의 조합을 이용하여 몇 개의 음소만 그려서 글자를 조합시키는 방법이 바람직하다. 실제로 모니터 화면의 한글은 200자소 정도, 24핀 프린터는 약 600개 정도의 자소로 아름다운 한글을 그려낼 수 있으며, 903개의 자소로는 거의 완벽한 한글 음절 구현이 가능하다.[75]

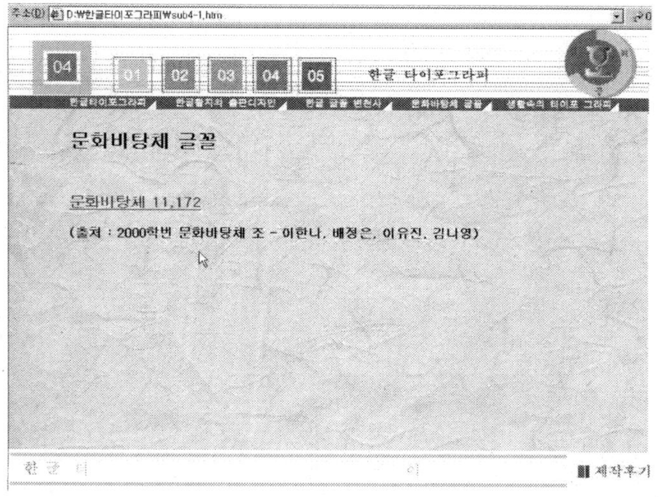

[그림 7] 계원대 졸업작품인 '한글타이포그래피' 중 문화바탕체 메뉴

---

75) 이기성, '전자출판을 위한 한글 글자꼴 개발에 관한 연구', <'95 출판학 연구> PP.222-225, 범우사, 1995

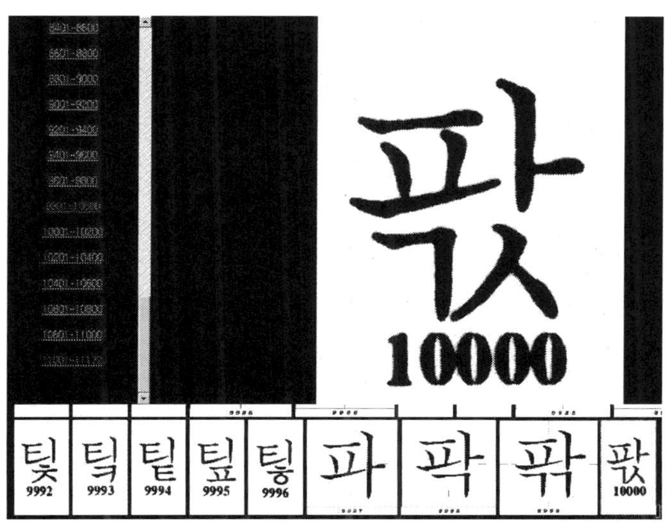

[그림 8] 1만 1172 음절 중 1만 번째 음절인 '팠'

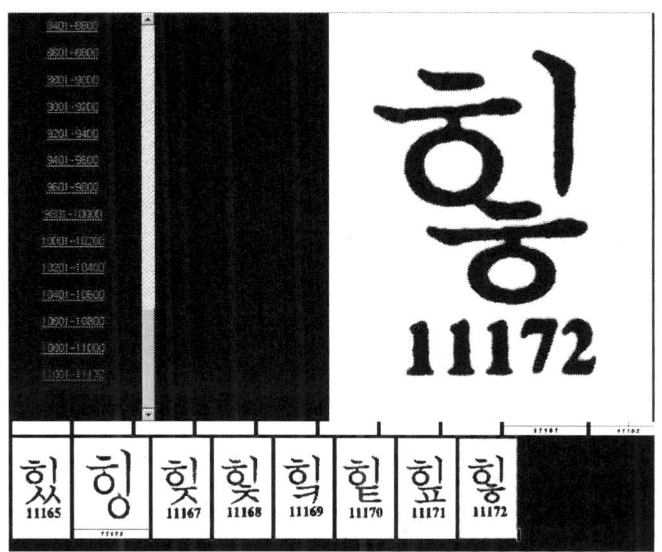

[그림 9] 한글 음절 1만 1172개 중 마지막 1만
1172번째 음절인 '힣'[76]

한글 코드 문제(입력 코드, 처리 코드, 출력 코드)와 글자꼴 문제(출력 코드)는 별개 문제인데, 혼동하기 쉽다. 처리 코드는 조합형이라도, 글자꼴 코드는 완성형을 사용할 수 있다 내부 처리 코드가 완성형이나 조합형이나 글자꼴 코드는 완성형 조합형, 절충형을 전부다 사용할 수 있는 것이다.

활자의 글자꼴 연구(fontography)는 미술가 특히 디자인 전공이 전문이라고 생각하기 쉬우나, 글자꼴을 연구하는 곳은 글자꼴의 기본 원도를 그리는 시각디자인(특히 lettering과 typography)학, 어떤 글자꼴을 어떻게 사용하여 책이나 잡지를 만드는가를 연구하는 출판학, 선택된 글자꼴을 어떻게 컴퓨터가 알아듣는 기호로 입력시키느냐를 연구하는 전산학의 3가지 학문이 합쳐야 제대로 컴퓨터에서 글자꼴을 구현할 수 있는 것이다.77)

우리가 사용하는 한글 글자꼴은 본문체, 네모체, 제목체, 디자인체, 서예체, 외국어표기체, 쓰기체, 탈네모틀체, 풀어쓰기체, 기타로 분류할 수 있는데, 디자인 쪽에서는 제목체와 디자인체 탈네모틀체 글자꼴을 주로 연구하고, 인쇄와 출판, 문헌정보 쪽에서는 본문체, 네모체, 외국어표기체를 중요시하고, 서예 쪽에서는 서예체, 쓰기체를 중시하는 등 서로의 관심 분야가 다른 것이다. 이 전체를 통괄하는 것이 출판학이므로, 출판학의 발전이야말로 한글의 기계화 신문과 출판업무 전산화

---

76) 계원대 '전설희 / 이정주 / 김정윤' 학생의 졸업작품인데, 한글 1만 1172자 표현 부분은 '이한나 / 배정은 / 이유진 / 김나영'의 졸업작품에서 인용하였음.

77) 폰토그래피에 대하여는 다음 2개 논문에 타이포그래피와의 관계 등 자세히 논술한 바 있다. 이기성, '출판 디자인용 한글 본문체의 폰토그래피에 관한 연구', <출판문화연구소 논문잡> 제1집, PP.257-292, 혜전대학 출판연구소, 1999
이기성, '출판 디자인의 정의와 한글 본문체 폰트에 관한 연구', <언론정보 논총> 제2집, PP.213-264, 동국대학교 언론정보대학원, 1999

의 기본이 된다고 할 수 있다.

사진식자 조판용 활자의 원도, 벤톤 조각에 의한 자모나 수동사식 조판용 활자의 원도, 글자 Negative film은 아날로그 활자를 만들기 위한 준비물이다. 전산 사진식자 조판용 활자의 원도는 아날로그 형태일 수도 있고, 디지털 형태일 수도 있다. 오토캐드로 윤곽선을 그리고 종이에 인쇄해서 까만색으로 채우거나 붓으로 원도를 그리면 아날로그 형태가 될 것이고, 포토샵, 일러스트레이터, 코렐드로, 폰토그라퍼, 폰트매니어 등으로 작업하면 디지털 형태가 될 것이다

출판이나 인쇄 분야에서는 얼마나 글자꼴 원도를 아름답고 철학이 있게 만드느냐가, 어떤 형태로 만드느냐보다 더 중요한 일이라는 걸 다시 한 번 강조한다.

9단원

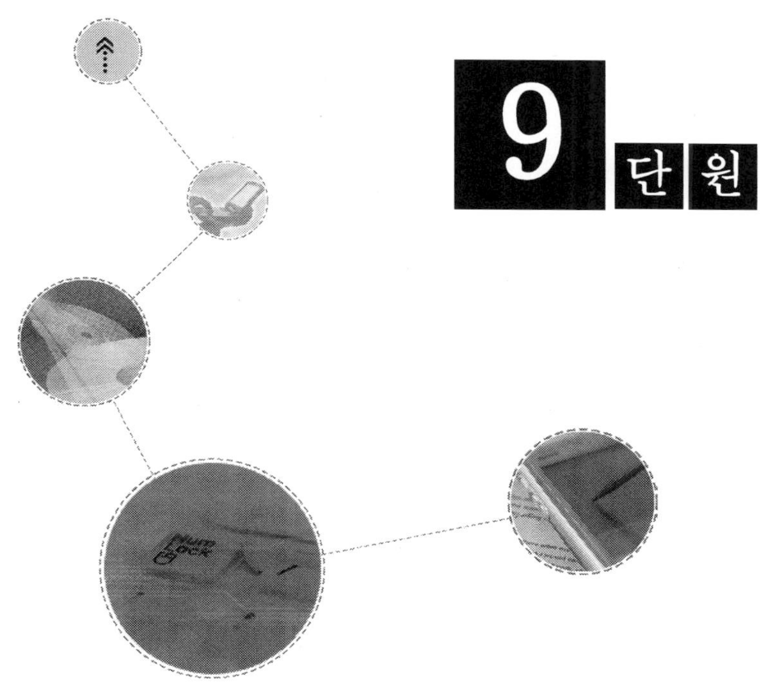

출판 디자인

출판 디자인은 원고별로 문자 원고 디자인, 그림 원고 디자인, 사진 원고 디자인으로 구분할 수 있다. 형태별로는 text design, still image design, sound design(audio design), moving image(video) design, multi media design 등으로 구분할 수도 있다. 일반적으로 출판 디자인의 정의는 다음과 같이 3가지로 말을 한다. ① 출판 디자인은 출판 기획 내용을 시각화시키는 것이다. ② 혹은 편집 이념을 시각화시키는 것이다. ③ 출판 디자인은 책(출판물)의 상품성을 높이는 것이다. 그러나 정답은 ④번이다.

④번 출판 디자인(Publishing Design, Publication Design)은 출판 전 과정을 기획(디자인)하는 것이다(Publishing design is the total publication plan itself). 다시 말하면, 출판 디자인은 기획 과정, 편집 과정, 제작 과정, 마케팅 과정의 출판(publishing) 전 분야를 디자인하는 총체적인 출판 기획을 말한다.

출판 디자인은 출판물을 창조해내는 출판 전 과정에서 디자인의 기술적 방법을 통하여 상품 가치를 창출해내는 총체적인 출판 기획을 의

미하는 것이다. ④번을 좀더 자세히 설명한다면, 출판 디자인은 편집 방향의 메시지를 디자인의 기술적 방법을 통하여 기획에서부터 편집 제작, 마케팅까지 출판물(publications)의 상품 가치를 창출해내는 총체적인 출판(publishing, publication) 기획을 말한다. 출판물의 한 쪽이나 펼쳐진 양 쪽(양 면)의 조판된 글자와 그림을 예술적으로 배치하는 것만이 디자인이 아니고, 출판 디자인이라고 할 때의 디자인은 기획 설계와 같이 머리 속에서의 디자인을 포함한다.

반면에, 협의로 출판 디자인을 정의하는 경우에는 출판 기획에서 정해진, 발행 예정 출판물을 편집, 제작, 마케팅 과정에서 디자인의 기술적 방법을 통하여 상품 가치를 창출해내는 종합 구성(기획)을 말한다. 협의의 의미로는 출판 과정에서 기획 과정을 제외한 경우이다. 영문으로는 Publishing Design을 출판 전 과정의 디자인으로 보고 Publication Design을 협의의 출판 디자인으로 구분하는 경우도 있으나 일반적으로 Publication Design을 출판 전 과정의 디자인으로 정의한다. 다시 한번, 정확히 구분한다면 출판 디자인은 Publishing Design이고, 출판물 디자인은 Publication Design이 된다.

[표 1] 출판 디자인의 정의78)

출판 디자인	협의의 출판 디자인
Publishing Design	
Publication Design	Publication Design
1. 기획 과정 디자인	(기획 과정 X)
2. 편집 과정 디자인	1. 편집 과정 디자인
3. 제작 과정 디자인	2. 제작 과정 디자인
4. 마케팅 과정 디자인	3. 마케팅 과정 디자인

78) '출판 디자인' 용어의 정의는 필자가 1987년도부터 대한출판문화협회 부설 출판인대학에서 6년간 강의한 내용과 1988년부터 1992년까지 신구전문대학에서 5년간, 1988년부터 2001년까지 14년간 동국대 정보산업대학원과

  Roy Paul Nelson은 'Publication Design' 책에서 출판 디자인을 협의로 해석하여, Publication Design은 활자로 표현된 출판물의 내용을 예술적으로 조화시키는 것이고, 책(교과서와 단행본)은 글자(text)와 그림(illustration)을 매력적이고 읽기 쉽도록 쪽(page)을 만드는 것이라고 했다.79)

[참 고] 유한태(劉漢台)는 Allen Hurlburt의 'Publication Design'책이 단행본, 정기 간행물, 기타 잡지 등을 총괄하는 개념으로서의 출판물에 대한 page layout, typography, 편집 체재 및 기본형 등의 개론적 원리와 기술적인 부문을 총망라하였다고 번역 소감을 말하고 있다.

출판 디자인이 출판의 전 과정을 디자인(기획)하는 것이므로, 출판 디자이너는 우선 출판의 첫번째 목적과 사명이 무엇인지 잊지 말아야 할 것이다. '고유문화를 보호, 육성한다'는 것이 출판의 첫째 사명이므로, 한국 출판인은 한국 문화를 보호하고 미국 출판인은 미국 문화를 보호하여야 한다. 출판인은 그 나라, 그 민족의 고유 문화를 알고 기획, 편집, 제작, 마케팅을 하여야 한다.

문화의 차이는 글자뿐 아니라 그림이나 광고에도 영향을 준다. 살빼는 약 광고를 제작하여 중동에 수출한 제약 회사는 손해를 보았다. '이 약을 먹으면 이렇게 살이 빠집니다'라는 뜻으로 왼쪽에 뚱뚱한 여자 사진을 넣고 오른쪽에 날씬한 여자 사진을 넣은 광고였다. 중동의 고객은 날씬한 여자가 그 약을 먹고 왼쪽 여자처럼 뚱뚱해졌다고 이해했다. 중동은 오른쪽에서 왼쪽으로 읽는 문화인 것을 그 제약 회사는 몰랐던 것이다.

이렇게, 상품과 국민의 기호 성향은 나라마다 문화마다 다를 수 있다.

언론정보대학원에서 강의한 내용을 정리하고 Allen Hurlburt와 Roy Paul Nelson의 Publication Design 책 내용을 참고하여 정의를 내린 것이다.
79) 'how to coordinate art and typography with content', Roy Paul Nelson, Publication Design, WCB McGraw-Hill.

출판도 문화를 취급하는 산업이다. 문화 상품을 취급하는 한, 민족마다 나라마다 문화가 일률적이지 않으므로, 각 나라의, 각 민족의 출판 관련자들은 그 나라의, 그 민족의 고유문화에 걸맞은 출판물을 기획하고 편집하고 디자인하고 제작하여야 할 것이다.

출판물뿐 아니라 인간의 의식주에 해당하는 모든 것은 디자인의 결과물이라 할 수 있다. 즉, 디자인은 바로 문화를 반영하는 것이라 볼 수 있다. 이 문화를 반영하는 디자인 중에서 특히 출판 디자인(Publishing Design, 광의의 Publication Design)과 출판물 디자인(협의의 Publication Design)은 전통을 바탕에 두거나 전통에 따른 주체성(고유 문화)을 갖춘 디자인이어야 할 것이다.[80]

이중한 서울신문 논설위원은 "서점에 가 보면 국내 도서에 있어 미국, 일본 등의 도서와 각별히 별다른 차이를 느낄 수 없는데, 이점이 바로 편집 디자인(Editorial Design)의 문화적 책임이다. 우리만의 냄새를 갖는, 한국 도서의 이미지를 나타낼 수 있는 연구와 작업이 있어야만 한다."고 했다.[81]

1) 과정별 출판 디자인

출판 디자인과 출판 디자이너는 출판 과정별로 네 분야로 구분해 볼 수 있다. 출판 디자인을 단계별(과정별)로 planning design, editorial design, production design, marketing design의 4단계로 구분할 수 있는 것이다.

---

80) '전통이 없는 디자인은 고유한 문화적인 identity를 갖지 못하고, 혁신이 없는 디자인은 시대에 뒤떨어질 수밖에 없다', 한국미술연구소, 디자인? 디자인!, 시공사, 1997
81) 서울신문사가 1998년에 대한매일신문사로 명칭이 변경되었다가 다시 서울신문사로 명칭이 바뀌었다.

첫째, 출판 디자이너 중에서 기획 과정의 디자이너는 출판을 총괄 구성한다고 하여, 프로듀서(PD)로 불리거나, 간행물 디자이너, 총 감독, 출판 아트 디렉터(Publishing art director), 기획 디자이너, 컨셉 디자이너, 또는 데스크 디자이너라고 불린다.82)

둘째, 편집 디자인(editorial design), 즉 편집 과정의 디자인은 본문 디자인(body text design)과 잡물 디자인(book cover design, 표지 디자인)으로 구분된다. 편집 디자인을 하는 사람을 편집 디자이너(eidtorial designer) 또는 편집 아트 디렉터(editorial art director)라고 한다. 북 디자이너는 원래 출판 기획 과정을 포함한 디자이너를 말하는 것이나, 시중에서는 편집 디자이너를 북 디자이너라고 부른다. 폰트를 주로 다루는 본문 디자이너는 그냥, 본문 디자이너(text designer) 또는 폰트 디자이너(font designer)라 한다. 본문 디자이너를 Body Text Designer 라고 하여야 하나, 일반적으로 Text Designer 라고 줄여서 부른다.

1990년 3월 월간 COSMA 주최로 열린 좌담-매스커뮤니케이션의 극대화를 위한 편집 디자인의 위상-에서 정디자인 대표 정병규는 'Editorial Design'이란 용어가 생겨난 미국 쪽의 용어 발생 초기의 개념은 어떠한 목적적 구분없이 포괄적으로 사용해 오다가 Book Design, Magazine Design, Newspaper Design 등을 분류 개념으로 포함한 총칭적 용어로서 이를 모두 통합해 'Publication Design'이라는 용어로 공식화하고 있으나, 우리나라의 경우는 외국과는 달리 '편집 디자인'을 유독 'Editorial Design'이라고 부르고 있다. 그러나 우리의 현실로 볼 때 Editorial Design이라는 용어를 Publication Design이라고 바로 바꾸어 부르기엔 현실적으로 어려움이 있다'고 주장했다.

---

82) 기획 과정의 디자이너는 Publication Art Director 라고 부르기 보다는 Publishing Art Director 라고 부르는 것이 원칙이다.

안그라픽스 대표 안상수는 'Editorial Design'을 '편집 디자인'으로 Magazine Design은 잡지 디자인, Newspaper Design은 신문 디자인, Book Design은 서적류 혹은 단행본 디자인으로 정리해 부르자고 했다.

COSMA 편집장 손의식은 '편집자와 편집 디자이너의 관계가 소위 직책상 편집자가 편집 디자이너보다 더 상위 개념으로 보인다고 했다. 즉, 편집상의 어느 한 사진을 크게 살리거나 줄이는 일은 분명히 편집 디자이너의 일이지만 그 사진을 싣고 안 싣고의 게재 여부를 결정하는 것은 편집자의 권한이다.

서울신문사 논설위원 이중한은 '아트 디렉터나 편집자, 두 직책 간의 역할 분담에 대해서 신문, 잡지, 책이 각기 그 제작 과정이 서로 다르므로 그 역할도 다르다'고 했다. 미국이나 유럽은 신문은 그날의 톱 기사를 결정하는 것은 편집자의 권한이며 그 나머지의 일은 거의 아트 디렉터의 선에서 해결된다. 서울신문의 경우 톱기사는 대부분 편집국장과 부장이 결정하고 경우에 따라서는 사이드 톱까지를 국장과 부장선에서 결정한 뒤, 나머지 기사는 편집부에 넘겨져 각 기사에 어느 정도의 지면을 할애할 것인가에 대한 결정 재량은 편집 디자이너에게 맡겨진다.

외국의 잡지 편집에 있어서는 편집 디자이너는 편집자에 구속적 입장을 취하는 편이 좋으며, 두 직책을 맡은 사람이 동일인일 경우 가장 좋은 결과를 나타낸다는 논리이다. 잡지에 있어 편집자에 대한 아트 디렉터의 입장은 매우 불편한 관계에 있을 수 있다. 그러나 우리나라의 경우는 이와 반대로 아트 디렉터가 매우 강력한 힘을 갖고 있는 것으로 알고 있다. 이런 상황이 좋고 나쁨을 따지기에 앞서 우선 지적할 사항은 아트 디렉터의 작업이 지나치게 중시되면서 정보 전달 측면에서의 매체 본래 기능이 점차 약해지고 있다. 잡지 편집에 있어, 편집자의 권한이 다시금 회복되어야 한다는 것이 현실적인 문제이다.

이미지를 주로 다루는 이미지 디자이너는 드로잉 디자이너와 칼라 디자이너로 구분하기도 한다. 본문 디자이너를 한 페이지씩 디자인한다고 하여 페이지 디자이너라고도 하며, 일명 그리드 디자이너(grid designer) 또는 레이아웃 디자이너라고도 한다. 잡물 디자이너는 표지 디자이너, 면지 디자이너, 속지(속표지, 도비라) 디자이너, 속그림(구찌회) 디자이너 등 세분하여 부르기도 한다.

셋째, 제작 과정 디자인은 프리프레스 디자인과 프레스 디자인으로 구분된다. 프리프레스 디자인은 다시 조판 디자인과 제판 디자인으로 나눌 수 있다. 조판 디자인에서는 조판(typeset), 인텔 디자인, 괘 디자인, 약물 디자인, 폰트 제작, 볼록판(돗판) 디자인, 동판 디자인 등을 취급한다. 제판 디자인에서는 이미지 수정, 히스토그램, 스캐닝, 하프톤, 색분해, 리터치, 따붙이기(고바리), 터잡기(하리꼬미) 등을 취급한다. 원래의 프리프레스 작업은 카메라 레디 이후부터 인쇄 직전까지의 과정이었는데, 개인용 컴퓨터의 발전으로 CTS 와 DTP의 경계가 애매해진 현재는 출판용 원고의 입력 과정부터 본 인쇄 직전까지의 전 공정을 프리프레스에 포함시키고 있다.
프레스 디자인은 인쇄 과정의 디자인인데 잉크 디자인(색, 농도), 소부 디자인(Zinc, Al, PS, ……), 인쇄압 디자인(오시) 과정이 이에 속한다. 인쇄 후의 작업인 제책(장정) 디자인 과정 중에서 접지 부분과 재단 부분은 프레스 디자인에 속하고, 호부장, 양장 등 제책 공정은 편집 과정 디자인에 속한다.

넷째, 마케팅 디자인은 홍보물 디자인 또는 광고 디자인이라고도 하며, 홍보, 퍼블리시티 디자인, 광고 등 마케팅 Mix의 4P 분야 디자인을 말한다.

2) 매체별, 분야별 출판 디자인

출판 디자인은 최종 출력 매체에 따라서 구분하기도 한다. 매체별(media) 출판 디자인은 첫째 종이 매체 디자인, 둘째, 디스크 매체 디자인, 셋째, 스크린 매체(통신망) 디자인의 셋으로 구분이 가능하다. 스크린 매체의 디자인을 언라인 디자인이라고 부르기도 하나, 이것은 정확한 표현이 될 수 없다. 언라인 방식의 스크린 매체 디자인으로 부르거나, 언라인 통신 방식의 스크린 매체 디자인으로 불러야 옳다.

출판 디자인을 출판물의 분야별(field)로 3가지나 4가지로 나눌 수 있다. 첫째가 교과서 (text book) 디자인, 둘째 단행본(book) 디자인, 셋째, 잡지(magazine) 디자인, 넷째 신문(newspaper) 디자인이다. 신문 디자인을 잡지 디자인의 범주에 넣어 3가지로 구분할 수도 있다.

3) 편집 디자인과 그래픽 디자인

일반인이 혼동하는 용어 중에 출판 디자인의 일부인 편집 디자인과 비슷한 뜻으로 사용하는 그래픽 디자인이 있다. 그래픽 디자인은 시각 디자인의 일종으로 출판 디자인보다는 적은 범주를 취급한다고 볼 수 있다. 협의의 출판 디자인의 하위의 개념으로 홍보물 디자인에 속하는 것이 출판 분야에서 바라보는 그래픽 디자인에 대한 시각이다. 편집 디자인과 그래픽 디자인의 가장 큰 다른 점은 편집 디자인이 본문(body text)의 글자를 위주로 한다는 것에 비해 그래픽 디자인은 글자보다는 그림을 위주로 생각한다는 것이다. 또, 교과서, 단행본, 잡지 등 이미 정해진 형식(style, format, grid)에 의거하여 디자인하는 것이 편집 디자인이라면, 아동용 그림책(그림 단행본)이 아니라 그림을 엽서처럼

각 장으로 만들어 앨범같이 제책한 그림모음(그림집)을 디자인하는 것
이 그래픽 디자인이라 할 수 있다.83)

[표 2] 편집 디자인과 그래픽 디자인

편집 디자인	그래픽 디자인
글자 우선(위주)	그림 우선(위주)
지정된 크기	크기 자유
본문 49페이지 이상	본문 48페이지 이내
본문과 잡물의 지질 / 색도 다름	본문과 잡물 구분 없음
사진, 그림 처리 별도	사진, 그림 처리 함께
대량 인쇄물	소량 인쇄물(책에 비해)
책(교과서, 단행본, 잡지)	팜프렛, 카타로그, 포스터
책임자: 편집장(데스크)	책임자: 담당 디자이너
(지적 디자인+미적 디자인)	(미적 디자인)

서울신문사의 이중한은 '편집 디자인에 종사하는 디자이너들이 대부
분 그래픽에 관한 교육만을 받았기 때문에 각 매체의 특징과 독창성을
인식하는 시각이 부족하다는 점이 가장 큰 문제'라고 했다. 신문의 지면
구성상 1면 톱 기사나 지면 배정은 매체 발행사 측의 의사가 그대로 반
영되는 것이며, 뉴스의 중요도에 있어서도 그 비중이 가장 큰 것임을
쉽게 알 수 있다. 같은 헤드라인이라 하더라도 활자의 포인트 지정으로
중요도를 인식시키는 것이다. 이는 편집자의 선택 여하에 달린 것이면
서, 독자와의 커뮤니케이션에 매우 중요한 역할을 하는 핵심이다.

그러나 최근 발행되는 잡지를 보면 그러한 기본적인 틀까지도 그래픽
디자이너들의 작업에 의해 무시되고 있는 것 같다. 제목과 본문의 형식
에 차이가 없고, 각 기사마다의 독자성이 상실되어 그 기사가 논문인지

---

83) 여기서 비교하는 그래픽 디자인은 좁은 의미의 그래픽을 뜻한다. 넓은 의
미의 그래픽 디자인에는 출판 디자인이 포함될 수도 있다.

혹은 에세이인지, 취재 기사인지의 전달이 불분명하다 과연 커뮤니케이션 역할자로서의 편집 디자인이 제대로 이루어져 가고 있는 것인지 의심스러울 정도이다. 제목 역시도 신문적인 것과 잡지적인 것이 서로 다름에도 불구하고, 잡지의 특성보다는 신문적이고 또는 광고 문안적인 감각까지 포함된 것이 대부분이어서 제목만으로는 기사 내용의 전달이 매우 어려운 실정이다. 또한 그 책의 내용이나 메시지 전달은 단순히 제목만으로 이루어지는 것이 아니라, 그 필자가 누구냐에 따라서도 매우 다르게 인식될 수 있다. 예를 들어, 대통령과 시인이 똑같은 주제로 시를 썼더라도 그 느낌은 확연히 다를 것이다. 그러나 최근의 경향은 지면의 크기에 상관없이 이름이 너무 무시되고 있다 청탁 원고를 게재하면서 필자명을 글의 맨 끝에 붙이는 것과 같은 행위는 독자와 필자를 모두 무시한 행동이다 그러나 놀랍게도 이런 잘못된 형식이 거의 비슷하게 통일적으로 나타나고 있다 이는 기본적인 잡지 형식의 메시지 전달 방법에 대한 훈련을 받지 못한 많은 상업 디자이너의 실책이라고 본다.84)

---

84) 매스커뮤니케이션의 극대화를 위한 편집 디자인의 위상 1990년 3월 15일 오후 5시, 월간 COSMA 소회의실, COSMA, 1990.4.

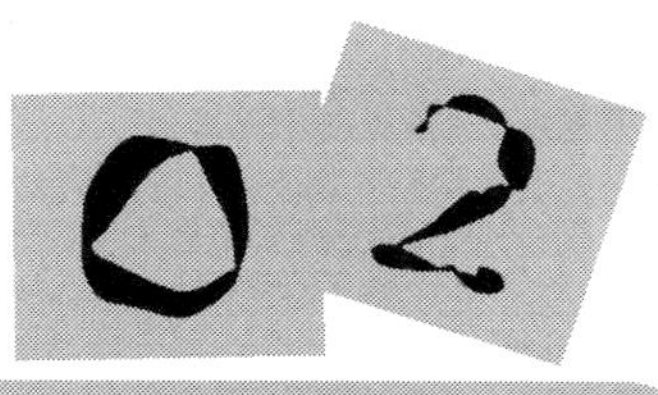

지적 디자인

출판계에서는 편집자가 종래부터 지적 디자이너와 미적 디자이너의 역할을 담당해 왔다. 출판사에서 편집자의 역할이 첫째 필자(취재, 원고 작성)의 역할, 둘째 독자의 역할, 셋째로 디자이너의 역할이다. 아트 디렉터나 시니어 디자이너의 역할을 수백 년간 편집자가 맡아서 해 왔다.

편집자(editor)
1. 필자(author / writer)
2. 독자(reader)
3. 지적 및 미적 designer＝
　　　지적 designer(내용, contents 디자인)
　＋미적 designer(형태 디자인, lay-out)
[그림 1] 편집자의 역할

출판할 책의 개략 기획서(구상도 포함) 및 상세 기획서를 작성한 뒤에 편집으로 넘긴다. 기획서에는 기획 의도, 예산, 일정, 담당자와 담당 업무, 세부 독자, 기획 담당자의 의견(코멘트)이 들어 있어야 한다. 편

집으로 넘어오면 지적 디자인팀과 미적 디자인팀에서는 다음과 같은
업무에 들어간다.

지적 디자인팀
1. 자료 수집 및 정리
1. text 및 호글 file 작성 및 수집
2. image file 작성 및 수집
3. 동영상(video) file 작성 및 수집
4. sound, audio file 작성 및 수집
5. 저자, 출처, 소유권 확인 및 표기
6. 사례 분석(인터뷰 등)
 * 본문 원고 작성이 끝나면
    콘티(대본, 스토리) 작가에게 대본(story 책)
    작성을 의뢰하거나
 * 시나리오 작가가 직접 대본을 작성한다
[그림 2] 지적 디자인팀의 업무

미적 디자인팀의 주 역할은 우선 모형을 작성하는 것이다. 아파트를
분양하기 전에 모델하우스를 먼저 지어 구매자에게 보여주듯이 출판사
담당자들에게 먼저 전자책의 모형을 제작하여 보여줌으로 기획부·편집
부, 제작부, 마케팅부 상호간의 이해를 도모하고 업무 협조를 용이하게
받을 수 있다.

미적 디자인팀

1. 모형(prototype) 작성

1. main menu bar 와 sub menu bar 모양 및 위치 지정

2. 통합 아이콘의 모양 및 위치

3. 주된 색(fore ground 및 back ground 색)

4. 주된 음악

5. 대문, 질러가기, 기획 의도, 편집후기 등 배치

* 개략 순서도와 개략 스토리보드에서

상세 순서도와 상세 스토리보드로 재작성

[그림 3] 미적 디자인팀의 업무

한글을 디자인할 경우에도 지적 디자인과 미적 디자인으로 구분할 수 있다. 한글의 지적 디자인은 한글의 자소와 음절의 구성 원리가 그 중심이며, 한글의 미적 디자인은 지적 디자인에서 규정된 자소와 음절을 아름답게 배치하고 조화시키는 것이 중요한 역할이다.

글자꼴 개발은 한 자씩 따로따로 개발하는 것이 아니고, 글자 한 벌(a set of letters) 단위로 개발을 하는 것이다. 영문자와 달리, 한글은 음절 한 개로서의 글자와 여러 글자가 모여 있을 때와는 미적인 관점과 가독성 관점에서 많은 차이가 있을 수 있으며, 또한 글자는 연상하는 모양은 같아도 그 모습을 종이에 옮겨 쓸 때는 조금씩 다른 모양으로 나타나는 특성, 이들 낱자가 모여서 하나의 음절을 나타낼 경우에는, 조합 알고리즘에 따라서 조판 완료된 뒤의 시각적인 효과는 매우 큰 차가 나게 된다.

더군다나, 문화를 담는 그릇으로서의 책의 의미가 이제까지처럼 종이 매체만을 나타내던 것에서 디스크책(disk book)과 화면책(screen book)으로의 전자출판 시대가 이루어짐에 따라 글자꼴의 표준을 확립해 두는 것이 더욱 시급해졌다. 이때 기준을 확립시키는 데는 우리 고

유의 글자꼴을 고수하고, 통일을 염두에 두어 우리의 모든 글을 살릴 수 있는 방향으로 나아가야 할 것이다.

기본 한글 글자꼴에 대한 연구는 컴퓨터를 활용한 정보화 사회를 살아가는 문화의 기초가 되는 작업으로서, 한글 문화의 발전을 가져올 수 있는 초석이 되는 중요한 일이다.

1) 글자꼴

한글 글자꼴은 본문체(바탕체 / 명조체), 돋움체(네모체 / 고딕체), 제목체, 디자인체(그래픽체), 서예체, 쓰기체(필기체), 외래어(외국어)표기체, 탈네모틀체, 풀어쓰기체의 9종류로 구분하거나, 모든 음절이 같은 크기의 네모상자 안에 들어가는 형태의 네모틀체와 음절에 따라서는 네모상자를 벗어날 수도 있는 탈네모틀체의 2종류로 대별하기도 한다.

여기서에서는 한글 본문체 중에서 가로쓰기용 본문체를 기준으로 삼는다. 글자를 연상하는 모양인 '머리속 글자(Inner-letter)'는 사람마다 공통이지만, 종이나 모니터 화면에 보이는 글자인 '외부용 글자(Outer-letter)'는 각자 다를 수 있기 때문에 글자꼴 본그림의 제작 원칙이 있어야 하므로, 본문체 글자꼴은 문화체육부에서 표준화시킨 원칙에 따른다.

현대 한글에서, 한글의 음절(낱내)을 구성하는 낱자는 자음과 모음의 24개가 초성 / 중성 / 받침에 위치하면서 11,172개의 음절을 만들어낸다. 그러나 이것은 어디까지나 '머리속 글자'인 경우이고, 실제로 종이나 화면에 나타내는 '외부용 글자'의 음절 11,172개는 24개의 자음과 모음이 아니고 수많은 자소(낱자)의 조합으로 이루어지는 것이다(특히, 네모틀체인 경우). 본 연구에서는 현대 한글 음절 11,172개를 모두 표현하는데, 어떤 방식으로 컴퓨터에서 구현하는 것이 가장 가독성 및 변별성이 있으며 경제적인가를 찾아내서, 제시하려고 한다.

먼저, 현대 한글 음절 모양을 분석하고, 현대 한글 음절이 몇자나 되는지 알아보고 나서, 현대 한글 글자를 제작하는 기준에 대하여 검토를 한다. 이 결과를 갖고, 한글 교과서에서 필수적으로 사용되는 음절과 모든 현대 한글 음절을 컴퓨터에서 구현하는 기본 한글 글자꼴 출력 알고리즘을 추출해내도록 한다.85)

(1) 한글 음절

우리의 한글이란 무엇을 말하는가? 순수한 한글 이외에 한자, 옛한글도 우리글인 것이다. 즉, 우리가 보통 때 무심코 말하는 한글은 한국글을 의미하는 것이다. 표준말 이외에 방언도 우리말인 것이고, 방언 연구야말로 우리말의 근원과 변천을 연구하는데 좋은 자료가 되는 것이므로, 방언 역시 한자도 빠짐없이 한글로 표현될 수 있어야 하는 것이다.

[표 3] 한국글의 종류

한국글 ├─ 한글, 옛한글
├─ 한자, 옛한자
├─ 이 두

---

85) 필자는 한글 교과서에서 필수적으로 사용되는 음절이 무엇인지를 살펴보기 위하여, 1992년도 문화체육부 용역논문인 '한글 주요서체 폰트 및 자소조합 프로그램에 관한 연구'에서 국민학교(초등학교) 국어교과서를 분석한 바 있다. 이에 따르면, 국어교과서는 398개-1043개의 음절만으로 구성되어 있음을 알 수 있다.

(2) 한 글

현재 쓰이는 24개 자모로서 조합 가능한 음절은 모두 11,172개이다. 초성과 중성과 종성으로 구성되는 음절은 10,733개(19 × 21 × 27)이고, 초성과 중성만으로 구성되는 음절은 399개(19 × 21)이므로 10,733개와 399개를 합한 숫자가 조합 가능한 총 음절수가 된다.

[표 4] 한글과 한국글

현대 한글	24자소(1만 1172)
옛한글	65자소(약 8만)
한 자	약 1만 5천
옛한자	약 1만
이 두	?

훈민정음에서 정의하는 표기에 대하여 알아보자. 훈민정음에서 제정한 자소는 28개라고 알기 쉽지만, 사실은 고유어 표기, 외래어 표기, 외국어 표기의 3가지를 다 제정한 것이다. 첫째, 고유어 표기는 우리가 아는 대로 28개의 자소이고 둘째, 외래어 표기는 동국정운 한자음 표기를 위한 것으로 쌍히읗, 미음아래 이응, 쌍비읍 아래 이응, 피읖 아래 이응 등이고 셋째, 외국어 표기용은 치두음과 정치음을 구별하였다. 지읒의 오른쪽삐침을 왼쪽삐침보다 길게 한 것은 치두음이고, 지읒의 왼쪽삐침이 오른쪽삐침보다 긴 것이 정치음이다.[86]

그러므로 옛한글의 자모는 초성 65개, 중성 36개, 받침 60개여서 이를 조합하면 약 8만개의 음절이 생긴다. 그러나 현재 쓰이지 않는 옛한글 중 일반적으로 현재 많이 발견되는 옛한글은 약 2500자이고, 어쩌다가 발견되는 것까지 포함하면 약 5000자이므로, 5000자만 가지면 일반적인 출판물 인쇄에는 문제가 없다.

---

86) 김충회, 한글코드자문위원회 자료, 1990

 글자의 개수 이외에 글자꼴도 문제가 된다 글자꼴은 본문체, 네모체를 따로따로 개발하는 것보다는 한 페이지에서 같이 나타나는 본문체와 네모체를 한벌로 동시에 개발하여야 한 페이지의 조화가 이루어진다87)
 더 나아가서는 우리의 한국글(한글, 옛한글, 한자, 옛한자)과 영문자, 아라비아 숫자를 조화가 이루어지도록 같이 개발하는 것이 더욱 바람직하다. 왜냐하면 획의 글자인 영문자와 공간의 글자인 한글은 한 줄에서 높이 및 글자 사이의 간격(자간)이 서로 균형을 이루기가 쉽지 않기 때문이다.

[참 고] 글자꼴 모양도 디자인 측면뿐 아니라 글자로서의 기본꼴(원도)이 변하면
      안 된다. 이 글자의 기본꼴의 표준을 정하고 이에서 벗어나는 일이 없도
      록 노력하여야 한다. 종이에 인쇄된 글자뿐 아니라 TV의 글자꼴도 균형
      을 잃은 디자인체가 본문체로 쓰이는 경우도 눈에 띤다

(3) 한 자

 뜻글자는 시대에 따라 필요한 글자가 생겨나므로 그 숫자가 점점 증가한다. 한자는 약 3000개에서 지금은 6만 5000개 정도로 증가되었다. BC 1000년경의 은나라 수도(은허, 현재 하남성 안양현)에서 발견된 '귀갑수골문자'는 대부분이 점을 보는데 사용된 문자이지만 하여간에 약 3000개의 한자를 셀 수 있고, BC 120년경 후한의 '설문해자'는 9353개의 한자, 250년 경 위나라의 '광아'는 1만 8150개의 한자, 777년

---

87) 한자의 글자꼴은 명조체(본문체), 고딕체, 청조체, 예서체, 해서체, 송조체,
   행서체, 교과서체(교과서 본문체), 선평체 등이 있다. 영문자의 글자꼴은
   Venetian, Old Stype, Transitional Type, Modern, Sans Serif, Egyptian, Script,
   Black Letter or Text, Twenty Centry Type, Contemporary Type, News Type,
   Display Type 등이 있다. 고딕체는 영국서는 산세리프(Sans Serif)체라고 하
   며, 일본이나 미국서는 Gothic, 독일에서는 Grotesk체라고 부른다. 글자의 가
   로줄기와 세로줄기의 굵기가 거의 같은 것이 고딕체의 특징이다

경 당나라의 '광운'은 2만 6194자, 1670년 경의 '정자통명'은 3만 3444
자, 청나라의 '강희자전'은 4만 2174자, 우리나라의 '대한한사전(장삼식
저)'에는 4만 1388자의 한자가 발견된다 소리글자인 로마자 한글, 일
본의 가나는 글자수가 제한되어 있지만, 뜻글자인 한자는 자수가 일정
하질 못하고 세월이 지남에 따라 증가할 수밖에 없어서 현재는 약 6만
5천자에 이른다.88)

[표 5] 한자의 수

귀갑문자	은나라	약 3000자
정자통명(1670년)		3만 3444자
강희자전		4만 2174자
대한한사전		4만 1388자
중학한문교과서		900자 ┐
고등한문교과서		900자 ┘ 1800개 한자
현재＝약 6만자－6만 5000자		

2) 한글 음절 글자꼴의 분석

한글 본문체의 글자꼴은 붓으로 그린 형태이다 글자꼴은 어느 나라
글자이거나 간에 그 글자의 특징을 몇 부분으로 나누어 볼 수 있다

한글의 본문체의 기본줄기는 다음과 같이 나눌 수 있다89)

1. 첫돌기(윗돌기)

---

88) 최한영, 사식이론교본, 명지출판사, 1989
   장봉선, 한글풀어쓰기교본, 한풀문화사, 1989
89) 김진평,오일석, '컴퓨터에 의한 한글 자형 설계, 마이크로소프트 1987년 10
   월호

2. 맺음

3. 삐침

4. 이음줄기(이음보)

5. 내리점

6. 세로줄기(기둥)

7. 맺음돌기

8. 가로줄기(보)

9. 꺾임

10. 상투(감투)

11. 오른곁줄기(위오른곁줄기, 오른곁줄기, 아래오른곁줄기)

12. 왼곁줄기

13. 둥근이응

14. 꼭지점

15. 이음돌기

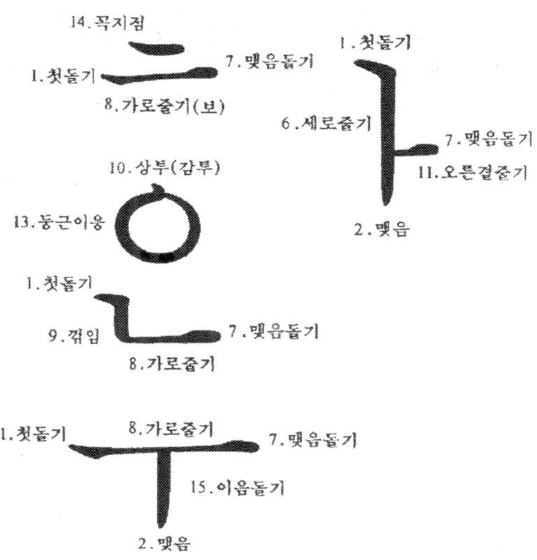

[그림 4] 한글 본문체 글자꼴의 특징

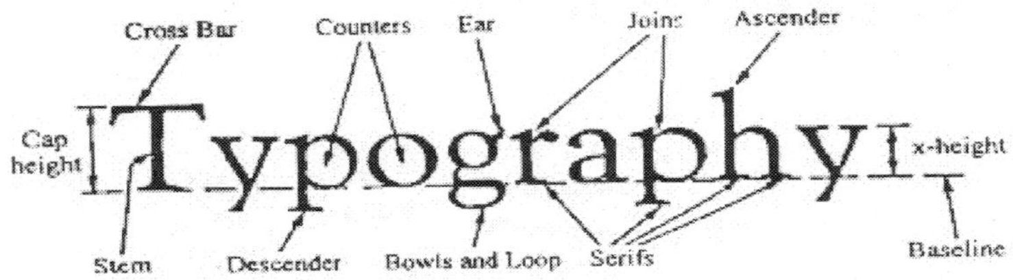

[그림 5] 영문 글자꼴의 특징(Richard Rubinstein, Digital Typography)

[그림 6] 한자(명조체) 글자꼴의 특징[90]

(1) 한글 자소의 위치로 분석

한글은 한 개의 음절이 초성/ 중성 / 종성이라는 자소(음소)에 의하여 이루어진다. 그러므로 자소의 위치에 따라서 자소꼴을 그려서 글자꼴을 만들 수도 있다. 우리나라의 현재 초성 자음의 배열 순서는 단자음 사이에 쌍자음이 섞여 있다. 이는 훈민정음 원칙에 벗어난다.

---

90) 이기성, '사진식자론 강의 노트', 신구전문대학, 1990

1. 초성 19자(자음)
단자음: ㄱ ㄴ ㄷ ㄹ ㅁ ㅂ ㅅ ㅇ ㅈ ㅊ ㅋ ㅌ ㅍ ㅎ
쌍자음: ㄲ ㄸ ㅃ ㅆ ㅉ

2. 중성 21자(모음)
단자음: ㅏ ㅑ ㅓ ㅕ ㅗ ㅛ ㅜ ㅠ ㅡ ㅣ
복모음: ㅐ ㅒ ㅔ ㅖ ㅘ ㅙ ㅚ ㅝ ㅞ ㅟ ㅢ

3. 종성 27자(자음)
단자음: ㄱ ㄴ ㄷ ㄹ ㅁ ㅂ ㅅ ㅇ ㅈ ㅊ ㅋ ㅌ ㅍ ㅎ
복자음: ㄲ ㄳ ㄵ ㄶ ㄺ ㄻ ㄼ ㄽ ㄾ ㄿ ㅀ ㅄ ㅆ

[그림 7] 한글 자소의 위치
(초성의 이응과 받침의 이응이 합쳐져 1개이다)

[표 6] 한글 자음의 배열 순서

	자음의 배열 순서(19개~20개)
한 국	ㄱ ㄲ ㄴ ㄷ ㄸ ㄹ ㅁ ㅂ ㅃ ㅅ ㅆ ㅇ ㅈ ㅉ ㅋ ㅌ ㅍ ㅎ
북 한	ㄱ ㄴ ㄷ ㄹ ㅁ ㅂ ㅅ ㅇ(받침) ㅈ ㅊ ㅋ ㅌ ㅍ ㅎ ㅇ(초성) ㄲ ㄸ ㅃ ㅆ ㅉ
조선족	ㄱ ㄴ ㄷ ㄹ ㅁ ㅂ ㅅ ㅇ(받침) ㅈ ㅊ ㅋ ㅌ ㅍ ㅎ ㄲ ㄸ ㅃ ㅆ ㅉ ㅇ(초성)

[표 7] 한글 모음의 배열 순서

	모음의 배열 순서(21개)
한 국	ㅏ ㅐ ㅑ ㅒ ㅓ ㅔ ㅕ ㅖ ㅗ ㅘ ㅙ ㅚ ㅛ ㅜ ㅝ ㅞ ㅟ ㅠ ㅡ ㅢ ㅣ
북한 / 조선족	ㅏ ㅑ ㅓ ㅕ ㅗ ㅛ ㅜ ㅠ ㅡ ㅣ ㅐ ㅒ ㅔ ㅖ ㅚ ㅟ ㅢ ㅘ ㅝ ㅙ ㅞ

(2) 음절의 획수로 분석

초성 / 중성 / 종성이 모이거나, 받침이 없는 글자는 초성 / 중성이 모여

서 한 개의 음절을 이룬다. 보통 '빼' 자를 세로줄기 6개, 세로공간 7
개로 세로줄기가 많은 글자로 보고 '를'자를 가로줄기 7개, 가로공간 8
개로 가로줄기가 많은 글자로 본다. '릭'자를 보면 가로줄기 4개에 세
로줄기 3개로 구성되었다.

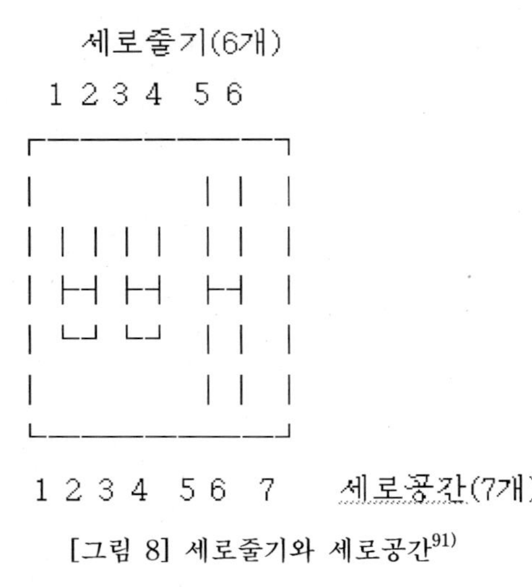

[그림 8] 세로줄기와 세로공간[91]

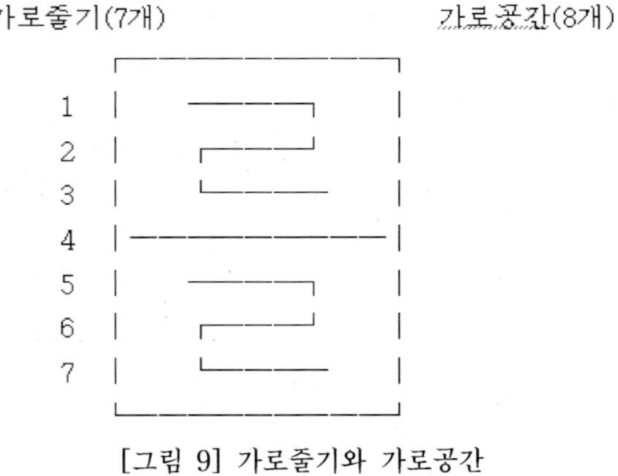

[그림 9] 가로줄기와 가로공간

91) 이기성, '사진식자론 강의 노트', 신구전문대학, 1990

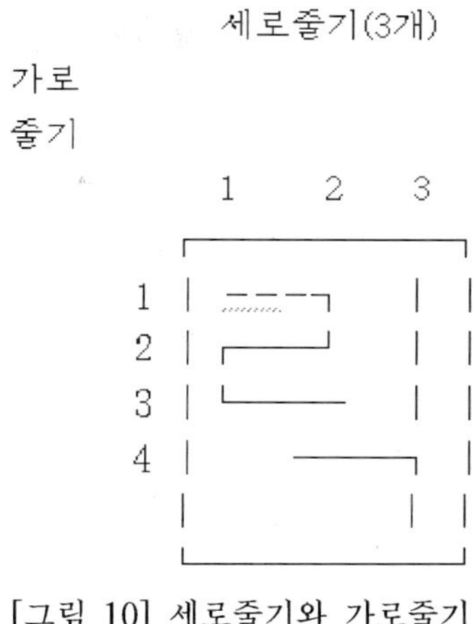

[그림 10] 세로줄기와 가로줄기

(3) 자소의 구성 위치로 분석92)

음절이 구성된 자소의 개수와 위치로 30가지 형태로 구분하여 분석한다.

1. 단자음＋수직단모음	＝	가, 아
2. 단자음＋수직복모음	＝	개, 에
3. 쌍자음＋수직단모음	＝	까, 짜
4. 쌍자음＋수직복모음	＝	께, 때
5. 단자음＋수평모음	＝	오, 주
6. 단자음＋수평모음＋수직단모음	＝	와, 워
7. 단자음＋수평모음＋수직복모음	＝	괘, 웨
8. 쌍자음＋수평모음	＝	또, 쭈
9. 쌍자음＋수평모음＋수직단모음	＝	꽈, 쬐
10. 쌍자음＋수평모음 ＋수직복모음	＝	꽤, 쮀

[그림 11] [받침 없음] 10개

---

92) 유황빈 / 정상근, '비트맵 방식의 한글문자 표준화에 관한 연구, 공업진흥청

11. 단자음＋수직단모음＋단자음	＝	각, 샹
12. 단자음＋수직복모음＋단자음	＝	백, 펠
13. 쌍자음＋수직단모음＋단자음	＝	깔, 썬
14. 쌍자음＋수직복모음＋단자음	＝	뺄, 쩽
15. 단자음＋수평모음＋단자음	＝	곰, 운
16. 단자음＋수평모음＋수직단모음＋단자음	＝	확, 궐
17. 단자음＋수평모음＋수직복모음＋단자음	＝	셈, 웩
18. 쌍자음＋수평모음＋단자음	＝	꿀, 똘
19. 쌍자음＋수평모음＋수직단모음＋단자음	＝	짱, 뛤
20. 쌍자음＋수평모음＋수직복모음＋단자음	＝	쮄, 꿼
21. 단자음＋수직단모음＋복자음	＝	갔, 넋
22. 단자음＋수직복모음＋복자음	＝	벴, 냈
23. 쌍자음＋수직단모음＋복자음	＝	깗, 뚧
24. 쌍자음＋수직복모음＋복자음	＝	깼, 땠
25. 단자음＋수평모음＋복자음	＝	놂, 볶
26. 단자음＋수평모음＋수직단모음＋복자음	＝	괆, 왔
27. 단자음＋수평모음＋수직복자음＋복모음	＝	쫬, 쉈
28. 쌍자음＋수평모음＋복자음	＝	꿇, 쓺
29. 쌍자음＋수평모음＋수직단모음＋복자음	＝	쬈, 쐈
30. 쌍자음＋수평모음＋수직복모음＋복자음	＝	쮔, 쒔

[그림 12] [받침 있음] 20개

(4) 블럭으로 분석[93]

　음절을 4개의 블럭으로 나누어 1번에는 초성을, 2번, 3번에는 중성을 4번에는 종성을 배치시키는 방식의 분석법이다.

---

93) 황종선, '한글정보처리를 위한 한글 입력, 세종대왕기념사업회, 1988.10.28

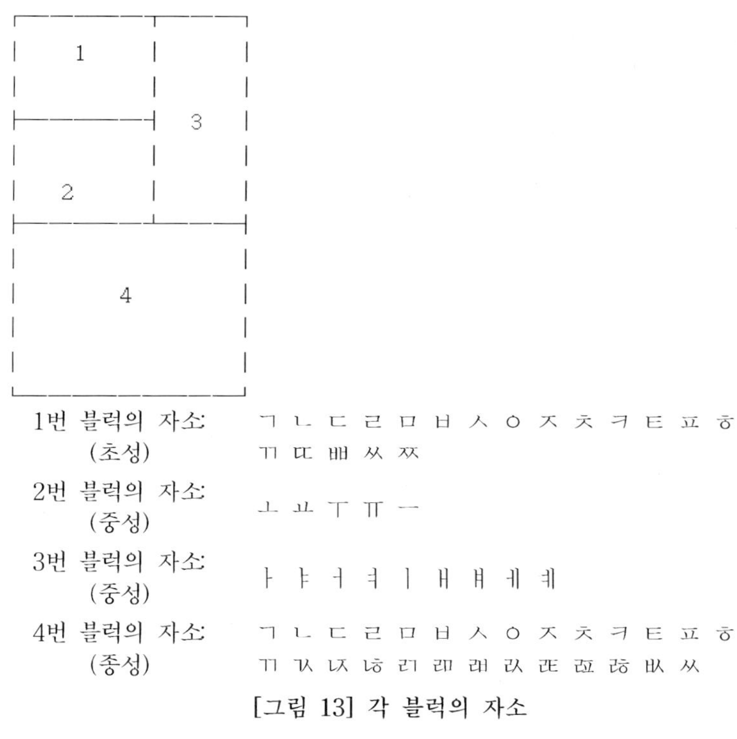

1번 블럭의 자소 (초성)	ㄱ ㄴ ㄷ ㄹ ㅁ ㅂ ㅅ ㅇ ㅈ ㅊ ㅋ ㅌ ㅍ ㅎ ㄲ ㄸ ㅃ ㅆ ㅉ
2번 블럭의 자소 (중성)	ㅗ ㅛ ㅜ ㅠ ㅡ
3번 블럭의 자소 (중성)	ㅏ ㅑ ㅓ ㅕ ㅣ ㅐ ㅒ ㅔ ㅖ
4번 블럭의 자소 (종성)	ㄱ ㄴ ㄷ ㄹ ㅁ ㅂ ㅅ ㅇ ㅈ ㅊ ㅋ ㅌ ㅍ ㅎ ㄲ ㄳ ㄵ ㄶ ㄺ ㄻ ㄼ ㄽ ㄾ ㄿ ㅀ ㅄ ㅆ

[그림 13] 각 블럭의 자소

(5) 망점으로 분석

음절 위에 그물을 씌운 형태로 분석을 한다. 구멍이 고운 그물을 씌우면 글자꼴의 분석이 정확하게 될 것이고, 엉성한 그물을 씌우면 대강의 형태만 분석이 가능하다. 이 그물의 한구멍에 들어온 모양을 망점(dot)으로 표시한다.

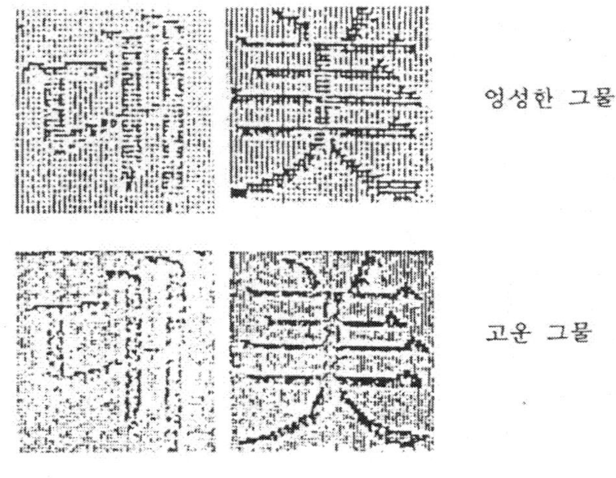

[그림 14] 망점으로 분석하기

(6) 구성 자소로 분석94)

한글 음절 모양을 자소로 분석한다. 이것은 초성 21벌, 중성 6벌, 받침(종성) 14벌로 구성된다. 이는 초성 21벌 × 19자소=399개의 자소, 중성 6벌 × 21자소=126개의 자소, 받침 14벌 × 27개=378개의 자소로서 모두 합쳐 903개의 자소로 분석하는 방법이다. 한글 음절 1만 1172개를 903개의 자소로 조합하는 방식을 일명 릭스조합형 방식의 코드(Leeks Combination Code)라고 한다.

---

94) 필자는 DTP용과 CTS용 현대 한글 음절 구분 방법으로 903개의 자소를 제시하였으나, 흔글 버전 1.2에서는 워드프로세서용으로 현대 한글 음절을 382 자소로 구분하는 방법을 주장하고 있다.(초성 10벌 × 19개=190개, 중성 4벌 × 21개=84개, 받침 4벌 × 27개=108개로서 총 382 자소 알고리즘.)

초성＝19자모(자소)

ㄱ ㄲ ㄴ ㄷ ㄸ ㄹ ㅁ ㅂ ㅃ ㅅ ㅆ ㅇ ㅈ ㅉ ㅊ ㅋ ㅌ ㅍ ㅎ

[그림 15] 초성(19개)의 자소

초성＝19자모(자소)

받침 없음의 중성 7계열

단자음 받침의 중성 7계열

복자음 받침의 중성 7계열

(21벌)

중성 1계열＝ㅏ ㅑ ㅓ ㅕ

중성 2계열＝ㅐ ㅒ ㅔ ㅖ

중성 3계열＝ㅗ ㅛ ㅜ ㅠ

중성 4계열＝ㅘ ㅚ ㅝ ㅟ ㅢ

중성 5계열＝ㅙ ㅞ

중성 6계열＝ㅡ

중성 7계열＝ㅣ

[그림 16] 초성 21벌의 자소

중성＝21자모(자소)

ㅏ ㅐ ㅑ ㅒ ㅓ ㅔ ㅕ ㅖ ㅗ ㅘ
ㅙ ㅚ ㅛ ㅜ ㅝ ㅞ ㅟ ㅠ ㅡ ㅢ ㅣ

[그림 17] 중성(21개)의 자소

중성＝21자모(자소)
초성 2계열
단자음 초성의 받침 없음, 단자음 받침, 복자음 받침의 3벌
복자음 초성의 받침 없음, 단자음 받침, 복자음 받침의 3벌
____
(6벌)

초성 1계열＝단자음 초성
초성 2계열＝복자음 초성

[그림 18] 중성 6벌의 자소

종성(받침)＝27자모(자소)

ㄱ ㄲ ㄳ ㄴ ㄵ ㄶ ㄷ ㄹ ㄺ ㄻ
ㄼ ㄽ ㄾ ㄿ ㅀ ㅁ ㅂ ㅄ ㅅ ㅆ
ㅇ ㅈ ㅊ ㅋ ㅌ ㅍ ㅎ

[그림 19] 종성(받침)의 자소 27개

받침＝27자모(자소)
단자음 초성의 중성 7계열
복자음 초성의 중성 7계열
____
(14벌)

중성 1계열＝ㅏ ㅑ ㅓ ㅕ
중성 2계열＝ㅐ ㅒ ㅔ ㅖ
중성 3계열＝ㅗ ㅛ ㅜ ㅠ
중성 4계열＝ㅘ ㅚ ㅝ ㅟ ㅢ
중성 5계열＝ㅙ ㅞ
중성 6계열＝ㅡ
중성 7계열＝ㅣ

[그림 20] 받침 14벌의 자소

받침이 없을 때와 받침이 있을 때로 구분해도 마찬가지로 903개의
자소로 나눌 수 있다.

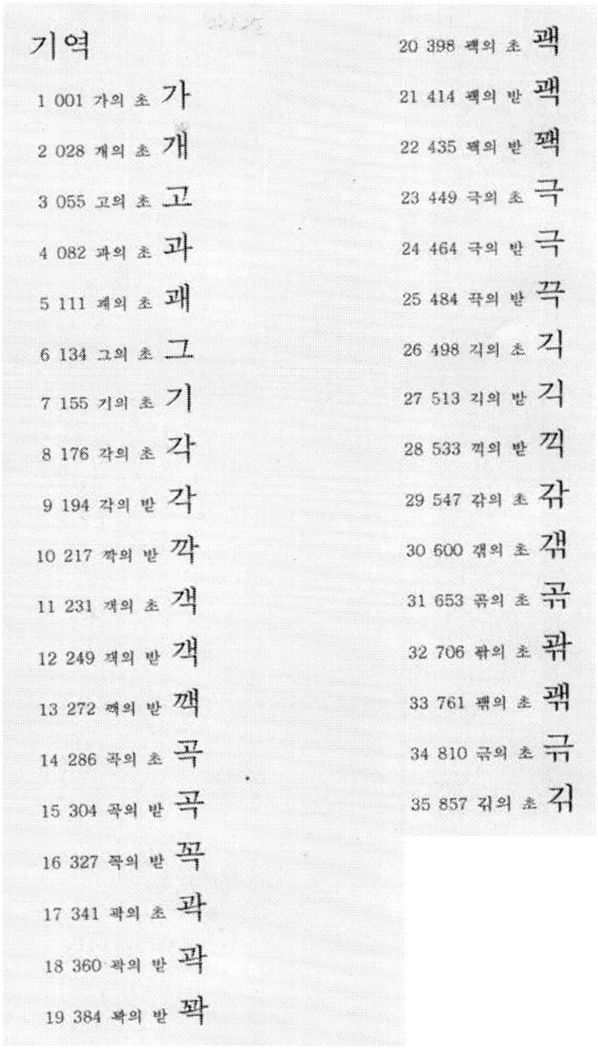

기역

1 001 가의 초 가
2 028 개의 초 개
3 055 고의 초 고
4 082 과의 초 과
5 111 괘의 초 괘
6 134 그의 초 그
7 155 기의 초 기
8 176 각의 초 각
9 194 각의 받 각
10 217 깍의 받 깍
11 231 객의 초 객
12 249 객의 받 객
13 272 깩의 받 깩
14 286 곡의 초 곡
15 304 곡의 받 곡
16 327 꼭의 받 꼭
17 341 곽의 초 곽
18 360 곽의 받 곽
19 384 꽉의 받 꽉

20 398 괙의 초 괙
21 414 괙의 받 괙
22 435 꽥의 받 꽥
23 449 극의 초 극
24 464 극의 받 극
25 484 끅의 받 끅
26 498 긱의 초 긱
27 513 긱의 받 긱
28 533 끽의 받 끽
29 547 갉의 초 갉
30 600 갟의 초 갟
31 653 곪의 초 곪
32 706 꽠의 초 꽠
33 761 꽥의 초 꽥
34 810 귺의 초 귺
35 857 긲의 초 긲

[그림 21] 903개 자소 중 기역 자소는 35개이다
(초성의 기역과 받침의 기역)

(6)-1. 받침없을 때 자소수

받침없는 현대 한글의 음절은 175개의 자소로 구성된다 초성이 단자음 계열이 119개, 쌍자음 계열이 56개이다.

[표 6] 175개의 자소

1(ㄱ)=가의 초성	가 갸 거 겨
2(ㄴ)=나의 초성	나 냐 너 녀
3(ㄷ)=다의 초성	다 댜 더 뎌
……	
14(ㅎ)=하의 초성	하 햐 허 혀
15(ㅏ)=가의 중성	가 나 다 라 마 바 사 아 자 차 카 타 파 하
16(ㅑ)=냐의 중성	갸 냐 댜 랴 먀 뱌 샤 야 쟈 챠 캬 탸 퍄 햐
17(ㅓ)=거의 중성	거 너 더 러 머 버 서 어 저 처 커 터 퍼 허
18(ㅕ)=겨의 중성	겨 녀 뎌 려 며 벼 셔 여 져 쳐 켜 텨 펴 혀
19(ㄲ)=까의 초성	까 꺄 꺼 껴
20(ㄸ)=따의 초성	따 땨 떠 뗘
21(ㅃ)=빠의 초성	빠 뺘 뻐 뼈
22(ㅆ)=싸의 초성	싸 쌰 써 쎠
23(ㅉ)=짜의 초성	짜 쨔 쩌 쪄
24(ㅏ)=까의 중성	까 따 빠 싸 짜
25(ㅑ)=꺄의 중성	꺄 땨 뺘 쌰 쨔
26(ㅓ)=꺼의 중성	꺼 떠 뻐 써 쩌
27(ㅕ)=껴의 중성	껴 뗘 뼈 쎠 쪄
28(ㄱ)=개의 초성	개 걔 게 계
29(ㄴ)=내의 초성	내 냬 네 녜
……	
41(ㅎ)=해의 초성	해 햬 헤 혜
42(ㅐ)=개의 중성	개 내 대 래 매 배 새 애 재 채 캐 태 패 해
43(ㅒ)=걔의 중성	걔 냬 댸 럐 먜 뱨 섀 얘 걔 챼 컈 턔 퍠 햬
44(ㅔ)=게의 중성	게 네 데 레 메 베 세 에 제 체 케 테 페 헤

45(ㅖ)＝계의 중성	계 녜 뎨 례 몌 볘 셰 예 졔 쳬 켸 톄 폐 혜
46(ㄲ)＝깨의 초성	깨 꺠 꼐 꼐
47(ㄸ)＝때의 초성	때 뙈 뗴 뗴
……	
168(ㅎ)＝히의 초성	히
169(ㅣ)＝기의 중성	기 니 디 리 미 비 시 이 지 치 키 티 피 히
170(ㄲ)＝끼의 초성	끼
171(ㄸ)＝띠의 초성	띠
172(ㅃ)＝삐의 초성	삐
173(ㅆ)＝씨의 초성	씨
174(ㅉ)＝찌의 초성	찌
175(ㅣ)＝끼의 중성	끼 띠 삐 씨 찌

받침이 없는 현대 한글 음절을 자소 모양으로 구분하면 초성이 7벌, 중성이 2벌로 모두 175개의 자소이다.

[참고] 초성 19자소 × 7벌＝133자소. 중성 21자소 × 2벌＝42자소.
　　　133＋42＝175자소.

(6)-2. 받침 있을 때 자소수

받침 있는 현대 한글의 음절은 728개의 자소로 구성된다.

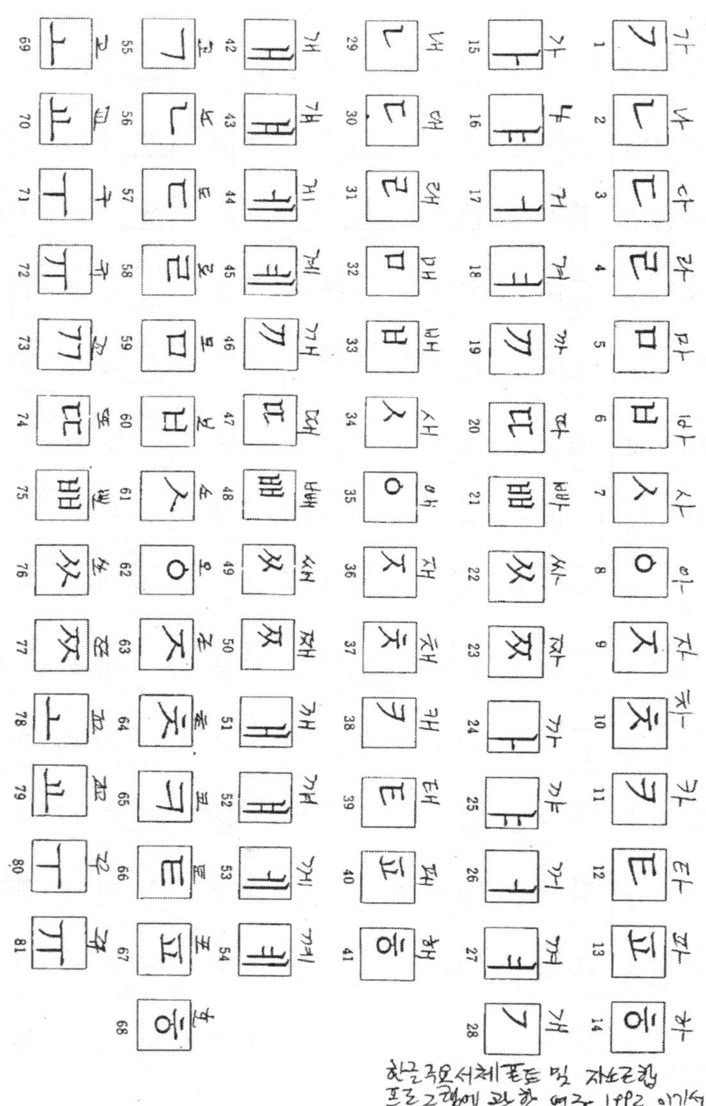

[그림 22] 903자소 중 #1~#81 번 자소 모양

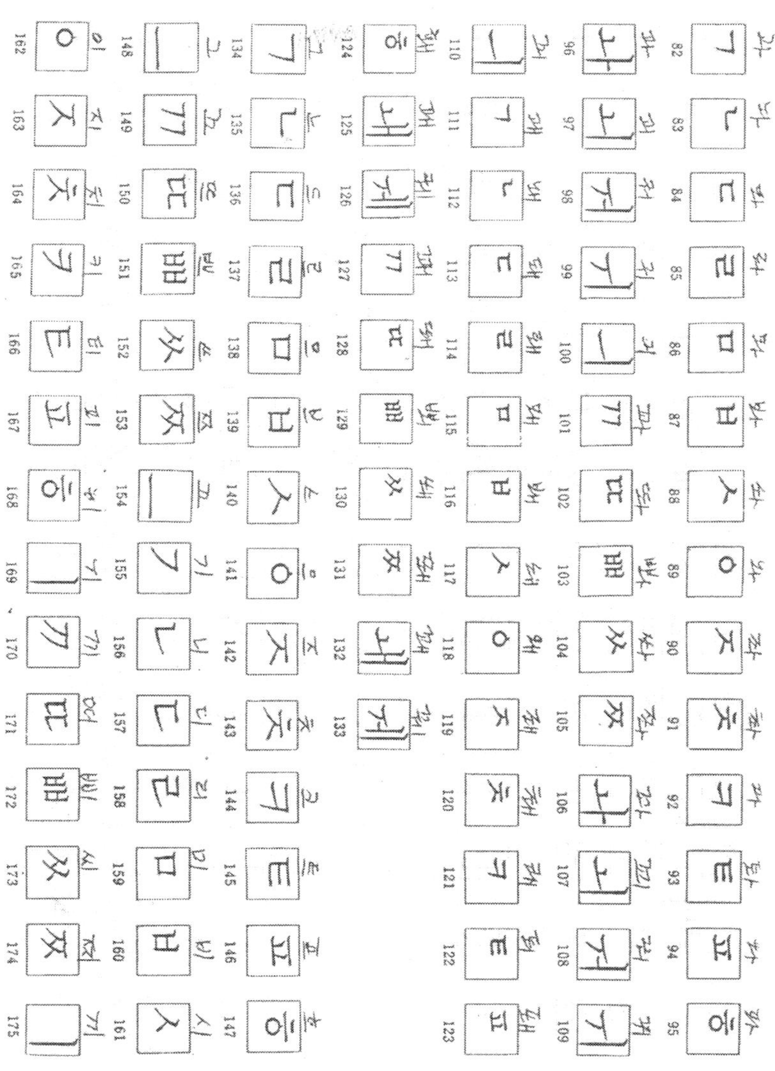

[그림 23] 903자소 중 #82~#175 번 자소 모양

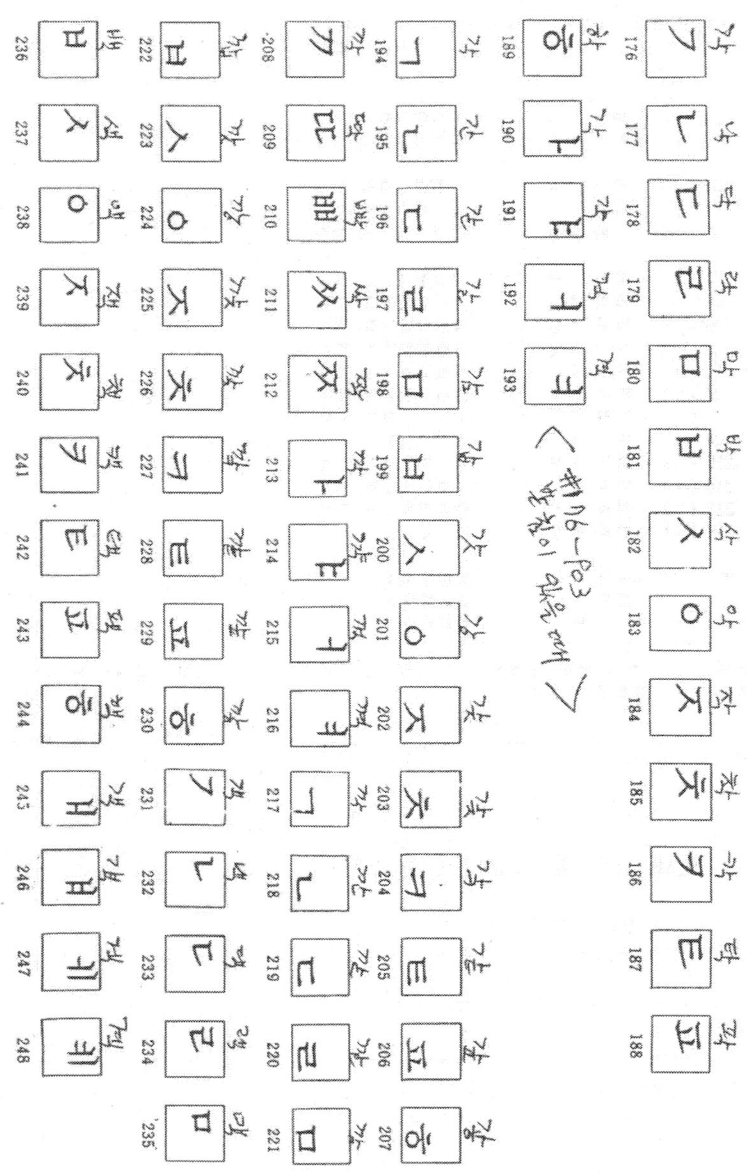

[그림 24] 903자소 중 #176~#248 번 자소 모양

[표 7] 한글 903자소 중 일부(#176~#903)

176(ㄱ)=각의 초성	각 간 갇 갈 감 갑……곂 경
177(ㄴ)=낙의 초성	낙 난 낟 날 남 납……넓 녕
……	
189(ㅎ)=학의 초성	학 한 핟 할 함 합……헗 형
190(ㅏ)=각의 중성	각 간 갇 갈 감 갑……핤 향
……	
193(ㅕ)=격의 중성	격 견 겯 결 겸 겹……헗 형
194(ㄱ)=각의 받침	각 걕 걱 격 낙 냑……혁 혁
195(ㄴ)=간의 받침	간 걍 건 견 난 냔……헌 현
……	
207(ㅎ)=갛의 받침	갛 걓 겋 겋 낳 냫……헝 형
208(ㄲ)=깍의 초성	깍 깐 깓 깔 깜 깝……꼂 껑
209(ㄸ)=딱의 초성	딱 딴 딷 딸 땀 땁……떲 떵
210(ㅃ)=빡의 초성	빡 빤 빧 빨 빰 빱……뻲 뻥
211(ㅆ)=싹의 초성	싹 싼 싿 쌀 쌈 쌉……썲 썽
212(ㅉ)=짝의 초성	짝 짠 짣 짤 짬 짭……쩒 쩡
213(ㅏ)=깍의 중성	깍 깐 깓 깔 깜 깝……짢 짱
214(ㅑ)=꺅의 중성	꺅 꺈 꺋 꺌 꺔 꺕……짢 쨩
215(ㅓ)=꺽의 중성	꺽 껀 껃 껄 껌 껍……쩓 쩡
216(ㅕ)=격의 중성	격 견 겯 결 겸 겹……쩒 쩡
217(ㄱ)=깍의 받침	깍 꺅 꺽 껵 딱 땨……쩍 쩍
218(ㄴ)=깐의 받침	깐 꺈 껀 견 딴 땬……쩐 쩐
……	
901(ㅀ)=곯의 받침	곯 똟 뾿 쓿 쯓
902(ㅄ)=값의 받침	값 땂 뺎 쓊 쨟
903(ㅆ)=꼈의 받침	꼈 떴 뼸 씼 쪘

받침이 있는 현대 한글 음절을 자소 모양으로 구분하면 초성이 7벌,
중성이 2벌로 모두 175개의 자소이다.

[참고] 초성 19자소×14벌=266자소. 중성 21자소×4벌=84자소.
　　　 받침 27자소×14벌=378자소. (합계) 266+84+378=728 자소

2-3. 현대 한글 음절(낱내)수와 순위

맞춤법에 맞는 현대 한글 음절(낱내)의 수는 모두 1만 1172개이다.

[표 8] 현대 한글 음절 1만 1172개 명세

초성과 중성과 받침으로 구성되는 음절=10,733개
19(초성: ㄱ－ㅎ)×21(중성: ㅏ－ㅣ)×27(받침: ㄱ－ㅎ)
초성과 중성만으로 구성되는 음절(받침 없음)=399개
19(초성: ㄱ－ㅎ)×21(중성: ㅏ－ㅣ)
합계: 10,733개＋399개=1만 1172개

(1) 한글 음절 순위

초성 19자모(자소)의 순서에 따른 1만 1172개의 순위는 다음과 같다
(588개 × 19개＝1만 1172개).

가	1번－588번	깅	588개
까	589번－1176번	낑	588개
나	1177번－1764번	닝	588개
다	1765번－2352번	딩	588개
따	2353번－2940번	띵	588개
라	2941번－3528번	링	588개
마	3529번－4116번	밍	588개
바	4117번－4704번	빙	588개
빠	4705번－5292번	삥	588개
사	5293번－5880번	싱	588개
싸	5881번－6468번	씽	588개
아	6469번－7056번	잉	588개
자	7057번－7644번	징	588개
짜	7645번－8232번	찡	588개
차	8233번－8820번	칭	588개
카	8821번－9408번	킹	588개
타	9409번－9996번	팅	588개
파	9997번－10584번	핑	588개
하	10585번－11172번	힝	588개

[그림 25] 초성별 현대 한글 음절(588개씩)

(2) 기본 한글 글자꼴 코드 알고리즘

종이책 출판시에는 '뚬'자나 '뜸'자 같은 글자의 한글 음절 표현이 불가능할 때에 '뚱'의 '또'자와 '음'의 'ㅁ'받침을 합치는 '쪽자'라는 방식으로 수동식으로 '뚬'이라는 글자를 제작할 수 있다. 그러나 디스크책이나 화면책 출판시에는 수동으로 음절을 제작한다는 것이 거의 불가능하므로, 글자를 그림 방식이나 이용자정의 문자(user define character)로 넣게 된다. 그러나 이런 방식은 나중에 가나다 순서로 소트를 시키면 가나다 순서에 맞지 않는 문제점이 발생한다. 따라서 종이책때는 물론 디스크책이나 화면책 출판을 대비하여 모든 한글 음절을 구현하는 알고리즘의 개발이 필요하다. 한글 음절 1만 1172개를 다 표현할 수 있는 알고리즘에 릭스조합형 알고리즘이 적당한 것이다.

　한글 본문체용 출력코드는 903개 자소를 릭스조합형 알고리즘에 의해 조합한 1만 1172개의 음절을 사용하는 것이다. 그러나 고품위의 한글 글꼴 출력을 위해서는 1만 1172개의 음절 중에서 사용 빈도가 적은 8672개만 사용하고, 일상적으로 사용하는 2500개(또는 2350개)의 음절은 완성형(Completion) 방식으로 음절을 표현하는 절충형 한글출력 코드를 전자출판용 기본 한글 글자꼴의 출력코드로 사용하는 것이 바람직하다.

(3) 릭스조합형 알고리즘에 따른 한글 글자꼴

[표 9] 조합형 글자꼴[95]

가 — 걸(1-120번)
걸 — 곯(121-240번)
곰 — 곶(241-360번)
……
뒵 — 딑(2230-2350번)
딒 — 떯(2351-2470번)
……
훗 — 휑(10940-11060번)
휴 — 힣(11061-11172번)

---

95) 조합형으로 만들어진 한글 음절 1만 1172개의 명세는 이기성 '한글타이포그래피', (주)장왕사, 2002의 부록에 있음.

(4) 완성형 알고리즘에 따른 한글 글자꼴

사용 빈도가 상대적으로 높은 2500개의 음절은 완성형 방식으로 제작한다.

[표 10] 완성형 글자꼴

가—갖 (1-15 번)
같—겊 (16-50 번)
겋—곤 (51-80 번)
곧—괜 (81-100번)
괠—굳 (101-120 번)
......
헬—힁 (2241-2350 번)

릭스조합형 알고리즘에 따른 한글 글자꼴과 완성형 알고리즘에 따른 한글 글자꼴을 비교하여 보면 가로줄기나 세로줄기, 둥근 줄기 등의 모양이 다른 것을 알 수 있다. 특히, 닿소리와 홀소리의 세로로 그은 선인 세로줄기의 길이가 많이 차이가 난다. '간'의 'ㅏ', '강'의 'ㅏ', '갛'의 'ㅎ', '걘'의 'ㅐ', '걍'의 'ㅑ', '갔'의 'ㅑ', '걍'의 'ㅑ', '걘'의 'ㅐ', '건'의 'ㅓ'를 자세히 대조해보면 길이와 모양이 다른 것을 발견할 수 있다. 이는 자소조합형 방식의 한계로서, 글자꼴의 미려도는 한 개의 음절을 직접 쓰는 완성형 방식보다 떨어질 수 밖에 없다.

[참고] 워드프로세서용의 글자꼴이 아닌 탁상출판(DTP)용이나 전산조판(CTS)용에서는 사용 빈도수가 많은 음절은 완성형 방식을 택할 수밖에 없다. 그러므로, 총 1만 1172개의 현대 한글 음절 중 2500개는 완성형으로 제작하고, 나머지 8672개는 903개의 자소로 조합하는 것이 미려도와 경제성을 타협한 합리적인 한글 출력코드 방식일 것이다.

(5) 릭스 조합형 코드

컴퓨터가 사용하는 글자 즉, 코드는 용도에 따라서 입력코드, 처리코드, 출력코드로 구분할 수 있다. 한글의 처리코드는 한글의 특성과 맞는 규격인 조합형이 적당하다는 것에는 이론이 없다. 그러나 우리 눈에 보이는데 최종적으로 영향을 미치는 출력코드(폰트코드)에는 조합형, 완성형, 절충형의 3가지가 다 일리가 있다. 그중에서 본 연구에서 살펴본 바와 같이, 전자출판용 기본 한글 글자꼴의 출력코드로는 조합형코드의 일종인 릭스조합형 코드(Leeks Combination Code)가 적당하다.96)

릭스조합형 코드는 전자출판용 디지탈 폰트의 기본한글 글자꼴 제작 알고리즘을 구현한 한글코드로서 현대 한글 1만 1172개의 음절을 903개의 자소로 모아쓰는 조합형(Combination) 방식의 출력코드를 말한다.

여기에서 제시한, 한글 음절을 구성 자소로 분석하여 903개 자소로 조합하는 릭스조합형 알고리즘으로 제작된 글자꼴의 용도는, 한자나 영어가 섞여서 조판되는 일반 단행본이나 세로쓰기 조판을 하는 신문용에서 사용하도록 제작된 것이 아니다. 가로쓰기용 한글이 주가 되는 교과서용 본문체(Body text type)인 문화바탕체의 기본 글자꼴을 제시한 것이다.97)

세계는 지금 정보사회를 맞이하여, 종이책에서 사용하는 글자꼴은

---

96) 한글 출력코드는 폰트코드(Font Code)와 정보교환코드(Information Interchange Code)의 2가지로 나눈다. 여기서 말하는 출력코드는 한글 폰트코드를 말한다. 한글 폰트코드 중에서 완성형 코드와 조합형 코드를 둘다 사용하는 방식을 한글 절충형 코드라고 한다.

97) '표준 컴퓨터 한글체 완성', '한글 표준 폰트 개발 작업 주도 신구전문대 이기성 교수', '컴퓨터 인쇄시대 우리고유활자 만들기', 감명환 기자, 1993년 1월 14일 자 조선일보 참조.

물론, 디스크책에서 사용하는 글자꼴에 관하여도 '글자꼴 전쟁' 상태에 있다. 국내 시장의 개방화에 따라서 우리의 고유 글자인 한글도 우리가 노력하여 우리 고유의 글자꼴과 폰트를 하루빨리 개발하지 않으면 우리의 글자마저 외국 문화에 종속될 수도 있는 현실임을 유의하자

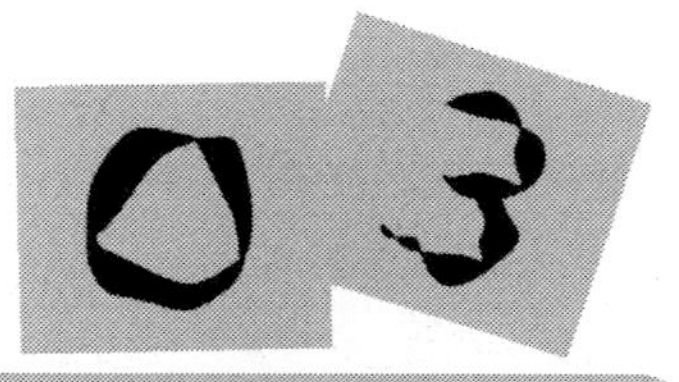

한글 음절의 미적 디자인은 그야말로 음절과 자소의 모양크기, 중심, 공간 배치 등에 주안점을 두는 디자인이다 한글 문화바탕체의 음절을 구성하는 자소와 명조체의 자소(낱자)를 비교, 설명하기 위하여 자소의 세부 명칭을 우선 정리해본다

음절의 자소는 줄기(선)로 구성된다. 줄기는 크게 가로줄기와 세로줄기로 2분된다. 다만, 'ㅇ'의 경우에는 둥근줄기로 부를 수 있으며, 'ㅅ'의 경우 세로줄기가 사선으로 삐쳐 나온 모양을 한 경우에는 삐침줄기로 부를 수 있다. 'ㅊ, ㅎ'처럼 맨 위의 짧은 가로줄기는 점이나 꼭지점으로 부르기도 하는데, 이렇게 점(꼭지점)의 명칭을 허락하는 경우에는 자소가 줄기와 점으로 구성된다고 볼 수 있다 가로줄기는 닿소리 글자와 홀소리 글자에서 가로로 그은 선을 말하며, 세로줄기는 닿소리(자음)와 홀소리(모음)의 세로로 그은 선을 말한다 줄기는 놓이는 자리에 따라 가로, 세로를 붙이지만, '위, 가운데, 아래, 왼, 오른' 등의 말을 추가할 수 있다.

'ㅏ'의 경우는 아래로 내려온 기둥 모양의 'ㅣ'가 세로줄기이고, 'ㅣ'

의 오른쪽에 붙은 점(곁줄기)이 가로줄기이다. 세로줄기는 다시 시작부분의 첫돌기와 끝부분의 맺음으로 구분할 수 있다. 가로줄기는 오른가로줄기 또는 곁줄기, 오른곁줄기라고 할 수 있으며, 가로줄기의 끝부분은 역시 돌기 모양을 하고 있어, 맺음돌기라고도 부른다. 'ㅜ'의 경우는 가로로 그어진 'ㅡ' 부분이 가로줄기이다. 가로줄기인 'ㅡ' 부분은 첫돌기로 시작해서 맺음돌기로 끝난다. 'ㅡ'의 중간에서 아래로 내려온 부분이 세로줄기이다. 세로줄기의 끝부분은 맺음으로 끝난다. 'ㅜ'의 세로줄기처럼 'ㅣ'나 'ㅏ'의 세로줄기에 비해 반쪽에 불과한 세로줄기를 이음줄기(이음보) 또는 짧은줄기라고도 한다.

1) 한글 글자본 제정 기준

1991년 7월 5일 문화부가 한글서체개발위원회 구성 운영안을 결정한 이래 수차례에 걸쳐 한글서체개발위원회와 한글서체개발소위원회, 공청회, 한글 글자본에 대한 평가회, 한글서체개발운영위원회 자문위원회를 개최하여 1991년 12월 27일에 '한글 글자본 제정 기준안'을 확정하였다.

한글 글자본 제정 기준안의 총칙을 소개한다. 제6항의 닿소리 글자 17개에는 현대 한글 자음 자소 14개(ㄱ, ㄴ, ㄷ, ㄹ, ㅁ, ㅂ, ㅅ, ㅇ, ㅈ, ㅊ, ㅋ, ㅌ, ㅍ, ㅎ) 이외에 옛한글 자음 자소 3개(ㅿ, ㆁ, ㆆ)가 들어 있고, 홀소리 글자 11개에도 현대 한글 모음 자소 10개(ㅏ, ㅑ, ㅓ, ㅕ, ㅗ, ㅛ, ㅜ, ㅠ, ㅡ, ㅣ) 이외에 옛한글 모음 자소인 아래아(·)가 포함되어 있다. 한글 음절의 형태는 제정 기준 총칙 제4항과 기본 원칙 제4항에서 네모틀 안에 들어가는 형태만 인정하고, 탈네모틀 글자는 배제하였다.

[제정기준] 한글 글자본 제정 기준 총칙(1991년 12월 27일)

제 1 항: 한글 글자본은 한글의 가독성과 변별성을 높이며 조형적 아름다움을 담도록 함을 원칙으로 한다.

제 2 항: 한글 글자본은 한글의 기계화를 용이하게 할뿐만 아니라 손으로 쓰는 데에도 편리하도록 함을 원칙으로 한다

제 3 항: 한글 글자본 제정의 대상인 한글은 한글맞춤법(문교부 고시 제 88-1호, 88.1.19)에 규정된 낱자(자소)와 이들 낱자에 의하여 이루어지는 낱내글자(음절)로 하되, 옛한글도 포함시킨다.

제 4 항: 한글의 외곽 모양은 네모꼴을 원칙으로 하되 경우에 따라서는 변형할 수도 있다.

제 5 항: 한글 각 낱자의 기본꼴은 글자체의 종류와 크기에 관계없이 통일시킴을 원칙으로 하되, 낱내글자를 구성할 때 쓰이는 위치에 따라 낱자의 모양이나 크기를 변형할 수 있다

제 6 항: 한글 각 낱자의 기본꼴은 다음과 같이 정한다

닿소리 글자(17개)
ㄱ, ㄴ, ㄷ, ㄹ, ㅁ, ㅂ, ㅅ, ㅇ, ㅈ, ㅊ, ㅋ, ㅌ, ㅍ, ㅎ, ㅿ, ㆁ, ㆆ
홀소리 글자(11개)
ㅏ, ㅑ, ㅓ, ㅕ, ㅗ, ㅛ, ㅜ, ㅠ, ㅡ, ㅣ,

제 7 항: 한글의 모든 낱자는 서로 떼어서 씀을 원칙으로 한다

제 8 항: 한글의 각 글자체에 대한 기본원칙은 별도로 정한다

[표 11] 한글 본문체의 여러 가지 이름

본문체	바탕체	문화바탕체
명조체	사켄명조체	모리자와신명조체
신명조체	신문명조체	최정순신문본문명조체
홍우동본문체	최정호명조체	휴먼명조체

1991년 제정 당시 문화바탕체의 원래 명칭은 '교과서 본문용 한글'이었다. 따라서 한글 글자본을 제정하는 기준안도 '교과서 본문용 한글 글자본 제정기준' 이었다. '제1장 기본 원칙', '제2장 제정 세칙', '제3장 그 밖의 것'의 3개의 장, 총 23개항으로 구성된 교과서 본문용 한글 글자본 제정 기준의 '제1장 기본 원칙'은 다음과 같다.

제 1 장 기본 원칙

제 1 항: 한글 글자본은 교과서 본문 글자체를 통일시킬 것을 원칙으로 한다

제 2 항: 글자본은 교과서 출판용으로 쓰되 교육용 필법에도 알맞도록 함을
원칙으로 한다.

제 3 항: 글자체는 가로쓰기에 알맞은 정자체로 한정한다

제 4 항: 글자의 외곽 모양(자형)은 정사각형을 원칙으로 한다.

제 5 항: 글자의 가로줄기(가로선)는 세로줄기(세로선)보다 가늘게 나타내되, 하
나의 줄기(선)는 부분에 따라 굵기를 다르게 나타냄을 원칙으로 한다.

[그림 26] 교과서 본문용 한글 글자본(문화바탕체) 제정 기준

문화바탕체(교과서 본문용 한글 글자본)는 가로쓰기 전용의 글자꼴로서, 조판 시에 한글이 주로 사용되는 것을 가정하여 제작되었기 때문에, 한자와 섞여서 조판되는 단행본이나 신문용 글자꼴과는 달리 한글의 독창적인 아름다움을 최대한 구현시킨 새로운 글자꼴을 제작할 수 있었다. 또한 가독성과 변별성을 고려하여 초등학교 국어 교과서 본문 활자 크기부터 고등학교 국어 교과서 활자 크기일 때 가장 아름다운 모습(차밍포인트)을 나타내도록 제작하였으므로, 미적 감각은 물론, 학

생의 시력 보호에도 많은 도움이 될 수 있는 글자꼴이 문화바탕체라 불리는 교과서 본문용 한글 글자꼴이다 문화바탕체는 전쟁을 겪고 성급해진 우리 민족의 민족성이 원상 회복될 수 있도록 급하지 않고, 끈기가 있게 하는데 중점을 두었으며, 문화쓰기체는 씩씩한 힘을 강조하였고, 문화궁체는 미려함을 강조하였다.

1991년과 1992년에 16명의 서체 개발 운영위원, 3명의 서체 개발 연구진 연구원, 14명의 폰트 검토위원이 본그림 개발 및 폰트 개발시 유의했던 점 10가지는 다음과 같다.

[유의점] 교과서 본문용 한글 글자본 제정시 10가지 유의점

1. 한글 위주 조판
2. 가로쓰기 전용
3. 가독성(일정한 크기, 착시 고려)
4. 변별성(공간의 넓힘과 획의 명확함)
5. 차밍포인트 활자의 크기
6. 인쇄 용지 및 인쇄 방식
7. 미려도
8. 심리성(온화하고 끈기가 있도록 온화한 곡선 처리)
9. 시력 보호(피읖, 치읓 등 자소의 사이 띄기)
10. 경제성(릭스절충형 채택)

3-2. '가 는 다' 음절(ㄱ, ㄴ, ㄷ, ㅏ)

[문화바탕체]

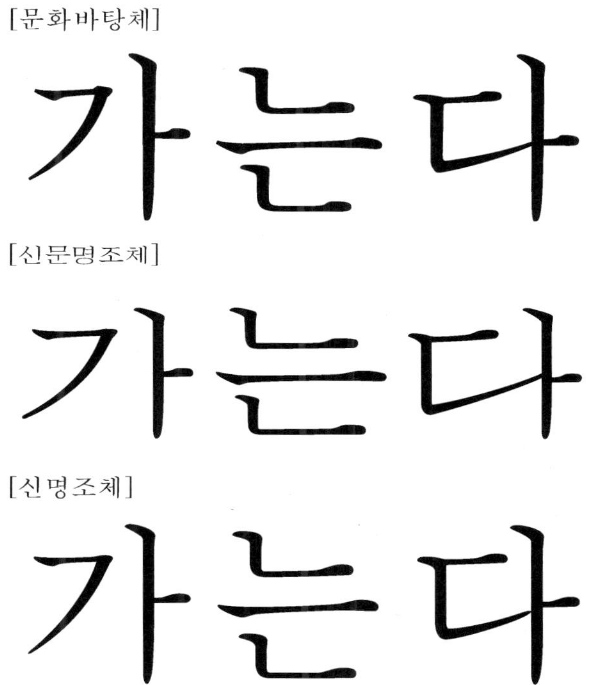

[신문명조체]

[신명조체]

글자본 제정기준 제 2 장 제정 세칙에 보면 제 1 절 닿소리 글자 (자음 문자)의 제 6 항에서 닿소리 글자의 공통 세칙을 규정하고 있다. 제 6 항에는 6개의 경우를 지정하고 있으나, 여기서는 앞의 2개만 소 개한다.

[제정기준] 교과서 본문용 한글 글자본(문화바탕체) 제정 기준 ⇒ ㄱ
　제 6 항: 닿소리 글자는 다음과 같은 기본 획형 구성의 공통적인 세
　　　　칙에 따라 이루어지게 한다.
　　　　1. 가로줄기는 세로줄기와 연결되는 것과 수평으로 쓰는 것

으로 이루어진 것이 있는데 이 줄기는 처음부분은 굵게, 중간부분은 가늘게, 끝부분은 조금 굵게 나타낸다. 다른 하나는 오른쪽을 조금 올려 쓰는 가로줄기인데 처음부분은 굵게, 중간부분은 조금 굵게, 끝부분은 더욱 가늘어지게 한다.

2. 세로줄기는 머리(처음 시작되는 부분)를 80°정도 굽게 뾰족한 점형으로 시작하고 중간부분은 수직 방향으로 굵게, 끝부분은 점점 가늘어지게 한다.

제 7 항: 'ㄱ, ㅋ, ㄲ' 글자는 홀로 쓸 때와 낱내 글자를 만들 때 쓰이는 자리에 따라 다음과 같이 이루어지게 한다.

1. 'ㄱ'

(1) 홀로 쓸 때: 가로줄기는 수평, 세로줄기는 수직으로 길이를 서로 같게 한다.

(2) 왼쪽에 쓸 때: 가로줄기는 수평, 세로줄기는 삐침으로 가로줄기보다 길게 굽은 모양으로 한다

(3) 위에 쓸 때: 가로줄기는 수평, 세로줄기는 수직 또는 삐침으로, 가로줄기보다 짧게 한다

(4) 받침에 쓸 때: 가로줄기는 수평, 세로줄기는 가로줄기보다 수직으로 짧게 한다

음절 '가'는 'ㄱ' 자소용으로 추출된 음절이다. 한글 '문화바탕체'와 '신명조체', '신문명조체'를 비교했다. 1980년대부터 출판계와 전자출판 학계, 인쇄계 등에서 '본문체'라는 이름으로 글자꼴 이름의 우리말화 운동을 벌여와서, 본문 조판에 주로 사용되는 네모틀(사각형) 안에 붓으로 쓴 것 같은 형태의 한글 글자꼴 이름이'명조체'라는 이름대신에 '본문체'라는 이름으로 많이 친숙해졌다. 그러나 국립국어연구원에서 '본문체'가 순수 토박이말이 아니고 한자말이라는 이유 등으로 '본문'을 토박이말인 '바탕'으로 바꾸어서 '바탕체'라고 용어를 지정함으로

써, 겨우 '본문체'로 정착되어가던 출판계와 인쇄계를 혼란스럽게 만들었다.

또한, 국립국어연구원에서 '네모체'와 '네모틀체'를 제대로 구별하지 못한 것이 주원인이 되어, '네모체'라는 용어를 새로운 이름인 '돋움체'로 바꾸었다. 따라서 고딕체 대신 '네모체'로 사용하던 사람들이 낯선 '돋움체'라는 용어에 당황하고 있다.

우리가 현재 대부분 사용하는 글꼴은 네모틀 안에 들어가는 형태이므로, 네모틀체 글자에 속하고, 네모체는 기존의 고딕체에 해당하는 용어이다. '탈네모체'라는 용어는 없고 '탈네모틀체'라는 용어가 있는 것이다. '탈네모틀체'는 받침이 있거나 아래로 내려 긋는 세로줄기의 모음이 있는 음절이 일정한 형태의 네모틀 밖으로 튀어나오는 글자꼴을 말한다. 샘물체니, 빨래줄체니, 안상수체니 하는 글꼴이 탈네모틀체에 속한다.98)

글자꼴을 비교하기 위하여, 문화바탕체, 신명조체, 신문명조체의 '가는 다'를 모두 100 포인트로 확대하였다. 맨 위가 신명조체이고 두 번째가 문화바탕체, 맨 아래가 신문명조체이다. 명조체를 보다 아름답게 썼다고 하는 것이 신명조체이고, 신문용 명조체 활자로 개발한 것이 신문명조체이다. 명조체이건, 신문명조체이건, 문화부에서 제정한 한글 본문체 쓰는 원칙에 맞추지 않고, 폰트 개발자가 제멋대로 쓴 것만은

---

98) 글자체 용어 순화안은 국립국어연구원이 주관해서 선정한 대상 용어25개를 국어심의회 국어순화 분과위원회에서 심의 확정한 것으로 1992년 12월 문화체육부가 발표하였다. 이중에는 가로줄기와 세로줄기처럼 여러 사람의 인정을 받는 용어도 있으나, 명조체를 '본문체'가 아닌 바탕체라는 새로운 용어로 바꾸고, 고딕체를 '네모체'가 아닌 돋움체라는 새로운 용어를 만들어 내어, 업계를 혼란하게 만든 잘못된 용어도 있다. 바탕체니 돋움체란 용어는 하루 빨리 본문체와 네모체로 원상 회복시켜야 할 것이다

명조체 폰트 가족(family)의 공동 특징이다.

'가'의 'ㄱ'의 가로줄기의 길이가 신명조체와 신문명조체는 너무 길다. 100 포인트 활자의 크기에서 'ㄱ'의 가로줄기의 길이가 문화바탕체는 14.5㎜이고, 신명조체는 16㎜, 신문명조체는 16.5㎜ 이다. 'ㄱ'의 세로줄기의 길이 역시 명조체가 길다. 문화바탕체는 23.5㎜, 신명조체는 26.㎜, 신문명조체는 29㎜이다. '가'의 'ㄱ'에서는 225°정도로 아래로 내려오는 세로줄기의 각도가 아주 중요하다. 이 각도가 직선에 가깝도록 완만하면 너무 거칠게 느껴진다. 가로줄기의 오른쪽 끝과 세로줄기의 아래 끝을 직선으로 연결하여 가운데 나타나는 부분의 폭이 신명조체는 1.5㎜밖에 안 되고, 문화바탕체와 신문명조체는 둘다 2㎜이다. 문화바탕체는 23.5㎜의 길이에 폭이 2㎜이고, 신문명조체는 29㎜의 길이에 폭이 2㎜이므로 문화바탕체에 비하여 각도가 완만하다.

일본에서 개발된 명조체나 홍콩에서 개발된 명조체는 'ㄱ'의 세로줄기의 굽은 정도가 폭이 1㎜ 미만으로 거의 직선에 가까운 것도 발견되는데, 이렇게 'ㄱ'의 세로줄기가 직선 모양을 하면 이런 'ㄱ'모양을 한 글자를 자주 대하는 사람은 성격이 급하고 거칠게 되기 쉽다.

이런 점에 유의하여, 문화바탕체는 원래 목적이 교과서 본문용 글자꼴 개발이었으므로, 자라나는 우리의 초등학생들의 성격이 온화하고 은근하도록 굽은 정도를 크게 하여 부드러운 느낌이 들도록 제작하였다. '우리 민족의 발전을 생각하고' 제작한 문화바탕체와 그런 생각 없이, 아니면 도리어 '한국 민족 잘되지 말아라'라는 생각을 하고 제작한 글자꼴과는 차이가 있게 마련이다.

단순한 자소의 조합만으로 단어가 이루어지는 알파벳 글자꼴과 자소가 모여서 음절을 만들고 다시 음절이 모여서 단어가 되는 한글 글자꼴은 한글 자소의 제작 방법이 달라야 하는데, 이 점을 간과하는 경우가 많아서 안타깝다.

한글 한 개의 음절은 초성과 중성 또는 초성과 중성과 받침이 모여서 이루는 한 개의 예술품이다. 한글 음절 한 개가 예술품 한 개인 것이다. 현대 한글 1만 1172개의 음절이 각기 다른 작품이며, 1만 1172개의 예술품인 것이다. 반드시, 한글 음절 하나하나를 작품 제작하듯이 정성껏 완성하여야 한다.

국전에 특선한 소나무 그림 1장이나 초등학생이 그린 소나무 그림 1장이나 같은 그림 1장이지만, 그림의 품질에는 엄청난 차이가 있을 수 있다. 사진 찍듯이 꼼꼼히 열심히 그린 소나무 그림이라도 그 그림 속에 작가의 철학이 들어 있지 않으면 훌륭한 그림이라 할 수 없는 것처럼, 한글 음절 1개에도 제작자의 철학이 들어 있어야만 훌륭한 글자꼴이라고 할 수 있다.

‘가’의 모음 ‘ㅏ’와 ‘ㄱ’의 간격도 문화바탕체가 6mm인데 비하여, 신명조체는 5.5mm, 신문명조체는 7.5mm로 ‘ㄱ’의 가로줄기의 길이와 초성 자음과 중성 모음의 간격이 조화를 이루지 못하고 있다. 문화바탕체의 ‘ㄱ’의 가로줄기가 14.5mm로 신명조체보다 짧으나 ‘ㅏ’와의 거리는 6mm로 신명조체보다 더 길어서 글자가 조화를 이룬다. ‘ㅏ’의 세로줄기의 길이는 신명조체가 33mm, 문화바탕체가 32.5mm, 신문명조체가 32mm로 거의 비슷하다. 그러나 ‘ㅏ’의 수평으로 나간 짧은 가로줄기의 길이는 신명조체가 7.2mm, 문화바탕체가 6.8mm, 신문명조체가 5.6mm로 서로 다르다. 처음 부분은 가늘게, 끝부분은 뭉툭하게 나타내도록 한 원칙에는 대체로 맞지만, 신문명조체의 경우는 처음 부분이 가늘게 시작이 되다 말고, 바로 뭉툭한 끝부분(맺음)으로 되어 잘못 제작되었다.

‘ㄴ’은 위에 쓸 때 세로줄기는 수직으로, 가로줄기는 수평으로 하고, 가로줄기는 세로줄기보다 조금 길게 한다 ‘ㄴ’을 받침에 쓸 때는 세로줄기는 수직이나 또는 조금 기울게 하고, 가로줄기는 수평으로 하되, 가로줄기를 조금 길게 하도록 제정 기준에 나와 있다 ‘는’은 ‘ㄴ’ 자소용으로 추출된 음절이다. 문화바탕체의 위에 있는 ‘ㄴ’은 가로줄기 8.8, 세로줄기 18mm 이고, 신명조체는 8.7, 20.5mm, 신문명조체는 10, 23mm로 문화바탕체의 ‘ㄴ’보다 크다. ‘는’의 ‘ㅡ’모음의 길이는 문화바탕체와 신명조체가 31mm로 같고, 신문명조체는 33.5mm로 너무 길다. ‘ㅡ’모음과 받침 ‘ㄴ’의 가로줄기와의 사이도 문화바탕체는 11mm인데 비하여, 신명조체는 10.5, 신문명조체는 13mm이다. 신문명조체는 ‘가’자나 ‘는’자나 둘 다 자기 포인트 치에 비해 너무 큰 경향이 있다

‘ㄷ’은 왼쪽에 쓸 때, 첫 가로줄기는 수평으로, 세로줄기와 맞닿는 자리는 홀로 쓸 때와 같고, 마지막 가로줄기는 끝부분을 조금 올라가는 기울기로 삐쳐 올려 쓴다 ‘ㄷ’ 홀로 쓸 때는 두 개의 가로줄기는 수평, 세로줄기는 수직으로 줄기 방향을 정하고, 세로줄기는 첫 가로줄기의 왼쪽에서 조금 들어온 부분에 살짝 닿게 하되 두 가로줄기의 끝부분 자리는 같게 한다는 것이 제정 기준이다 ‘다’는 ‘ㄷ’ 자소용과 ‘ㅏ’ 자소의 두 가지 용도로 추출됐다 문화바탕체의 ‘ㄷ’의 위 가로줄기는 16.5, 세로줄기는 15, 밑 가로줄기는 19mm이고, 신명조체는 17.9, 17, 19mm, 신문명조체는 18.8, 20, 25mm 이다. 신명조체는 문화바탕체의 ‘ㄷ’과 밑의 가로줄기는 19mm로 같은 길이이나, 위 가로줄기는 17.9mm로 1.4mm나 더 길고, 세로줄기도 17mm로 2mm나 더 길다. 신문명조체의 ‘ㄷ’은 글자 전체의 균형을 잃도록 너무 크다 ‘다’의 ‘ㅏ’의 모양은 ‘가’의 ‘ㅏ’ 때와 비슷하다.

초성 ‘ㄱ’의 모양은 받침이 있을 때 더욱 그 특성이 잘 드러난다 ‘각’을 보기로 들면, 신명조체의 초성 ‘ㄱ’의 날카로운 모양과 문화바탕

체의 초성 'ㄱ'의 부드러운 모습이 비교된다. 초성 'ㄱ'의 가로줄기 끝과 중성 모음 'ㅏ'의 세로줄기의 거리는 문화바탕체와 신명조체가 6mm이고, 신문명조체는 8.5mm로 신문명조체는 '각'자가 조금 엉성하게 보인다. 초성 'ㄱ'의 세로줄기의 맨아래와 받침 'ㄱ'의 가로줄기 시작부분과의 거리는 문화바탕체가 7mm이고, 신문명조체가 6mm, 신명조체가 5.5mm 순서이다. 이 거리가 7mm 정도가 되어야 변별력이 뛰어나고, 글자 전체의 모양도 아름답게 느껴진다. 신명조체의 '각'은 날카롭고(초성) 무거운 느낌(커다란 받침)을 주며, 문화바탕체의 '각'은 온화하고 아름답다.

[신명조체]   [문화바탕체]   [신문명조체]

[참고] 한 음절 내에서 각 자소의 길이와 간격을 나타내는 수치는 100포인트 크기로 잉크젯 프린터에서 인쇄된 결과치이므로, 활자의 크기가 달라지면 그에 비례하여 이 수치도 달라진다. 100포인트일 경우 7mm인 것이 50포인트이면 3.5mm로 줄어들고, 120포인트이면 8.4mm로 늘어난다는 뜻이다.

제정기준의 제 2 장 제정 세칙의 제 2 절 홀소리 글자(모음 문자)의 제 13 항에서는 홀소리 글자의 공통 세칙을 규정하고 있다

[제정기준] 교과서 본문용 한글 글자본(문화바탕체) 제정 기준 ⇒ ㅏ
   제 13 항: 홀소리 글자는 다음과 같은 기본획형 구성의 공통적인 세칙에 따라 이루어지게 한다.
      1. 긴 가로줄기는 두 가지가 있는 데 하나는 처음 부분을 굵게, 가운데 부분은 가늘게, 끝부분은 뭉툭한 수평으로 하여 가로퍼

진 모양으로 하고, 또 하나는 중간 부분에서부터 점점 가늘어
지게 하여 사향방향의 삐침 모양으로 한다.

2. 긴 세로줄기는 처음 부분을 45°방향으로 뾰족하게 시작한 머리
부분은 짧은줄기 모양으로 하고, 중간부분은 굵은 수직선으로 하
며, 끝부분은 뭉툭하게 수직으로 뽑아 내린 모양으로 한다.

3. 삐침줄기는 닿소리 글자 'ㅅ'의 왼삐침줄기(왼 세로줄기)와 비
슷한 모양으로 한다(보기: 'ㅠ'의 왼쪽 세로줄기).

4. 짧은줄기는 방향에 따라 여러 가지 모양으로 한다.

   (1) 수평 줄기: 처음 부분은 가늘게, 끝부분은 뭉툭하게 나타낸
   다(보기: ㅏ, ㅑ).

   (2) 치킴 줄기: 처음은 뾰족하게 시작하되 굵어졌다가 다시 뾰
   족하게 한다(보기: ㅓ, ㅕ).

   (3) 수직 줄기: 긴 세로줄기를 축소한 모양과 같게 수직으로 한
   다(보기: ㅗ, ㅛ, ㅜ, ㅠ).

긴 가로줄기	긴 세로줄기	삐침줄기	짧은줄기
ㅡ, ㅗ	ㅣ, ㅏ		ㅏ, ㅓ의 ㅡ
의 ㅡ	의 ㅣ	ㅠ의 왼쪽 삐침)	
ㅓ, ㅚ	ㅓ, ㅘ		ㅗ, ㅜ의 ㅣ

홀소리 글자 기본 줄기의 보기 그림

제 14 항: 'ㅣ, ㅏ, ㅑ, ㅐ, ㅒ' 글자는 홀로 쓸 때와 낱내 글자를 만들 때,
받침이 없고 있음에 따라 다음과 같이 이루어지게 한다.

   2. 'ㅏ'

   (1) 홀로 쓸 때: 세로부분은 'ㅣ'와 같게 하고, 수평줄기(가로줄
   기)는 'ㅣ'의 1 / 2 자리에 수평방향으로 살짝 붙게 한다.

   (2) 받침이 없을 때: (1)과 같이 길게 한다.

   (3) 받침이 있을 때: 세로줄기 모양은 (1)과 같게 하되 짧게 하
   고, 수평줄기는 'ㅣ'의 1 / 2 자리보다 조금 아래에 살짝 붙
   게 하되 짧은 'ㅣ' 줄기일수록 수평줄기는 더욱 아랫부분에
   붙게 한다.

3) '로 면 보' 음절(ㄹ, ㄴ, ㅁ, ㅂ)

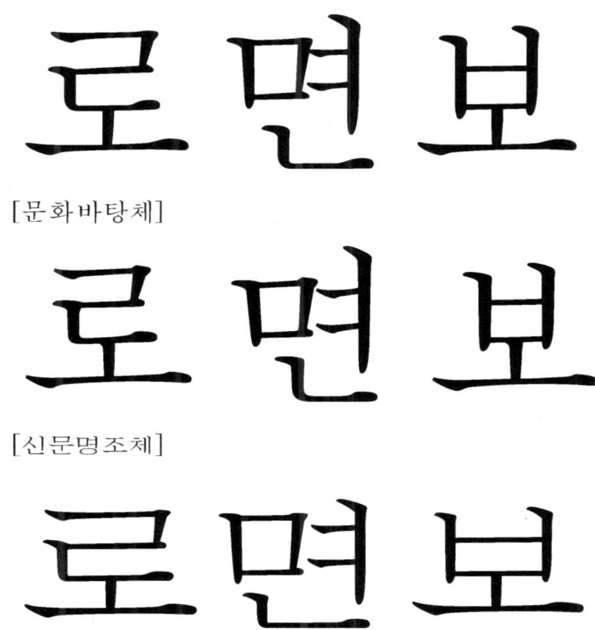

음절 '로'는 'ㄹ' 자소와 'ㄴ' 자소용으로 추출된 음절이다. 'ㄹ'의 크기가 문화바탕체보다 신명조체나 신문명조체가 크다. 문화바탕체 'ㄹ'의 위 가로줄기는 18, 가운데 가로줄기는 17, 아래 가로줄기는 16.7㎜인데, 신명조체 'ㄹ'은 20.5, 20.5, 19㎜이고, 신문명조체 'ㄹ'은 25.5, 24.2, 23.2㎜이다. 가로줄기의 길이가 길면 길수록 글자가 커 보이며 자소간의 균형을 잃고 아름다움을 해치게 된다. 제정기준의 제8항에서는 'ㄴ, ㄷ, ㅌ, ㄹ, ㄸ' 글자의 세칙을 규정하고 있다.

[제정기준] 교과서 본문용 한글 글자본(문화바탕체) 제정 기준 ⇒ ㄹ

제 8 항: 'ㄴ, ㄷ, ㅌ, ㄹ, ㄸ' 글자는 홀로 쓸 때와 쓰이는 자리에 따라 다음과 같이 이루어지게 한다.

4. 'ㄹ'

(1) 홀로 쓸 때: 세 개의 가로줄기는 수평으로 길이를 같게, 두 개의 세로줄기는 수직으로 같게 하되 외형의 가로 폭의 길이는 좀 길게 한다.

(2) 왼쪽에 쓸 때: ㄹ의 상하 폭의 길이를 길게 하되, 마지막 가로줄기는 왼쪽으로 점점 가늘어지게 삐쳐 올리게 한다. 'ㅣ, ㅏ, ㅑ, ㅐ, ㅒ'에 쓰는 'ㄹ'의 마지막 가로줄기는 'ㅣ, ㅓ, ㅔ, ㅖ'에 쓰는 'ㄹ'보다 길게 삐치게 한다.

(3) 위에 쓸 때: (1)과 같은 모양으로 하되, 가로 폭의 길이를 조금 크게 한다.

(4) 받침에 쓸 때: 위에 쓸 때의 'ㄹ'과 같은 모양으로 한다.

제정 기준에 따르면 '로'는 'ㄹ'이 위에 오는 경우이므로, 'ㄹ'의 가로줄기 3개의 길이가 수평으로 같아야 하나, 미려함과 착시 현상을 고려하여 1mm 정도의 차이를 두었다. 맨 위 가로줄기는 18mm이고, 가운데와 밑의 가로줄기는 17mm와 16.7mm로 맨 위 가로줄기보다 약 1mm 가량 짧게 그렸다.

'로'의 중성 모음 'ㅗ'의 가로줄기는 문화바탕체와 신명조체가 32mm로 같고, 신문명조체는 34.5mm로 길다. 'ㅗ'의 세로줄기의 길이는 문화바탕체가 6.8mm, 신명조체는 6.1mm로 조금 짧고, 신문명조체는 9mm로 너무 길다.

음절 '면'은 'ㅁ' 자소용으로 추출된 음절이다. 문화바탕체와 신문명조체의 'ㅁ'과 'ㅕ'는 서로 떨어져 있으나 신명조체는 'ㅕ'의 위 가로줄기가 'ㅁ'의 오른쪽 세로줄기와 붙어 있다. '면'의 왼쪽에 위치한 초성 자음

‘ㅁ’의 모양의 3개가 다 상하가 좌우보다 커서 제대로 그려졌다. 문화바탕체의 ‘ㅁ’의 안쪽 하얀 네모부분의 상하 길이는 8.9, 좌우는 8.0㎜로 0.9㎜ 더 길다. 신명조체의 ‘ㅁ’의 안쪽 상하는 9.8, 좌우는 8.8㎜, 신문명조체의 안쪽 상하는 12.2, 좌우는 11㎜이다. ‘ㅁ’의 위 가로줄기의 길이는 문화바탕체가 16㎜로 아래 12㎜ 보다 4㎜ 더 길다. 신명조체는 ‘ㅁ’의 위 가로줄기의 길이가 16.5㎜로 아래 12.5㎜ 보다 4㎜ 더 길고, 신문명조체는 위 가로줄기의 길이가 18.2㎜로 아래 14㎜ 보다 4.2㎜ 더 길다.

한글 본문체를 처음 대하는 사람은 ‘ㅁ’이면 그저 직선 4개가 모여진 네모일 뿐이라고 주장하는 경우가 많다. 그러나 그렇게 그릴 경우 무게 중심이 맞지 않아서 비뚤어지게 보일 수 있다. 특히 ‘ㅁ’이 받침으로 갈 경우에는 아래 가로줄기의 시작부분보다 왼쪽 세로줄기가 더 내려오지 않으면 앞쪽으로 넘어지는 듯한 착시 현상이 생긴다. 이걸 보통 ‘굽’이라고 부른다. 왼쪽 시작부분에 굽을 달고, 오른쪽 끝부분은 오른쪽 세로줄기보다 더 오른쪽으로 나가서 끝을 맺어야 안정성이 있게 보인다. 이렇게 굽을 달거나 끝을 더 길게 나가주지 않으면 작은 크기의 활자일 경우에는 ‘ㅁ’과 ‘ㅇ’이 잘 구별이 안 되는 경우도 생긴다. 제정 기준 제 9 항은 ‘ㅁ, ㅂ, ㅍ, ㅃ’ 글자 쓰는 법을 지정했다.

[제정기준] 교과서 본문용 한글 글자본(문화바탕체) 제정 기준 ⇒ ㅁ, ㅂ
　　제 9 항: ‘ㅁ, ㅂ, ㅍ, ㅃ’ 글자는 홀로 쓸 때와 낱내 글자를 만들 때
　　　　　쓰이는 자리에 따라 다음과 같이 이루어지게 한다.
　　　　1. ‘ㅁ’
　　　　　(1) 홀로 쓸 때: 두 개의 가로줄기를 평행으로 하되, 위
　　　　　　　가로줄기 길이를 조금 길게 하고, 왼쪽 세로줄기의
　　　　　　　윗부분이 왼쪽으로 기우는 사향으로, 오른쪽에 세로
　　　　　　　줄기는 수직으로 한다. 전체의 모양은 가로 폭과 세
　　　　　　　로 폭이 비슷한 정사각형에 가까운 모양으로 한다.

(2) 왼쪽에 쓸 때: (1)과 같은 방법으로 하되, 전체 모양
의 위아래 폭의 길이를 조금 더 길게 한다.

(3) 위에 쓸 때와 받침에 쓸 때: (1)과 같게 하되, 좌우 폭
의 길이를 위아래 폭의 길이보다 조금 더 길게 한다.

2. 'ㅂ'

(1) 홀로 쓸 때: 두 개의 세로줄기는 수직으로 평행이 되게
하되, 오른쪽 세로줄기의 윗부분을 조금 크게 하고,
두 개의 가로줄기는 평행으로 좌우의 세로줄기와붙이
되 첫 가로줄기는 세로줄기의 중간에 오게 한다.

(2) 왼쪽에 쓸 때: (1)과 같은 방법으로 하되, 위 아래 폭
의 길이를 조금 더 길게 한다.

(3) 위에 쓸 때와 받침에 쓸 때: (1)과 같게 하되, 좌우
폭의 길이를 조금 더 길게 한다.

음절 '보'는 'ㅂ' 자소용으로 추출된 음절이다. 문화바탕체나 신명조
체, 신문명조체 셋 다 'ㅂ'의 아래 가로줄기의 양옆에는 굽이 달려 있
다. 'ㅂ'의 좌우 세로줄기의 바깥부분의 길이와 오른쪽의 긴 세로줄기
의 길이는 문화바탕체가 14×17mm이고, 신명조체는 16×17mm, 신문명
조체는 21×19.5mm이다. 문화바탕체와 신명조체의 'ㅂ'은 오른쪽 세로
줄기의 높이(아래위 길이)가 17mm로 같으나 좌우 폭이 문화바탕체가 14
mm로 신명조체보다 2mm 짧아서 날씬하고 아름답게 보인다. 신문명조체
의 'ㅂ'은 너무 폭이 넓어서 엉성하고 밉게 보인다. 'ㅂ' 아래의 'ㅗ'의
세로줄기의 길이는 문화바탕체와 신명조체가 7mm로 같고, 신문명조체는
9mm로 2mm 더 길다. 'ㅂ'이 받침으로 쓰일 경우를 보기 위해 '밥'자를
비교했다. 신명조체의 받침 'ㅂ'의 굽이 너무 길고, 신문명조체의 받침
'ㅂ'은 좌우 폭이 너무 넓다. 초성의 'ㅂ'과 'ㅏ'의 거리는 신명조체 6,
문화바탕체 6.8, 신문명조체 9mm의 순서이다. 신문명조체의 '밥'자는 균
형면이나 미려도에서 한 급 떨어지는 수준이다. 신문명조체의 '밥'과

문화바탕체의 '밥' 글자는 미려도가 비슷하나 초성 'ㅂ'과 중성 'ㅏ'의 거리가 더 먼 문화바탕체가 변별성과 가독성에서 앞선다

[신명조체]   [문화바탕체]   [신문명조체]

밥밥밥

4) '서 이 자' 음절(ㅅ, ㅓ, ㅇ, ㅣ, ㅈ)

[신명조체]

서 이 자

[문화바탕체]

서 이 자

[신문명조체]

서 이 자

　음절 '서'는 'ㅅ' 자소와 단모음 'ㅓ' 자소용으로 추출된 음절이다. 'ㅅ'을 쓸 때 왼쪽 세로줄기(삐침줄기)는 오른쪽으로 향하는 머리(처음 시작되는 부분)로 시작하여 다시 방향을 바꾸어 왼쪽으로 점점 가늘어지게 삐치는 사향 곡선인 왼삐침줄기와 오른쪽으로 향하는 오른쪽 세로줄기(오른삐침줄기)가 서로 붙게 한다. 오른삐침줄기는 왼삐침줄기의 1/2 조금 못되는 자리에 살짝 붙이되, 'ㅅ' 의 전체 외곽 모양은 정사각형에 가깝게 한다. 'ㅅ'이 중성 모음의 왼쪽에 위치할 때는 2가지 경우가 있다. 첫 번째는 'ㅓ, ㅕ, ㅔ, ㅖ'에 쓰는 경우인데, 이때는 오른삐침줄기를 조금 짧게 한다. 두 번째는 'ㅣ, ㅏ, ㅑ, ㅐ, ㅒ'에 쓰이는 경우인데, 이 때는 'ㅅ'의 위아래 쪽의 길이가 긴 모양이 되게 한다. 문화바탕체의 'ㅅ'은 왼삐침줄기의 길이가 20.5㎜로 신명조체와 같고, 신문명조체는 23㎜로 너무 길다. 'ㅅ'의 오른삐침줄기의 길이는 문화바탕체가 10.5, 신명조체가 11, 신문명조체가 14㎜이다. '서'는 'ㅅ'이 'ㅓ'의 왼쪽에 오는 경우이므로, 문화바탕체처럼 오른삐침줄기가 약간 짧은 것이 더 보기에 아름답다.

　음절 '이'는 'ㅇ' 자소와 단모음 'ㅣ' 자소용으로 추출된 음절이다. 'ㅇ'을 쓰는 법은 'ㅇ'의 맨 윗부분에 시작의 느낌이 조금 나타나는 아주 작은 머리를 삐침줄기 방향으로 뾰족하게 하되, 줄기는 같은 굵기로 둥글게 하는 것이다. 문화바탕체의 'ㅇ'의 안쪽 지름은 9.2, 신명조체는 10.7, 신문명조체는 14㎜이다. 'ㅇ'과 'ㅣ'의 거리도 문화바탕체는 7.5, 신명조체는 6.9, 신문명조체는 8.5㎜이다. 신명조체(10.7 / 6.9 = 155%)나 신문명조체(14 / 8.5 = 164%)는 문화바탕체(9.2 / 7.5 = 122%)에 비해 너무 비율이 커서 보기에 아름답지 못하고, 균형이 잘 잡히질 않는다. 'ㅇ'의 크기에 비해 초성 'ㅇ'과 'ㅣ' 모음의 비율이 120% 정도가 10포인트에서 15포인트 정도 크기 활자의 아름다운 차밍포인트이다.

　모음 'ㅣ'는 머리를 45°방향으로 뾰족하게 하고, 계속하여 중간부분

을 수직으로 길게 뽑아내되, 맺음은 뭉툭하게 하는 쓰는 것이 원칙이
다. 문화바탕체의 'ㅣ'와 신명조체의 'ㅣ'가 모양은 얼른 봐서 비슷하
나, 자세히 볼 때, 신명조체가 미려도가 떨어지는 이유는 'ㅣ' 세로줄기
의 중간 이하 부분의 모습이 다르기 때문이다. 신명조체의 'ㅣ'는 중간
이하가 무다리처럼 내려오다가 뭉툭하게 맺고 있으나, 문화바탕체의
'ㅣ'는 중간 이하 부분이 점차 조금씩 가늘어지면서 맨 아래에 와서 약
간 뭉툭하게 맺고 있음을 알 수 있다.

음절 '자'는 'ㅈ' 자소용으로 추출된 음절이다. 'ㅈ' 쓰는 원칙은 문
화바탕체나 신문명조체와 같이 3획의 지읒 모양이다. 그러나 신명조체
는 2획의 'ㅈ'으로 잘못 쓰고 있다. 제정기준 제 10 항은 'ㅅ, ㅈ, ㅊ,
ㅆ, ㅉ' 글자 쓰는 법을 지정하고 있다.[99]

[제정기준] 교과서 본문용 한글 글자본(문화바탕체) 제정 기준 ⇒ ㅈ
  제 10 항: 'ㅅ, ㅈ, ㅊ, ㅆ, ㅉ' 글자는 홀로 쓸 때와 낱내 글자를 만
        들 때 쓰이는 자리에 따라 다음과 같이 이루어지게 한다.
        2. 'ㅈ'
          (1) 홀로 쓸 때: 가로줄기 가운데 자리에 'ㅅ'을 살짝
              닿게 하되, 'ㅈ'의 외곽 형태는 정사각형에 가까운
              형으로 한다. 왼쪽으로 삐치는 줄기는 가로줄기의
              왼쪽 끝보다 밖으로 나가게 한다.
          (2) 왼쪽에 쓸 때: 'ㅣ, ㅏ, ㅑ, ㅐ, ㅒ'에 쓰는 'ㅈ'은 (1)
              과 같게 하되 위 아래 폭의 길이를 같게 하고, 'ㅓ,
              ㅕ, ㅔ, ㅖ'에 쓰는 'ㅈ'은 오른삐침줄기를 (1)과 같
              은 모양으로 하되, 조금 짧게 한다.

---

99) 한글 글자본 제정 주관 연구기관 사단법인 세종대왕기념사업회 문화체육
    부, 1991년 11월 27일 한글 글자체 표준 본그림(원도) 제정 원칙 제정
    (1991년 12월 14일 공청회 개최).

(3) 위에 쓸 때: (1)과 같게 하되, 좌우 폭의 길이를 더 길게 한다.

(4) 받침에 쓸 때: (1)과 같은 모양으로 하되, 가로퍼짐 홀소리 글자 아래에 올 때에는 (3)과 같게 좌우 폭의 길이를 길게 하고, 세로퍼짐 홀소리 글자 아래에 올 때에는 (2)와 같게 위 아래 폭의 길이를 길게 한다.

'ㅈ'을 2획의 'ㅈ'으로 잘못 쓰고 있는 신명조체도 받침의 'ㅈ'은 3획의 'ㅈ'을 사용하고 있는 모순을 보인다. '잦'의 예를 들어보자. 2획의 'ㅈ'과 3획의 'ㅈ'을 옆에 놓고 비교해보면 3획의 'ㅈ'이 더 예쁘고, 균형이 잡힌 것을 알 수 있다.

[신명조체]　　　[문화바탕체]　　　[신문명조체]

5) '치 컴 터' 음절(ㅊ, ㅋ, ㅌ)

[신명조체]

치 컴 터

[문화바탕체]

치컴터

치컴터

  음절 '치'는 'ㅊ' 자소용으로 추출된 음절이다. 한글 쓰는 원칙에 따라 문화바탕체는 4획의 치읓 모양(ㅊ)이다. 그러나 신명조체는 3획의 치읓 모양(ㅊ)으로 잘못 쓰고 있다. 'ㅊ'의 점(꼭지점)은 30°정도 기울기로 앞부분이 일어나게 짧은줄기 모양으로 하고, 점 밑에는 사이를 띄어서 홀로 쓸 때의 'ㅈ' 글자가 오게 하되, 위 아래 폭의 길이가 긴 모양이 되게 하는 것이 'ㅊ'을 홀로 쓸 때의 쓰는 법이다. 'ㅊ'이 'ㅣ' 왼쪽에 올 때는 홀로 쓸 때와 같은데, 단지 위 아래 폭의 길이를 더 길게 한다.

  음절 '컴'은 'ㅋ(키읔)' 자소용으로 추출된 음절이다. 'ㅋ'을 왼쪽에 쓸 때는 가로줄기는 수평, 세로줄기는 삐침으로 가로줄기보다 길게 굽은 모양으로 한다. 둘째 가로줄기는 삐침줄기(세로줄기)의 1 / 3 되는 자리에 살짝 붙게 한다. 문화바탕체 'ㅋ'의 위 가로줄기와 세로줄기가 만나는 곳에서부터 세로줄기의 마지막부분까지를 직선으로 연결하면 길이가 20㎜이고 'ㅋ' 세로줄기의 중간부분과 직선과의 폭이 2.1㎜가 나온다. 신명조체의 'ㅋ'은 직선 21㎜, 폭 2㎜이고 신문명조체의 'ㅋ'은 직선 21㎜, 폭 2.4㎜이다. 문화바탕체와 신명조체의 폭은 2.1㎜와 2㎜

로 거의 같으나 문화바탕체의 직선 길이가 20㎜로 신명조체보다 1㎜ 더 짧은 관계로 문화바탕체의 'ㅋ'이 더 부드럽게 보인다. 신문명조체의 'ㅋ'은 폭이 2.4㎜로 더 부드럽게 보일 것 같으나 'ㅋ'의 3개의 가로줄기와 1개의 세로줄기가 서로 균형을 이루지 못하고 있어, 오히려 유치한 감을 준다. 'ㅋ'과 'ㅓ' 가로줄기의 거리는 문화바탕체가 거의 붙어 있어 네모 안에서 'ㅋ'과 'ㅓ'와 'ㅁ'받침이 꽉짜인 느낌을 주며 힘이 있고 아름답다.

음절 '터'는 'ㅌ(티읕)' 자소용으로 추출된 음절이다. 'ㅌ'을 홀로 쓸 때는 첫 가로줄기는 길게 하되, 세 개의 모든 가로줄기는 수평으로 하고 끝부분의 위치는 같게 한다. 가운데 가로줄기는 세로줄기의 중간 위치에 붙이되, 세로줄기는 가로줄기보다 짧게 한다. '터'처럼 'ㅌ'을 왼쪽에 쓸 때는 가로줄기는 세로줄기보다 짧게 하되, 마지막 가로줄기는 조금 길게 사향으로 삐쳐 올리는 모양으로 한다. 문화바탕체의 'ㅌ'의 위 가로줄기는 14.5㎜, 가운데 가로줄기는 8㎜이고, 신명조체는 16㎜, 9.2㎜이고 신문명조체는 16.5㎜, 10.5㎜이다. 문화바탕체의 'ㅌ'이 14.5㎜, 8㎜로 가장 작고 예쁘다. 'ㅌ'과 'ㅓ'의 가로줄기의 거리는 문화바탕체가 1.7㎜, 신명조체가 1㎜, 신문명조체가 2㎜로 신명조체는 'ㅌ'과 'ㅓ'의 거리가 너무 짧다. 'ㅌ'을 세로줄기에 가로줄기 3개가 다 붙은 것으로 쓰지 않고, 가로줄기 'ㅡ'와 'ㄷ'으로 나누어 쓴 활자체도 발견되고 있으나, 이것은 작은 크기의 활자에서 'ㄹ'과 변별성이 떨어지기 때문에 잘못된 것이다.

이번에는 '춘'자의 예를 들어 들어보자. 문화바탕체는 'ㅊ'이 위에 화도 4획의 치읓 모양(ㅊ)이다. 그러나 신명조체는 역시 3획의 치읓 모양(ㅊ)으로 잘못 쓰고 있다. 'ㅊ'을 위에 써도 역시 4획의 치읓 모양이 더 균형을 잘 이루고, 더 예쁜 걸 알 수 있다.

6) '퓨 하 야' 음절(ㅍ, ㅠ, ㅎ, ㅑ)

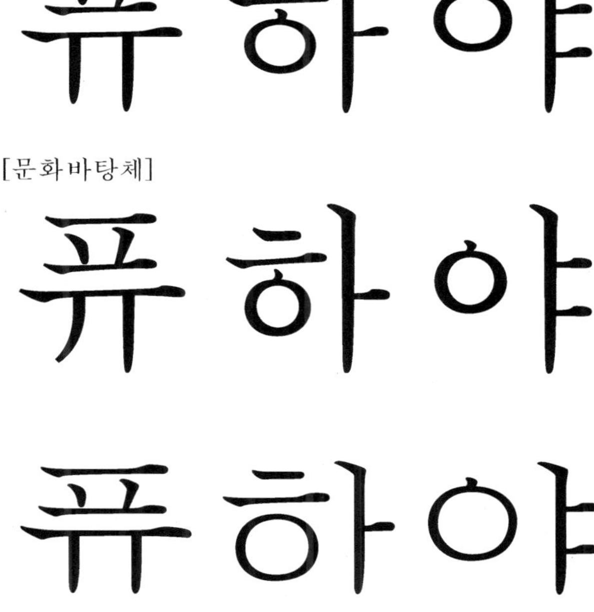

음절 '퓨'는 'ㅍ' 자소와 단모음 'ㅠ' 자소용으로 추출된 음절이다.

'ㅍ'은 홀로 쓸 때 두 개의 가로줄기는 같은 크기로 수평으로, 두 개의 세로줄기는 왼쪽이 조금 벌어지는 듯하게 사향으로 하되, 아래 가로줄기와 살짝 붙게 한다. 두 개의 짧은 세로줄기와 위 가로줄기와는 사이를 조금 띄우게 한다. '퓨'처럼 'ㅍ'을 위에 쓸 때는 홀로 쓸 때와 같으나, 좌우 폭의 길이를 조금 더 길게 한다. 문화바탕체의 'ㅍ'의 왼쪽 세로줄기는 위가 굵고 아래가 가늘게 그려졌으나 신명조체의 'ㅍ'의 왼쪽 세로줄기는 위가 가늘고 아래가 굵어서 잘못 그려졌다. 문화바탕체는 'ㅍ'의 왼쪽 세로줄기의 맨 아래가 아래 가로줄기와 거의 붙어 있으나, 신명조체는 약간 떨어져 있다.

단모음 'ㅠ' 자소 모양은 홀로 쓸 때나 받침이 없을 때 가로줄기는 'ㅡ'와 같고, 왼쪽 세로줄기(수직줄기)는 왼쪽으로 비스듬히 삐치고 오른쪽 세로줄기(수직줄기)는 수직으로 하되 'ㅡ' 줄기의 1 / 3, 2 / 3 정도 자리에 붙게 한다. 'ㅠ'에 받침이 올 때는 받침이 없을 때보다 두 수직줄기의 길이를 짧게 한다. 문화바탕체 'ㅠ'의 왼쪽 세로줄기는 왼쪽으로 225°삐쳐서 제대로 그려졌는데, 신명조체와 신문명조체는 수직으로 내려와서 잘못 되었다. 'ㅠ'의 두 세로줄기의 사이가 문화바탕체는 7mm, 신명조체는 8mm, 신문명조체는 12mm여서 7mm 사이인 문화바탕체가 가장 아름답다.

애당초 한글 본문체의 원도를 제작할 때 교과서용을 염두에 두고 제작하였으므로, 학생의 시력 보호와 한글의 미려성은 물론 변별력과 가독성 향상에 주안점을 두어서 'ㅠ'의 왼쪽 세로줄기를 수직으로 내려오지 않도록 원칙을 정했다. 변별력과 가독성을 위하여 특히 더 노력한 자소로는 'ㅠ'와 'ㅝ'와 'ㅟ', 'ㅈ'과 'ㅊ'이 그 대표적이다.[100]

---

[100] 'ㅠ' 모음 밑에 'ㄴ' 받침이 올 경우 특히 변별성이 문제가 된다. '윤'의 예를 보면, 'ㅠ'의 왼쪽 세로줄기가 받침 'ㄴ'의 세로줄기와 서로 조화를 이루면서도 변별력이 뛰어난 것을 알 수 있다. 문화바탕체 '윤'을 보면 문

음절 '하'는 'ㅎ' 자소용으로 추출된 음절이다. 'ㅎ'을 홀로 쓸 때 'ㅎ'의 위 2개의 가로줄기(꼭지점 하나, 가로줄기 하나)는 'ㅊ'의 위 2개 가로줄기와 같게, 'ㅇ' 부분은 'ㅇ' 글자와 같게 하되, 꼭지점('), 'ㅡ', 'ㅇ' 사이는 각각 같은 간격으로 띄우게 한다. 'ㅇ'의 폭은 꼭지점의 가로 폭보다 조금 크게 하되, 'ㅎ'의 외형은 정사각형이 되도록 한다. 'ㅎ'을 왼쪽에 쓸 때는 홀로 쓸 때와 같게 하되, 위 아래 폭의 길이는 조금 더 길게 한다. 문화바탕체의 'ㅎ'의 'ㅇ' 부분의 안쪽 지름은 8.2㎜, 신명조체는 9.8㎜, 신문명조체는 13.8㎜이다. 8.2㎜인 문화바탕체의 'ㅇ'이 크기가 적당하다. 'ㅇ'의 시작부분인 꼭지점이 신명조체는 너무 짧고, 신문명조체는 꼭지점이 아예 없다.

음절 '야'는 단모음 'ㅑ' 자소용으로 추출된 음절이다. 교과서 본문용 한글 글자본 제정 기준 제2장 제정 세칙의 제14항에 보면, 'ㅑ'의 세로줄기는 'ㅣ'와 같이 머리를 45도 방향으로 뾰족하게 하고, 계속하여 중간 부분을 수직으로 길게 뽑아내되, 맺음은 뭉툭하게 하라고 정해져 있으며, 두 개의 수평줄기(가로줄기)는 수직줄기(세로줄기)의 1/3, 2/3 자리에 수평으로 살짝 붙게 하라고 한다. 문화바탕체의 'ㅑ'는 세로줄기의 아래 부분이 서서히 얇아지고 있으나, 신명조체는 세로줄기의 끝 부분이 바로 뭉툭해지고 있다. 'ㅑ'의 수평으로 나온 가로줄기(오른 곁줄기) 2개의 거리가 문화바탕체는 8.2㎜, 신명조체는 8㎜, 신문명조체는 8.5㎜로 문화바탕체가 신명조체보다 0.2㎜ 더 멀다.

'ㅠ' 밑에 'ㄴ' 받침이 온 '균'자를 비교해보면, 문화바탕체는 'ㅠ'의 왼쪽 세로줄기가 'ㄴ'의 시작부분보다 왼쪽으로 나와 있으나, 신명조체와 신문명조체는 'ㅠ'의 세로줄기 2개가 다 'ㄴ'의 시작부분보다 오른쪽에 위치해, 잘못 그려졌음을 알 수 있다.[101]

화정자쓰기나 문화흘림쓰기의 '윤'보다 더 확실하다.
101) '한글 글자본 제정, 주관 연구기관 세종대왕기념사업회 문화부, 1992. P.109

[신명조체]   [문화바탕체]   [신문명조체]

균 균 균

7) '여 용 수' 음절(ㅕ, ㅛ, ㅜ)

[신명조체]

여 용 수

여 용 수

[신문명조체]

여 용 수

음절 '여'는 단모음 'ㅕ' 자소용으로 추출된 음절이다 'ㅕ'는 홀로 쓸 때 세로줄기는 'ㅣ'와 같게 하고, 위 가로줄기는 'ㅣ'의 1/4 정도, 아래 가로줄기는 2/4 정도 자리에 살짝 붙게 한다. 그러나 왼쪽에 닿소리가 오고 받침이 없을 때는 왼쪽 닿소리 글자에 따라 두 가로줄기의 자리가 조금씩 달라지게 한다. 문화바탕체의 'ㅕ'는 가로줄기(왼쪽 곁줄기) 두 개의 사이가 6.9㎜이고 신명조체는 7.2㎜, 신문명조체는 9㎜이다. 신문명조체는 'ㅕ'의 아래 가로줄기가 'ㅇ'과 붙어서 잘못되었다. 신명조체의 'ㅕ'는 'ㅇ'과 너무 가깝다. 문화바탕체의 'ㅇ'과 'ㅕ'의 간격이 적당하고, 'ㅇ'의 크기와 모양과 꼭지점 역시 문화바탕체가 더 예쁘다.

음절 '용'은 단모음 'ㅛ' 자소용으로 추출된 음절이다. 본문체의 'ㅛ'는 홀로 쓸 때 가로줄기는 'ㅡ'와 같게 하고, 두 수직줄기(세로줄기)는 'ㅡ'의 1/3, 2/3 정도 자리에 붙이되, 왼쪽 수직줄기는 오른쪽 수직줄기보다 조금 짧게 수직으로 붙게 한다. 받침이 있을 경우에는 받침이 없는 'ㅛ'보다 두 수직줄기의 길이를 짧게 한다. 문화바탕체 '용'의 'ㅛ'는 왼쪽 세로줄기의 모양이 왼쪽에서 시작하여 오른쪽 방향으로 내려온 기분이 드나, 신명조체는 거의 수직으로 내려온 느낌이다. 'ㅛ'의 두 세로줄기의 간격은 문화바탕체가 6.7㎜이고, 신명조체가 7㎜, 신문명조체가 11㎜이다. '용'의 초성과 받침의 'ㅇ' 둘다 신문명조체에서는 꼭지점 없는 타원으로 잘못 그리고 있다.

음절 '수'는 단모음 'ㅜ' 자소용으로 추출된 음절이다. 'ㅜ'는 홀로 쓸 때나 받침이 없을 때, 가로줄기는 'ㅡ'와 같게 하고, 수직줄기(세로줄기)는 머리가 없는 'ㅣ'와 모양을 같게 하되, 'ㅣ' 줄기는 'ㅡ'의 1/2 되는 자리에 붙게 한다. 문화바탕체의 'ㅜ'는 가로줄기가 31㎜, 세로줄기가 15㎜이고, 신명조체는 32㎜, 15㎜이고 신문명조체는 33.5㎜, 14㎜이다. 신문명조체는 가로줄기가 33.5㎜로 문화바탕체보다 2.5㎜가 기나, 세로줄기는 14㎜로 문화바탕체의 세로줄기보다 오히려 1㎜ 짧아서 너무 납작한 'ㅜ'로 보인다. 문화바탕체는 세로줄기의 중간 이하부터 양

쪽으로 서서히 날씬해지나, 신명조체의 'ㅜ'의 세로줄기는 끝부분에 와서 바로 뭉툭해진다.

 'ㅆ' 받침이 있는 '였'자는 신명조체의 'ㅇ'이 문화바탕체보다 크며, 'ㅇ'과 'ㅕ'의 사이는 문화바탕체보다 좁다. 신문명조체의 'ㅆ'은 2개의 'ㅅ'이 너무 좌우로 벌어져 있다.

[신명조체]　　　[문화바탕체]　　[신문명조체]

였 였 였

 'ㅕ'의 가로줄기의 위치를 살펴보기 위해 '편'자를 비교해 보자. 문화바탕체의 'ㅕ'의 두 가로줄기는 'ㅍ'의 위아래 가로줄기의 사이에 균형있게 들어가 있으나, 신명조체의 'ㅕ'의 아래 가로줄기는 'ㅍ'의 아래 가로줄기쪽으로 너무 내려와 있다. 신문명조체의 'ㅕ'는 위 가로줄기는 'ㅍ'의 위 가로줄기에 너무 근접하고 있고 'ㅕ'의 아래 가로줄기는 'ㅍ'의 아래 가로줄기에 너무 가까이 있다. 시중에는 'ㅕ'의 아래 가로줄기가 'ㅍ'의 아래 가로줄기보다 더 밑으로 내려가게 잘못 쓴 글자체도 유통되고 있다.

[신명조체]　　　[문화바탕체]　　[신문명조체]

편 편 편

[참고] '련'자를 비교해 보면 신명조체나 신문명조체는 'ㄹ'과 'ㅕ'의 위치가 잘못 배치된 것을 알 수 있다. 문화바탕체의 '련'은 글자만 예쁜 것이 아니라, 'ㄹ' 옆에 'ㅕ'가 올 때 어떻게 배치하여야 하는가를 보여주고 있다. 'ㅕ'의 두 가로줄기는 'ㄹ'의 맨 아래 가로줄기보다 위에 있어야 한다. 이외에도 '션'이나 '뎐' 같은 글자의 각 체를 비교해 보면 왜 문화바탕체가 아름다운지 알 수 있을 것이다.

[신명조체]   [문화바탕체]   [신문명조체]

련 련 련

8) '을 램 에' 음절(ㅡ, ㅐ, ㅔ)

[신명조체]

을 램 에

[문화바탕]

을 램 에

[신문명조체]

을램에

　음절 '을'은 단모음 'ㅡ' 자소용으로 추출된 음절이다. 'ㅡ'의 가로줄기는 머리 부분은 뾰족하게 시작하여 아랫부분은 굵게, 중간 부분은 가늘게, 끝부분은 위쪽을 굵게 하여 맺음은 둥글게 쓰라는 것이 본문체의 원칙이다. 신명조체와 신문명조체도 쓰는 원칙에는 어느 정도 맞게 되었으나, 길이가 다르다. 문화바탕체는 31㎜, 신명조체는 32㎜, 신문명조체는 33.5㎜로, 신문명조체의 'ㅡ'는 너무 길다.

　음절 '램'은 모음 'ㅐ' 자소용으로 추출된 음절이다. 문화바탕체 'ㅐ'의 왼쪽 세로줄기의 길이는 17.8㎜, 오른쪽 세로줄기는 19,7㎜이다. 신명조체는 왼쪽 18.2㎜, 오른쪽 20㎜이고, 신문명조체는 왼쪽 17.5㎜, 오른쪽 18.7㎜이다. 'ㅐ'의 왼쪽 세로줄기와 오른쪽 세로줄기의 차이가 문화바탕체는 1.9㎜, 신명조체는 1.8㎜로 비슷하나, 신문명조체는 1.2㎜로 두 세로줄기의 길이의 차가 너무 작다. 두 세로줄기 사이의 가로줄기의 길이는 문화바탕체가 4.4㎜, 신명조체가 4㎜, 신문명조체가 6㎜이다. 문화바탕체와 신문명조체는 'ㄹ'의 맨 아래 가로줄기의 끝이 'ㅐ'의 왼쪽 세로줄기와 떨어져 있으나, 신명조체는 붙어 있어서 신명조체의 변별력이 떨어진다.

　음절 '에'는 모음 'ㅔ' 자소용으로 추출된 음절이다. 'ㅔ'의 가로줄기(수평줄기)의 길이가 문화바탕체는 4.5㎜, 신명조체는 4㎜, 신문명조체는 5㎜이다. 'ㅔ'의 두 세로줄기의 간격은 문화바탕체와 신명조체가 4

㎜, 신문명조체가 4.8㎜이다. 문화바탕체는 가로줄기의 길이가 세로줄기의 간격보다 0.5㎜ 더 길어서 변별성이 뛰어나며 아름답다. 또 가로줄기의 모양도 문화바탕체와 신문명조체는 시작부분이 뾰족하게 되어 있으나 신명조체는 시작부분이나 끝부분이나 똑같이 두껍다.

'ㅔ'의 왼쪽에 'ㅇ'아닌 'ㅌ'이 올 경우를 살펴보자. '텐'의 경우에 'ㅌ'의 가운데 가로줄기와 'ㅔ'의 가로줄기의 위치가 중요하다. 문화바탕체는 'ㅔ'의 가로줄기가 'ㅌ'의 가운데 가로줄기보다 아래로 내려와 있으나, 신명조체는 수평으로, 신문명조체도 거의 수평으로 위치한다. 문화바탕에처럼 'ㅔ'의 가로줄기가 안쪽에 위치하는 것이 수평으로 글자 전체의 안정성이 높다. 'ㅔ'의 두 세로줄기의 아래 부분도 신명조체는 뭉툭한 반면, 문화바탕체와 신문명조체는 뾰족한 모양이다. 받침 'ㄴ'의 크기도 문화바탕체가 가장 작고 예쁘다. 신문명조체의 '텐'은 'ㅌ'과 'ㅔ'가 거의 붙어 있어서 변별력이 떨어진다.

[신명조체]　　　[문화바탕체]　　　[신문명조체]

텐 텐 텐

9) '화 원 된' 음절(ㅘ, ㅓ, ㅚ)

[신명조체]

화 원 된

[문화바탕]

화 원 된

[신문명조체]

화원된

음절 '화'는 모음 'ㅘ' 자소용으로 추출된 음절이다. 'ㅘ'의 앞부분 'ㅗ'의 세로줄기의 길이는 문화바탕체가 왼쪽이 2.8㎜, 오른쪽이 2.5㎜ 이고, 신명조체가 2.5㎜, 2㎜이며, 신문명조체는 4.2㎜, 3.8㎜이다. 왼쪽 이 오른쪽보다 긴 이유는 'ㅗ'의 가로줄기의 시작부분이 아래쪽에서 위 로 올라오는 경사를 갖고 있기 때문이다. 'ㅗ' 세로줄기가 가로줄기와 만나는 부분의 모습이 문화바탕체와 신문명조체는 세로줄기의 시작부 분보다 가늘어지고 있으나, 신명조체는 세로줄기가 시작부분이나 끝부 분이나 똑같이 굵어서 덜 예쁘다. 'ㅗ'와 'ㅏ'가 만나는 곳이 문화바탕 체는 서로 떨어져 공간이 있으나 신명조체나 신문명조체는 공간이 없이 붙어 있으므로 문화바탕체보다 변별력이 떨어진다. 'ㅏ'의 가로줄기 (수평줄기)의 시작부분과 뭉툭한 끝맺음부분이 반반의 비율로 된 문화바탕체에 비하여, 신명조체의 가로줄기는 시작부분이 1 / 4 정도밖에 안되고 바로 3 / 4이 맺음으로 굵게 되어 미려도가 떨어진다.

음절 '원'은 모음 'ㅝ' 자소용으로 추출된 음절이다. 본문체 'ㅝ'는 홀로 쓸 때 'ㅣ'의 1 / 2 정도 되는 자리에 가로줄기(수평줄기)를 붙이고, 'ㅜ' 부분은 독립된 'ㅟ'의 'ㅜ' 부분과 같게 하되, 'ㅓ' 부분의 수평줄기보다 조금 위로 가게 한다. 'ㅝ'의 'ㅜ' 부분 쓰는 법은 'ㅜ' 부분의 세로줄기(수직줄기)를 'ㅡ' 부분의 1 / 2 정도 되는 자리에 붙여서 왼쪽으로 삐치게 하는 것이다. 따라서 문화바탕체 '원'의 'ㅝ'가 맞는 것이고, 신명조체와 신문명조체의 '원'자는 틀린 것이다. 'ㅜ'의 세로줄기가 왼쪽으로 삐쳐져야 하는데 똑바로 내려온 신명조체나 신문명조체는 분명 잘못 그려진 것이다. 'ㅓ'의 길이와 'ㅓ'의 가로줄기의 붙은 위치도 문화바탕체가 가장 아름답다. 문화바탕체 'ㅓ'의 길이는 25.4㎜, 가로줄기 윗부분은 17.8㎜, 아랫부분은 6.8㎜, 가로줄기의 폭은 0.8㎜이다. 신명조체의 'ㅓ'는 25.8㎜의 길이에 가로줄기 위가 19㎜, 아래가 6㎜이고, 신문명조체는 25.8㎜로 길이는 신명조체와 같으나 위가 20㎜, 아래가 4.9㎜로 가로줄기가 너무 세로줄기의 아래에 붙어 있다.

'원'을 신명조체에서 잘못 썼다는 것은 'ㅝ'의 'ㅜ' 부분의 세로줄기가 왼쪽으로 삐쳐지지 않고 똑바로 수직으로 내려와서 '원'으로 잘못 썼기 때문이다. 그러나 '원'자나 '권'자는 'ㅜ'의 세로줄기를 삐치지 않는 잘못 이외에도 'ㅜ'의 위치가 잘못 배치되는 과오도 자주 발견된다. 동전 100원짜리나 지폐 5000원권 또는 10000원권의 '원'자는 'ㅜ' 부분이 'ㅓ' 부분의 가로줄기보다 아래에 위치한다. 또 '권'자는 'ㅜ' 부분이 'ㅓ' 의 가로줄기와 수평을 유지한다. 이는 둘다 'ㅝ' 쓰는 원칙에 어긋난 것이니 한국조폐공사에서는 빨리 'ㅜ' 부분이 'ㅓ'의 가로줄기보다 위로 가도록 시정하여야 할 것이다(새로 제작된 지폐에는 고쳐진 것도 있다).

음절 '된'은 모음 'ㅚ' 자소용으로 추출된 음절이다. 'ㅚ'의 앞부분 'ㅗ'와 'ㅣ'가 붙은 부분이 문화바탕체와 신명조체는 비슷하게 둔하나, 신문명조체는 너무 날카롭게 붙었다. 'ㅗ'의 가로줄기의 중간부분부터 끝부분까지가 문화바탕체는 날씬하게 처리됐는데, 신명조체는 덜 매끈하다. 'ㅣ'의 끝부분이 받침 'ㄴ'에 들어간 길이는 문화바탕체 3㎜, 신명조체 2.5㎜, 신문명조체 2㎜로 문화바탕체가 받침과 가장 가깝게 접근하고 있고, 'ㄴ'도 가장 작아서 글자의 조화를 잘 이루고 있다

'ㅝ' 밑에 'ㄴ' 대신 'ㄹ'이 올 경우인 '궐'자를 비교해 보자. 신명조체와 신문명조체는 'ㅝ'의 'ㅜ' 세로줄기 모양이 직선으로 내려와 틀렸음을 알 수 있다. 문화바탕체는 받침 'ㄹ'의 크기도 작아서 가독성도 좋고, 훨씬 아름다운 모양의 '궐'자가 되었다.

[신명조체]   [문화바탕체]   [신문명조체]

궐 궐 궐

10) '의' 음절(ㅢ)

[신명조체]   [문화바탕체]   [신문명조체]

음절 '의'는 모음 'ㅢ' 자소용으로 추출된 음절이다. 'ㅢ'는 홀로 쓸 때 가로줄기는 오른쪽 끝을 뾰족하게 삐치고, 세로줄기는 'ㅣ'와 같이 하되, 'ㅡ'를 'ㅣ'의 1/2 정도 자리에 살짝 붙게 한다. 받침이 없는 중성으로 쓰일 때는 'ㅡ'는 첫소리에 쓰인 닿소리 글자에 따라 'ㅣ'와 붙이는 자리를 다르게 한다. 문화바탕체는 'ㅡ'와 'ㅣ'가 약간 떨어져 있으나 신명조체와 신문명조체는 붙어 있다. 'ㅢ'의 세로줄기(ㅣ)의 굵기가 문화바탕체는 중간부분부터 날씬하게 내려오고 있으나 신명조체는 뭉툭하게 내려와 문화바탕체보다 조금 둔한 느낌을 준다.

대표음절을 추출할 때, 30개(자음 자소 'ㄱ, ㄴ, ㄷ, ㄹ, ㅁ, ㅂ, ㅅ, ㅇ, ㅈ, ㅊ, ㅋ, ㅌ, ㅍ, ㅎ'의 14개의 단모음 자소 'ㅏ, ㅑ, ㅓ, ㅕ, ㅗ, ㅛ, ㅜ, ㅠ, ㅡ, ㅣ'의 10개와 복모음 자소 'ㅐ, ㅔ, ㅘ, ㅝ, ㅚ, ㅢ'의 6개)를 골랐는데, 여기에서 빠졌지만 명조체에서 자주 틀리게 쓰는 복모음 'ㅟ'를 하나 더 알아보자.

본문체에서 '윙'자의 경우에 'ㅟ'의 'ㅜ'부분의 세로줄기가 왼쪽으로 삐치게 쓰도록 되어 있는 원칙을 지킨 문화바탕체가 미려도뿐 아니라 변별력에서도 앞서고 있다. 'ㅜ'자의 아름다움뿐 아니라 'ㅇ'의 아름다움도 돋보이며, 신명조체와 달리 'ㅜ'와 'ㅣ'가 떨어진 점도 문화바탕체의 균형과 가독성을 높여준다.

[신명조체]　　　[문화바탕체]　　　[신문명조체]

윙 윙 윙

11) 한글 본문체 글자꼴의 미적 디자인

　지금까지 30개 자소(자음 자소 14개, 단모음 자소 10개, 복모음 자소 6개)가 포함된 25개의 대표 한글 음절을 살펴보았다. 당연히, 한글 글자꼴은 문화체육부에서 제정한 '한글 글자본 제정 기준에 따라서 써야 한다. 그러나 이 기준은 몇 년 몇 월 몇 일 현재로 그 이전에 사용하던 글자꼴을 사용할 수 없다고 정한 것은 아니고, 이 기준에 맞추어 쓴 한글 글자꼴을 앞으로 사용하기를 권장한 것이다.

　이는 앞으로 한글 글자꼴의 저작권 문제가 대두될 때에 영향을 미칠 것으로 생각한다. 특히, 교육부의 일부에서 일고 있는 '교과서용 글자를 왜 문화부에서 개발하느냐는 부처간 이기주의식 생각보다는 한글은 한민족 우리 국민 모두의 글자라는 특성을 중요시해서 우리 민족의 발전을 염두에 두고 개발한 글자체를 교과서 조판에 사용하여 민족의 장래에 도움을 주는 생각을 하여야 할 것이다.[102]

---

102) 전자출판용 기본 한글글자꼴 개발에 관한 연구 이기성, '95 계원 논총 VOL.1, 계원조형예술전문대학, 1996.2.

[표 12] 음절 8개 군 25 음절(+11개 추가 음절)

1)	가 는 다(각)		2)	로 면 보(밥)
3)	서 이 자(잦)		4)	치 컴 터(춘)
5)	퓨 하 야(균)		6)	여 용 수(였, 편, 련)
7)	을 램 에(텐)		8)	화 원 된(쿹)
9)	의 (윙)			

신명조체와 신문명조체를 문화바탕체와 비교하면서 한글 글자본 쓰는 원칙대로 쓰지 않은 틀린 글자를 몇 개 발견했다. 이는 1만 1172개의 음절 중 36개 음절만 대표로 비교했을 때 나타난 결과이므로, 1만 1172자를 다 비교한다면 틀린 글자가 엄청나게 많이 나올 것이다.

[표 13] 가나다순으로 정리한 36개 음절

가,	각,	쿹,	균,	는,	다,	된,	램,	련,	로,
면,	밥,	보,	서,	수,	야,	에,	여,	였,	용,
원,	윙,	을,	의,	이,	자,	잦,	춘,	치,	컴,
터,	텐,	편,	퓨,	하,	화				

[검토 결과] 문화바탕체, 신명조체, 신문명조체 비교(36개 음절)

1) 가, 각(신명조체): 'ㄱ'의 세로줄기가 너무 날카로움.

2) 면(신명조체): 'ㅕ'의 위 가로줄기가 'ㅁ'과 붙음.

3) 자, 잦(신명조체): 3획의 'ㅈ'이 초성에서는 2획의 'ㅈ'으로 잘못됨.

4) 치, 춘(신명조체): 4획의 'ㅊ'이 초성에서는 3획의 'ㅊ'으로 잘못됨.

5) 퓨, 균(신명조체), 퓨, 균(신문명조체): 'ㅠ'의 왼쪽 세로줄기(왼삐침줄기)가 삐쳐지질 않았음.

6) 용(신문명조체): 초성과 받침의 'ㅇ'이 모두 꼭지점 없는 타원임.

7) 련(신명조체), 련(신문명조체): 'ㄹ'의 맨 아래 가로줄기가 'ㅕ'의

아래 가로줄기보다 위로 감.

8) 원, 궐(신명조체), 원, 궐(신문명조체): '궈'의 'ㅜ'부분의 세로줄기
가 삐쳐지질 않았음.

9) 윙, 궐(신명조체), 원, 궐(신문명조체): '귀'의 'ㅜ'부분의 세로줄기
가 삐쳐지질 않았음.

10) 춘, 균, 용, 련, 텐(신문명조체): 신문명조체는 대부분 제 포인트
수치보다 크기가 큼.

한글 본문체 중에서 한글 문화바탕체와 신명조체와 신문명조체는 언
뜻 보아 셋 다 비슷하게 보인다. 그러나 앞에서 검토한 바대로 자세히
보면 세 체에는 분명 차이점이 있다. 이것은 한글 음절을 구성하는 초
성, 중성, 받침의 자소 모양의 차이와 자소의 배치되는 방법에서 비롯
된 것임을 알 수 있다. 모양에는 자소의 형태와 굵기와 자소를 이루는
가로줄기와 세로줄기가 전부 포함된다. '가, 각, 궐, 균, 는, 다, 된, 램,
련, 로, 면, 밥, 보, 서, 수, 야, 에, 여, 였, 용, 원, 윙, 을, 의, 이, 자,
잦, 춘, 치, 컴, 터, 텐, 편, 퓨, 하, 화'의 36개 음절을 대표로 문화바탕
체, 신명조체, 신문명조체의 3체를 비교 분석하였다.

분석 결과, 첫째, 3획의 'ㅈ'이 2획의 'ㅈ'으로 잘못되고, 둘째, 4획의
'ㅊ'이 3획의 'ㅊ'으로 잘못되고, 셋째, '퓨'나 '균'처럼 'ㅠ'의 왼쪽 세
로줄기(왼삐침줄기)가 왼쪽으로 삐쳐져야 하는 데 '퓨', '균'처럼 'ㅠ'의
왼쪽 세로줄기가 수직으로 밑으로 내려오게 잘못되었고, 넷째, '원'이나
'궐'처럼 '궈'의 왼쪽 'ㅜ' 부분의 세로줄기는 왼쪽으로 삐쳐야 하는데,
'원', '궐'처럼 'ㅜ'의 세로줄기가 왼쪽으로 삐쳐지지 않고 수직으로 내
려와 잘못되었고, 다섯째, '윙'같이 '귀의 왼쪽 'ㅜ' 부분의 세로줄기가
왼쪽으로 삐쳐야 하는데 '윙'같이 'ㅜ'의 세로줄기가 수직으로 내려와
잘못되었다. 신명조체나 신문명조체나 명조체나 한글 본문체로 제작된
글자체는 이런 잘못된 글자를 시급히 수정하여야 할 것이다.

   물론, 한글 글자본 제정 기준이 1991년에 나왔으므로, 그 이전에 개발된 명조체라는 글자체는 어쩔 수 없었다고 변명할 수도 있을 것이다. 그러나 이제부터는, 한글 본문체를 개발하려는 경우에는 본문체 제정 기준에 맞추어 제작된 문화바탕체를 기준으로 하면 편리하고 정확할 것이다. 기존의 명조체라는 이름으로 시중에 나도는 국적 불명의 본문체를 함부로 복사하다가는 불이익을 당할 수도 있을 것이다. 문화관광부도 이제는 한글 제정 기준에 맞추어 제작되지 아니한 글자체는 제재를 가해야 할 시기에 왔다고 생각한다.

korean
typo
graphy
유비쿼터스 출판

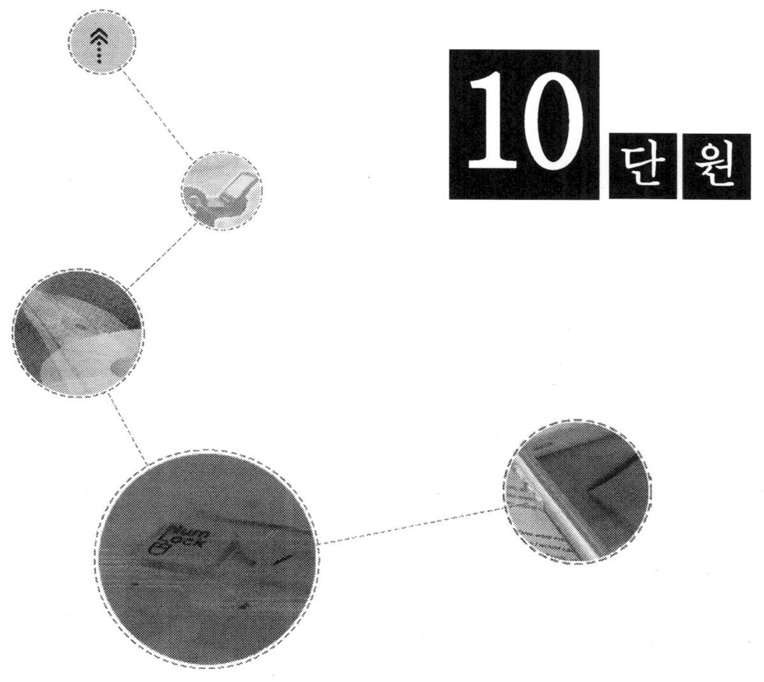

10 단 원

출판사에서 한 가지 원고로 여러 매체를 사용하여 다양한 출판물을 제작하는 것이 원 소스 멀티 프로덕트의 OSMP(One Source Muliti Product) 출판이다. 이 OSMP 출판 방식이 한국 출판계를 발전시킬 수 있는 구체적인 열쇠가 될 수 있다. 왜 OSMP 출판인가? 요즘은 여기서 한 발짝 더 나가서 OSUP(One Source Ubiquitous Product) 출판이다. 종이책에 한정된 OSOpP(One Source One paper Product) 출판을 고수하면 왜 안 되는가? 종이책은 단일매체의 책이다. 글자와 정지된 그림을 주로 사용하는 책이다. 한편, 소리도 나고 그림도 움직이는 책이 출현한 지 이미 20여 년이 지났다. 그림도 움직이고 소리도 나는 책은 멀티미디어 책이다. 멀티미디어를 사용하여 제작한 책이 싱글 미디어의 종이책보다 독자에게 인기가 있는 것은 당연한 일이다

출판물의 기획이 수백 년간 종이책에 한정되어 발전하여 오다가, 컴퓨터가 등장함으로 인하여 비종이책에 대한 기획도 탄생하게 되었다 출판물이되 최종 출력 매체가 종이에 한정되지 않는 기획을 One Source Multi Product 기획이라 한다. 한 가지 원고로 다품종 출판물을 제작하는 것을 OSMP라 한다. 이와 비슷한 의미로 원 소스 멀티 유즈(One Source Multi Use)가 있다. OSMU는 한 가지 원고로 종이 출판물은 물론, 영화, TV, 애니메이션, 비디오, 캐릭터 산업 등 모든 산업 분야에서 결과물을 생산하는 것을 뜻한다. 출판물에 한정되는 OSMP보다 더 넓은 개념으로, 출판물에다 부차권을 더한 개념이라 할 수 있다[103)

---

103) 사이버출판대학(publishing21.com) 강좌 중 이기성의 '출판개론' 강좌에서 15주의 OSMP 의 앞부분과 비슷한 내용이다.

컴퓨터 통신이 발달하고, 인터넷이 발달하면서 언제나, 어디서나(anytime, anywhere) 개념에서 어느 컴퓨터나(any device) 개념으로 확대 발전되어 왔다. 현재의 최종 단계가 어느 매체나(any media) 개념이다. '어느 매체나' 개념이 출판에서 종이 매체(paper media)에서 확대 발전된 비종이 매체(non-paper media)를 출판의 최종 출력물로 사용하는 것이다. OSMP 출판 개념을 '4 어느'(four any) 개념이라고도 한다. '4 어느(4 애니)'는 물론 anytime, anywhere, any device, any media의 4가지 any를 말한다.

출판이 무엇이냐? 신문이 무엇이냐? 방송이 무엇이냐? e-learning이 무엇이냐? 통신이 무엇이냐? 이런 걸 따지는 것 자체가 무의미해지는 시대로 진입했다. 구태여 말하자면 '출판+신문+방송+e-learning+통신=u-출판'이라는 융합(convergence)의 시대가 도래한 것이다. 이런 시점에서 전통 출판과 전자출판을 구분하다는 것 자체가 이미 구시대의 습관인지도 모른다.

그러나 여기에서는 OSMP 출판에서 한 단계 더 발전한 형태인 원 소스 유비쿼터스 프로덕트 출판인 OSUP 출판(One Source Ubiquitous Product Publishing)이라는 방법으로 융합에 대한 해답에 관해 접근하기로 한다.

정보사회나 지식 기반 산업 사회, 현재의 문화 산업 사회에서는 인쇄 출판물의 최종 매체가 종이뿐만 아니라, 전자 종이라 칭하는 disk, 통신망 화면(network screen)인 것이다. 컴퓨터의 발전과 매체(media)의 발전에 발맞추어 출판 기획이나 편집 기술도 발전하지 못한다면, 이는 세계의 다른 업계와의 경쟁에서 출판업계가 패배하는 결과를 초래할 것이다.

최종 출력매체를 기준으로 한 출판물의 분류방법에 따르면 출판물에는 종이책, 디스크책, 화면책이 있다. 유비쿼터스 책이라는 유-북(u-book)은 이 세 가지 책을 전부 아우르는 책을 말한다. 유비쿼터스 출판은 u-book을 출판하는 것을 말한다.

금속활자(납활자, 구리활자)로 종이에 인쇄하여 출판물을 제작하는 것이 수백 년간 사용되던 전통 출판 방식이다 사진식자 활자로 조판하여 종이책을 출판한 것도 전통 출판 방식으로 볼 수 있다

나무 펄프를 사용한 종이를 최종 출력 매체(펄프 종이, 나무 종이)로 사용하는 출판을 전통 출판이라 한다면 컴퓨터 디스크와 기억장치(메모리)를 최종 출력 매체(전자 종이)로 사용하는 출판을 '컴퓨터를 사용하는 출판'인 전자출판(CAP)이라 할 수 있다.

1980년대까지는 컬러 사진 출판물을 4장의 망동판(아미돗판)을 만들어 하이델 인쇄기로 원색 인쇄를 하여 종이책을 제작하였다 오프셋 방식에서 전통적인 종이책 출판의 컬러물 처리는 흑, 적, 청, 황 4장의 필름으로 원색분해를 하여 컬러 인쇄를 하는 것이 보통이었다 그러나 모니터 화면으로 읽는 통신망에 연결된 화면책과 멀티미디어 디스크책인 비종이책은 3색(R, G, B)으로 색깔을 구성하여 컬러를 모니터에서 재현하고 있다.

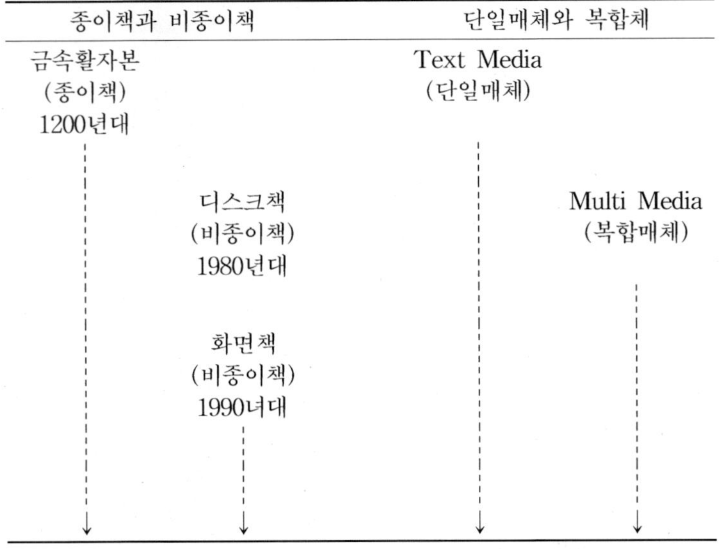

[그림 1] 출력 매체로 본 출판물의 발달

청, 적, 황, 흑의 CMYK를 사용하는 종이 인쇄물을 최종 출력매체로 사용하는 종이책 출판은 CMYK 출판이라고도 불리며, CTS나 DTP 제작 방식에서 주로 사용된다. 반면에 컬러모니터 화면이 최종 출력매체가 되는 디스크책 출판이나 화면책 출판은 RGB 출판이라고 불린다.104)

1970년대 말부터 출판의 최종 출력 매체(output media)가 paper에서 non-paper로 다양화되고 있고, 매체가 다양해지자 출판물의 조판(편집디자인) 형태를 교정보는 방식도 다양해지고 있다. (Web Offset Publication의 규격 인증).105)

---

104) 2000년 이후부터는 4색 분해로 4가지 잉크로 4번 인쇄하는 것은 일반 인쇄물이고, 고급 인쇄물은 6번이나 7번 인쇄하는 것이 특별한 일이 아니게 되었다.

105) 원래는 프리프레스 분야에서 주로 사용되던 모니터 교정 시스템과 라스터라이즈 시스템이 출판 분야에까지 확대, 발전되고 있다. 특수한 칼라 매니지먼트 기술과 모니터 캘리브레션 기술을 사용한 모니터 리모트 교정 시스템의 출현이 그것이다.

1단계	2단계	3단계	4단계
CMYK	RGB	RGB+CMYK	Monitor Proof+Rasterize
인쇄 교정	모니터 교정	컬러프린트 교정	모니터 리모트 교정

[그림 2] 색교정 방식의 발전 단계

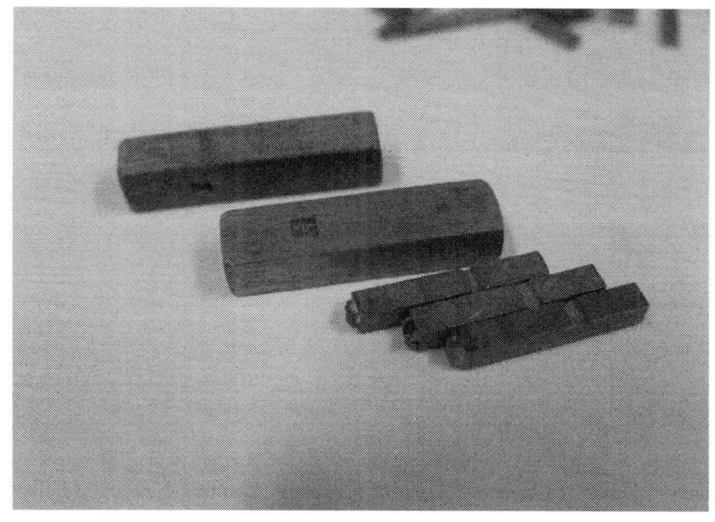

[그림 3] 전통 출판 방식의 납활자와 놋쇠 자모

모니터 방식의 RGB는 R과 G 중간에 yellow가, G와 B 사이에 cyan
이, B와 R 중간에 magenta가 존재하며 RGB 세 가지 색의 빛을 다 합
하면 흰색(white)이 된다.

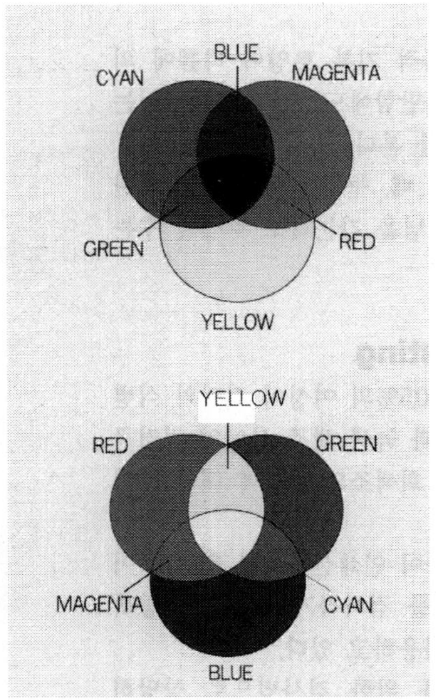

[그림 4] RGB와 CMYK의 관계

컴퓨터 기술의 도입

수천 년 역사의 종이책(Paper Book) 시대에서, 1980년대에는 멀티미디어가 구현되는 디스크책(Disk Book)이란 전자책(EB; Electronic Book)이 출현하고, 1990년대에는 컴퓨터 통신 기술을 사용하는 화면책(Network Screen Book)이란 전자책(eBook; Electronic Book)이 출현했다(같은 전자책이란 용어가 1980년대에는 디스크책을, 1990년대에는 이북을 의미한다).

Disk Book이나 Network에 연결된 Screen Book이나 둘 다 종이를 최종매체로 사용하는 종이책이 아닌 비종이책(Non-paper Book)이다. Non-paper Book은 Paper Book과 달리 저자의 의도를 text라는 single media만 사용하여 시각화시키는 것이 아니다. Non-paper Book은 text는 물론 audio와 video(동영상), animation을 동시에 사용할 수 있는 multi media를 사용할 수 있는 책이다.

컴퓨터와 출판의 결합에 의하여 'CAP(전자출판)' 라는 용어가 탄생했다. 출판에서 컴퓨터를 이용하는 것이 전자출판(Computer Aided Publishing; CAP)인데, 이 전자출판(CAP)에는 전자책 출판(EP = Electronic Publishing)이 포함된다.106)

비종이책 전자출판의 한 종류인 화면책 출판(통신망 화면책 출판)은 유선이건, 무선이건, 통신망을 사용하는 출판을 말한다 유선 터미널을 사용하던 시대는 on-line 출판물 시대라 불리었으나 mobile이 발달한 시대인 무선 터미널 시대는 on-air 출판물 시대라 불린다. 화면책은 원래부터 on-air의 개념으로 시작한 것이지 반드시 유선 통신망에만 의존한 것은 아니었다.

1970년 초에 미니컴퓨터와 마이크로컴퓨터가 개발되고 1976년 미국에서 8비트급 개인용 컴퓨터가 세계 최초로 개발되고, 한국에는 1982년에 8비트급 개인용 컴퓨터(애플투플러스; Apple II +PC)가 보급되었다. 한국의 전통 출판에 개인용 컴퓨터가 사용되기 시작한 것이 바로 1982년이다.

이렇게 볼 때, 현재는 CTS가 시작된 지 30여년 정도, PC에 의한 DTP가 시작된 1985년부터는 20여년 정도밖에 안 된다. 종이책 전자출판의 미래는 CTS에서 DTP로, DTP에서 CTP로 발전할 것이다. 인쇄포털업체인 피알아트닷컴에서 2006년 2월에 조사한 국내 CTP(Computer To Plate) 기기 설치 현황은 총 198대이다.[107]

종이책과 비종이책(전자책)의 차이는 최종출력매체의 차이일 뿐만 아니라 책의 내용의 전개 방식과 검색 방식의 차이이기도 하다 종이책은 순차적으로 '순서대로(linear, sequential)' 방식을 사용하고, 디스크책이나 화면책 같은 전자책은 보고 싶은 곳으로 건너뛰고 넘나드는 '하이퍼텍스트(hypertext, non-sequential)' 방식을 사용한다.

---

106) 이기성, 전자출판, 영진출판사, 1988
    이기성, 전자출판-4, (주)장왕사, 2001
107) 조현오 기자, '2004년 국내 총 CTP 설치 현황', PRART.COM, 2005.12.27.
    2005년에는 39대의 CTP 기기가 설치되었다, 2006.2.28.

　멀티미디어의 등장과 대용량 저장 장치의 발명으로 전자책인 디스크 책이 등장할 수 있었고, 컴퓨터 통신망의 발달로 통신망에 연결된 화면책이 탄생할 수 있었다. 화면책은 PC 위주에서 PDA 등 Post PC로 platform이 확대되고 있으며, 대표적인 것이 미국에서 1998년부터 실용화된 eBook 전용 단말기이다.

　화면책은 Network Screen Book이라 하는데, Network Access Screen Book 또는 Network를 생략하고 Screen Book이라고도 하고, Screen을 생략하고, Network Book이라고도 한다. 통신망에는 PC 통신, 인터넷, 사설/상용 BBS 등 모두 들어간다. 통신망에 연결된 화면책 중에서 인터넷상의 책을 Web책, 인터넷상의 잡지를 웹진(Webzine)이라고도 부른다. 'PC용 eBook'이든 '전용단말기용 eBook'이든 eBook은 화면책의 일종이다.

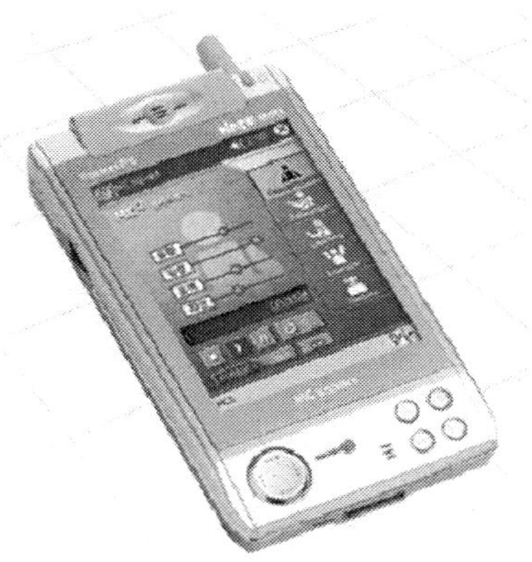

[그림 5] 모띠(화면책용 단말기)

　통신망을 사용하는 화면책의 단말기로 인기가 높은 것은'모띠'이다. 화면책 '모띠'는 종이책(학원용 교재)을 화면으로 읽을 수 있음은 물론, 강의를 동영상으로 볼 수도 있다. 당연히 무선 인터넷 연결이 가능하

다. 모떼는 다기능이 융합된 대표적인 화면책 단말기라고 할 수 있다

컴퓨터를 사용하는 산업 모두가 컴퓨터업계에 속하는 것은 아니다. 디스크 제작과 통신망 관리 업무가 컴퓨터업계 것이라고 하여 이를 이용한 디스크책과 화면책 역시 컴퓨터업계 것이라고 주장하는 것은 옳지 않다. 출판사에서 디스크 매체나 통신망 매체를 사용하여 출판한 결과가 디스크책이고, 화면책이므로, 디스크책 출판과 화면책 출판은 출판계와 인쇄계의 소관 업무인 것이다

1) 스폿 기술 상용화

스폿(SPOT) 기술이란 '개인 스마트 기술(Smart Personal Object Technology)'을 말한다. 포실의 손목시계 컴퓨터도 스폿 기술의 일종에 의한 것이다. 인터넷 서핑을 할 수 있는 '스마트' 기술을 갖춘 손목시계의 핵심 개념은 현재 쇼핑몰, 엘리베이터에서 제공되는 음악 서비스인 뮤작(Muzak)을 전달하는 라디오 전파와 동일한 전파를 통해 전송한 웹 데이터를 잡아내는 라디오를 전자시계에 집어넣는 일이다. 이것은 비록 손목시계뿐 아니라 FM 라디오 기술을 이용해 가전 제품 등 일상 기기에 인터넷 기능을 추가할 수 있다는 것이다. 아직까지는 FM 라디오 채널 데이터가 한쪽 방향으로만 다운로드될 수 있기 때문에 전자우편을 보내는 등 쌍방향 대화에는 문제가 있다. 마이크로소프트 회사의 스마트 시계 인터넷 제공 시스템은 2003년부터 미국의 시애틀, 샌프란시스코, 산호세 등지에서 시험 운용 중에 있다

스폿 기술을 장치한 어떠한 기기도 화면책을 읽을 수 있는 장치가 될 수 있는 것이니, 출판인들은 기뻐해야 할 것이다. 장난감도 스폿 기

술을 응용하면 화면책이 될 수 있다. 미국 뉴욕 국제 장난감전시회에 출품된 하스브로의 6만원(50$)짜리 '비디오 나우' 장난감 비디오는 크기가 손바닥만하다. '비디오 나우'는 특수 비디오 CD를 사용해서 흑백 비디오를 재생할 수 있는데, 휴대할 수 있음은 물론이다.[108]

2) 태블릿PC

지능형 휴대단말기에 대항하여 태블릿PC가 이를 대체할 것으로 예측하는 주장도 있다. 미국의 빌게이츠는 차세대(post) PC의 대표주자격인 태블릿PC를 전자책 단말기라고 주장한다(is for computing, communicating, and e-books). 태블릿PC가 '컴퓨터 통신과 전자책을 위한 것'이라고 2000년 컴덱스의 개막 연설에서 발표한 바 있다. 블루투스나 무선랜(WLAN) 등 네트워크 환경이 발전했고, 노트북 컴퓨터와 PDA 등 휴대용 기기의 발전으로 CPU의 발열 문제나 배터리 사용 시간 같은 문제점이 해결되었다는 것이다.

태블릿PC는 '디지털로 만든 종이'를 목표로 한다. '윈도 저널'이라는 디지털 기록패드를 사용하여 디지털 펜으로 글자나 그림을 그리면 글자는 윈도에서 텍스트 폰트로 바꿀 수 있다. 당연히 음성 인식도 지원한다. 음성으로 명령을 내리는 것은 물론 말을 테스트로 옮겨 적는 받아쓰기(딕테이션) 기능도 있다. 디지털 펜(전자펜)을 사용하여 필기체를 인식하고 마이크를 사용하여 음성 인식을 자유롭게 하는 시대가 도래했다는 것이다. 이미 노트북PC와 PDA를 갖고 있는데 태블릿PC가 필요 없다고 주장하는 사람은 아직 U-출판 시대에 입문하지 못한 경우

---

108) Ibiztoday, '모든 전자 기기 인터넷에 연결해주는 스폿 시대 열린다, <전자신문>, 2003. 2.17. 및 '국제 장난감 전시회', <전자신문> 2003.2.20.

에 해당할 것이다.

손목시계나 PDA가 노트북 컴퓨터나 전자책 단말기 역할을 할 수 있게 되고, 각 가전제품은 물론 각 기기가 센서를 갖춘 컴퓨터 역할을 수행하게 되는 바탕에는 '시스템을 한 개의 칩에 올려놓는 기술인 SOC(System-On-Chip) 기술이 실용화되었기 때문이다. 손전화에 디지털 카메라가 달려있듯이, 카메라에 방송통신용 IC칩이 달려 있다면 기자들은 이 카메라만 있으면 별도의 무선인터넷 장비를 갖추지 않아도 바로 사진을 방송국으로 전송할 수 있다. SOC 기술은 프로세서, 메모리, 각종 센서를 포함한 시스템 전체를 하나의 칩에 통합하여 올려놓는 첨단 기술로 U-출판 시대로 가는 기반 기술이다. 전자책을 읽는 리더(뷰어) 프로그램, 전자책 내용을 담는 메모리가 하나의 칩으로 제작된다는 뜻이다.

3) 모바일 단행본과 모바일 교과서

위즈북(대표 박선희)은 엔피아시스템즈, 한국전자북, 이랭커, 데이터쉐어 등과 공동으로 다양한 종류의 전자책을 읽을 수 있는 통합전자책보기 프로그램 'DLPro1.0'을 개발했다. 이 통합전자책보기 프로그램은 하이북, 노블21, 미지로 등 국내업체가 개발한 전자책을 인터넷을 통해 열람할 수 있는데, 전국 도서관에 공급될 예정이다.

언제, 어디서나의 인터넷 특성과 이동이 가능한 모바일(mobile) 특성을 합친 복합기능의 손전화, PDA, 영상재생기, 화면 달린 MP3 플레이어 등을 전자책 단말기로도 사용할 수 있을 것이다.

① 정진학원(대표 하태웅)은 2003년 1월 휴대형 동영상재생기를 통해 원하는 강의를 수강할 수 있는 '모바일 e정진'을 출시했다. 손전화 모양의 '모션아이'를 이용해서 동영상 강의를 다운로드해서 2.5인치 TFT LCD 컬러화면으로 보는 것이다. 동영상 강의 대신에 동영상 책내용을 다운로드하면 전자책으로 사용 가능하다.

② NATE Edu의 학습 서비스는 모바일 교과서인 'NATE Edu 모띠'로 가능하다. 'NATE Edu 모띠'는 동영상 강의, 영한 / 한영사전, MP3, 손전화 기능을 갖춘 PDA폰이다.

③ 에이원프로의 전자수첩 'AP-101'은 영한 / 한영 / 영영 / 중국어 사전, 원어발음 안내, 펜터치 기능이 있고, 이외에 플래시 메모리 확장 슬롯이 달려 있어서 이 메모리에 각종 전자책을 담아서 읽을 수 있다.

④ 예스인터내셔널은 디지털어학기 '매직토커스'를 출시했다. '매직토커스'는 노래 가사를 지원하는 MP3 플레이어, 중한 / 한중 사전, 상황별 회화 2,500여개 문장 등을 내장하고 있다. 중요한 것은 다양한 콘텐츠를 다운로드 받아서 음성으로 들을 수 있는 전자책으로도 활용할 수 있다는 점이다.

⑤ 2003년 1월 23일 프랑스 앙굴렘 만화 페스티벌에서는 종이만화책 100여 편의 분량을 4컷에서 8컷 정도의 형식으로 구성해서 디지털화시킨 모바일 만화책이 손전화, 웹, PDA 등을 통하여 서비스되었다. 화면(network screen)만화책인 모바일 만화책은 전자책의 일종인 전자만화책으로, 동영상 효과나 소리 등 종이만화책에서 보고 느낄 수 없었던 것을 가능하게 해서 관객의 흥미를 끌었다.

U-출판 시대

종이 대신 단말기나 컴퓨터의 모니터를 사용하는 비종이책 출판물의 등장은 원고 하나로 종이책과 전자책을 모두 제작할 수 있는 OSMP 출판 방식을 탄생시켰다. 유-출판 시대는 OSMP 출판의 시작에서 OSMP 출판의 성숙기인 OSUP 시대로 들어서는 시대이다.[109]

OSMP 출판은 종이 매체(paper media)는 물론 디스크 매체(disk media)와 통신망 화면 매체(network screen media)를 전부다 사용하는 출판 개념이다. '어느 컴퓨터나'는 '어느 기기나'로 해석할 수도 있다. '어느 기기(Any device)나'는 어떤 기기나 컴퓨터의 역할을 수행하는 단계이다. 현재는 차세대(post) PC가 이를 수행하지만, 출판계에서는 eBook 전용 단말기의 출현을 Any device 시대의 진입 신호로 보고 있다.

유비쿼터스 시대는 모든 컴퓨팅 장치들(책의 내용이 들어 있는 칩과 전파식별 태그)이 서로 연결되어, 언제 어디서나 사용이 가능하게 된다. 유비쿼터스 시대는 컴퓨터가 중심이 아니고 인간이 중심이 되는

---

109) 이기성, '한국 출판 산업의 전망과 대책에 관한 연구-Ubiquitous 시대의 OSMP 기획과 편집', 한국출판학연구 통권44호 pp.305~336, 범우사, 2002

시대이다. 컴퓨터는 물론 손전화기나 무선인터넷단말기 등 컴퓨터칩이 내장된 기존의 모든 생활도구가 유선/ 무선 통신망으로 완벽하게 연결되어 인간의 삶을 좀더 편리하게 해주는 시대이다.

이렇게, 모든 기기에 칩 형태의 컴퓨터가 내장되고, 서로 긴밀하게 연결되어 사람이 살아가는 삶의 질을 높여주는 시대의 출판을 유-출판이라 말한다.

New technique	Publishing business	Output media
Multimedia (1980s)	DBP E-publishing	Disk
Compunication (1990s)	SBP M-publishing	EBBS, Internet Network-screen
Ubiquitous computing (2000s)	U-publishing OSMP	On-chip computer Screen+paper

[그림 6] 신기술과 출판 산업

사회가 급격히 변하고 있다. 1980년대가 정보혁명(개인용 컴퓨터 혁명) 시기라면 2000년대는 유비쿼터스 혁명 시대라 할 수 있다. 유비쿼터스 시대에는 펄프로 만든 종이와 전자 종이라 부를 수 있는 단말기(정확히는 단말기 화면)가 출판의 최종 매체로 주로 사용된다. 화면책 출판물을 읽는 단말기로 사용될 수 있을 것으로 보이는 지능형 휴대단말기에는 키보드 기반 제품(keypad-based handheld)과 전자펜 기반 제품이 있다.

손목시계도 화면책 단말기로 사용될 수 있다. 한국에서도 2003년 1월에 MP3플레이어와 검색기능 등을 갖춘 손목시계형PC를 개발했다. 언제, 어디서나의 인터넷 특성과 이동이 가능한 모바일(mobile) 특성을 합친 복합기능의 휴대전화, PDA, 영상재생기, 화면 달린 MP3플레이어,

3차원 영상의 게임을 즐길 수 있는 휴대전화인 '3D게임폰' 등도 전자
책 단말기로도 사용할 수 있는 것이다.

　종이책 중심의 전통 출판 산업은 e-출판(electronic publishing)을 지
나, m-출판(mobile publishing)을 거쳐 u-출판(ubiquitous publishing)
으로 발전하고 있다. 이메일, 커뮤니티, 유선통신, 유선 인터넷 서비스
등을 사용하는 시대가 e-출판 시대라면, 무선통신, 무선 인터넷, 이동
전화, 휴대전화를 사용하는 시대가 m-출판시대이다. 지금은 m-출판
시대이기도 하고, u-출판시대의 초기이기도 하다.

U-출판

p-출판 (종이책출판) paper

e-출판 (전자책출판) electronic

m-출판 (이동형출판) mobile

u-출판 (언제나출판) ubiquitous

[그림 7] u-출판

　한국에서는 2005년 1월 10일부터 디지털멀티미디어 방송인 '위성
DMB' 방송이 시작되어, 전파식별용 RFID칩(Radio Frequency Identi-
fication)의 저가 상용화와 함께 본격적인 유비쿼터스 시대에 진입하고
있다. 책의 내용이나 책의 서지사항 등 고유정보를 내장한 전파식별
태그(RFID Tag)를 출판물(제품)에 부착하고 판독기로 평면 형태의 태
그를 식별하여 창고에 쌓여 있는 책의 명세표를 프린트해 내는 등 정
보처리가 가능해졌다.

　RFID칩은 바코드처럼 직접 접촉하거나 근거리에서 스캐닝할 필요가
없는 장점 때문에, 바코드를 대체할 것으로 예측되어 왔으나 생산 가
격이 비싸서 주춤하고 있었으나, 이제 초저가의 RFID 태그가 개발되었

으므로, 그 사용 범위는 바코드 대체뿐만 아니라 활용 범위가 확대될 것이다. 특히 고주파 전파식별 시스템은 27m 이상의 거리에서도 전송이 가능하므로, 출판산업이나 인쇄산업 분야에서도 전파식별용 RFID 태그에 많은 관심을 갖고 이의 장점을 이용하여야 할 것이다.

위성DMB 방송은 이동 중에도 전용단말기(손안의 TV)로 고화질과 깨끗한 음질의 방송을 시청할 수 있어서 m-출판의 범주를 넓혀줌은 물론 u-출판을 활성화시켜 주는 촉매 역할이 가능하다. 유비쿼터스 시대의 특징 중 하나인 '융합(컨버전스)'이 손전화, 손안의 TV, eBook 단말기, PDA, MP3플레이어, 디지털카메라 역할을 융합하는 복합 단말기를 실용화시킬 것이고, 출판계나 인쇄계는 이 복합 단말기의 성능을 이용하여 산업을 발전시켜 나가야 할 것이다.

또한, 2005년 미국 라스베가스에서 열린 '2005 국제가전전시회(CES)'에서는 알파벳키보드가 내장된 휴대전화가 선보였다. 한국에서는 이미 몇 년 전부터 숫자키보드를 이용하여 문자메시지를 보내고 있지만 정식으로 문자입력용 알파벳키보드가 부착된 휴대전화는 처음이다. 문자용 키보드가 추가됨으로 m-출판의 총아인 손전화(컴퓨터자판 폰)가 PDA 기능을 겸비하고, 무선통신을 사용하여 PC의 e-메일과 업무자료를 내려받고, 파일 올려놓기를 자유롭게 할 수 있는 u-출판 시대의 단말기로 발달된 것이다.

U-출판 (Ubiquitous-출판)	도구 / 매체	전자출판(CAP) (Computer Aided Publishing)
anytime	PC통신, 인터넷	화면책(통신망화면책) (Network screen book)
anywhere	전화, 무선통신	화면책
any media	disk, network	Non-paper book CAP (비종이책 전자출판)
any device	로켓-eBook	eBook(화면책 일종)
digital	DTP, CTS	paper book CAP (종이책 전자출판)
design	Digizine, CD-ROM DTP, Webzine 홈페이지	디스크책(Disk Book) 종이책 전자출판+비종이책 전자출판

[그림 8] U-출판과 전자출판

다음은 2003년도 월간 '출판문화'에 기고한 글을 요약한 것이다. U
-출판에서 중요 항목인 전자책(e-book) 시장이 2003년에 200~300억
원 규모가 될 것이라는 예측이 있다. 전자신문사 정은아 기자는 '전자
책 시장 2003년 중흥기 맞는다'는 제목으로 "올해 전자책 시장은 초·
중·고교 및 공공도서관이 전자도서관을 잇달아 개설할 예정인 데다
PDA·휴대폰과 같은 모바일 기기 보급이 늘어나면서 200억~300억 규
모에 이를 것으로 전망된다'고 했다.110)

화면책의 일종인 전자책의 출판은 와이즈북토피아, 바로북닷컴, 동사
모 등이 우리나라의 시장을 주도하고 있다. 와이즈북토피아(대표 김혜
경, 오재혁)는 2002년 41억 원의 매출을 올렸고, 2003년에는 매출 100
억 원을 목표로 하고 있다. 바로북닷컴(대표 이상운, 배상비)은 2003년
80억 원 매출을 계획하고 있고, 동사모(대표 최석암)는 2003년에 2002

---

110) 정은아, '전자책 시장 중흥기 맞는다', <전자신문> 2003.1.20.

년의 20억 원 매출보다 2배인 40억 원을 예상하고 있다. 전자책의 초기 붐은 개인들의 구매액에 의존하기보다는 도서관에서 얼마나 구입하느냐에 달려 있다고 생각한다.[111]

한국 초·중·고교의 경우 교육인적자원부가 1,200개교 정보화도서관 구축을 위해 향후 5년간 3,000억 원을 지원하게 된다. 여기에 따르면 30%가 도서구입비로 책정돼 있으며, 이중 20%는 멀티미디어 도서를 구입토록 권고하고 있어 올해(2003년)만 최소 36억 원이 전자책 부문에 집행될 전망이다. 또 14개 대학에서 전자도서관 시험 버전을 사용하고 있어 2003년 연내 40~70개 대학이 전자도서관을 개설하거나 전자책을 구입할 것으로 보인다. 이외 전국 400개 공공도서관이 도서구입비 5000만 원 가운데 50%를 멀티미디어 서적 구매에 책정할 예정이고, 문화관광부도 전자책 관련 사업에 18억 5000만 원을 지원하기로 해 전자책 시장 활성화에 힘을 싣고 있다.

일본의 전자책 시장은 PC나 PDA용이 33억 엔(800 : 1로 계산하면 약 2조 6400억 원), 손전화(휴대폰)용이 약 12억 엔(약 9600억 원)으로 합계 45억 엔(약 3조 6000억 원) 정도이다. 전자책 발행 종수는 주요 전자책 사이트에서 중복된 콘텐츠를 제외하면 약 6만종이다.

2005년도 일본의 종이책 시장은 9197억 엔(약 7조 3576억 원)이므로 전자책 시장의 약 200배나 된다. 일본 출판연감에는 신간서적이 7만 8304종, 일반잡지 4586종, 인터넷 판매 전자책 3만 2638종, 디스크책(CD-ROM, DVD) 485종, 주문형출판물(POD) 1010종이 게재되어 있다.

2005년 한국의 출판 시장은 2조 6939억 원이므로 일본의 약 1 / 3에

---

111) 정은아, 'e북시장 빅3로 재편', <전자신문> 2003.2.6.

해당한다. 이 중에서 인터넷 서점의 매출액은 4497억원으로 약 16%에 해당한다.

2005년도 한국의 출판사 수는 2만개가 넘지만, 중국의 경우 2004년 전국의 서적 출판사는 총 573개 회사이고, 오디오비디오(AV) 제품 출판사는 320개 회사, 전자출판물 출판사는 162개 회사가 있다. 출판된 서적 종수는 21만종, 정기 간행물은 9400종, 신문은 1922종, 녹음제품은 1만 5406종, 녹화제품은 1만 8917종, 전자출판물은 6081종이다.112)

---

112) Book Publishing as Communication, Tokyo Keizai University, 28-29, October 2006.

OSOP 출판과 OSUP 출판

원고 하나로(원 소스) 종이책을(원 페이퍼프로덕트) 만드는 것이 오에
스오피(OSOpP) 출판이다. 사람 사는 환경을 최적으로 조성해주는 시대
인, 유－출판 시대에는 왜 전통 출판인One Source One paper Product(종
이책 제작) 출판을 고수하면 왜 안 되는가? 종이책은 단일매체의 책이다.
글자와 정지된 그림을 주로 사용하는 책이다. 한편, 소리도 나고 그림도
움직이는 책이 출현한 지 이미 20여 년이 지났다. 그림도 움직이고 소리
도 나는 책은 멀티미디어 책이다. 멀티미디어를 사용하여 제작한 책이
싱글 미디어의 종이책보다 독자에게 인기가 있는 것은 당연한 일이다.

OSMP 출판은 paper media는 물론 non-paper media의 대표적인 disk
media(디스크책)와 network screen media(화면책)를 전부다 아우르는 출
판을 뜻한다. 유－출판 시대에 적응하여 생존하려면, 전통 출판 개념
(종이책만 책이라는 관념)에서 빨리 벗어나서, 한 가지 원고 소스로 종
이책 프로덕트와 디스크책 프로덕트, 화면책 프로덕트를 기획할 능력
(OSMP 출판 능력)을 키워야 현재의 빠르게 변화하는 상황에서 출판업
이 생존하고 발전할 수 있는 것이다.

OSMP 출판도 종이책과 디스크책, 종이책과 화면책, 또는 디스크책과 화면책 등 원고 하나로 두 가지를 시간 차이를 두고 출판하는 방식과 두 가지를 동시에 출판하는 방식으로 구분할 수 있다. 종이책, 디스크책, 화면책 모두를 동시에 어느 기기(컴퓨터를 사용하는)에서나 볼 수 있도록 출판하는 것은 OSMP 출판에서 좀 더 발전된 OSUP(원 소스 유비쿼터스 프로덕트; One Source Ubiquitous Product) 출판에 해당한다. 즉, 유비쿼터스의 4 any(any media, any device, anywhere, anytime)를 만족시키는 출판 방식이 OSUP 출판인 것이다.

출판 분야 중에서 학술 서적 출판 산업이 가장 빠르게 변화하고 있다. 신문 광고 카피가 '이젠 ××학원을 주머니에 넣고 다닌다!'이다. 동영상 전자책이 학원 강의 내용을 몽땅 담은 것이다. 학습지(학원의 교재) 출판 시장이 종이책 출판에서 전자책 출판으로 신속하게 탈바꿈하고 있는 것이다.[113]

컴퓨터 산업이 발전하고 정보통신 산업이 발전하면 출판도 같이 발전해 나가야 한다는 것이다. 변화에 적응하려면 지금의 독자를 이해하고 포용해야 하고, 유-출판 시대에 걸맞은 인재를 키워내야 한다. 또한, 전통 출판의 독자뿐 아니라 네티즌과 모티즌을 독자로 포용해야 한다. 즉 '언제 어디서나 어느 컴퓨터로나 읽을 수 있는 OSUP 출판'을 하는 것이다.

---

113) YBM Sisa와 Aone21, PMP 서비스 계약, 경향신문, 2006.10.24.

번호	발전 단계	종 류
1	OSOP	1. One Source One Product 2. OSOPP: One Source One Paper Product
2	OSMP	1. One Source Multi Product 2. Paper＋Disk, Paper＋Network Screen
3	OSUP	1. One Source Ubiquitous Product 2. Multi Product를 U-book으로 출판 　U-book＝언제, 어디서나, 어느 컴퓨터 기기로나, 　　　　　　어느 매체로나 볼 수 있는 책

[그림 9] 출판 기술의 발전 단계

1988년부터 2003년까지 16년에 걸쳐 출판된 OSMP 출판의 보기를 살펴보자.

1988년에 영진출판사에서 '전자출판'이라는 종이책이(①) 출판되었다. 1997년에 '전자출판-2' 종이책과(②) 1998년에 '전자출판-3' 종이책이(③) 도서출판 장왕사에서 출판되었다. 1999년과 2000년에 한국사이버출판대학에서 e-learning 방식으로 '전자출판론' on-line 강좌를 열었다. 이 on-line 강좌 내용을 2000년에 도서출판 장왕사에서 '전자출판-4'라는 이름으로 종이책을(④) 출판하였다. 같은 2000년에 동일출판사에서는 '전자출판-5(ebook과 한글폰트)'라는 이름으로 종이책을(⑤) 출판하였다.

이 다섯 권의 종이책(①, ②, ③, ④, ⑤)으로 도서출판 장왕사에서 2001년에 'eBook 전자출판1, 2, 3, 4, 5'라는 이름의 디스크책을 출판하였고, 2002년에는 '화면책 전자출판1, 2, 3, 4, 5'라는 이름의 화면책을 출판하였다.

1999년에 한국사이버출판대학에서 on-line 강좌로 개설된 '출판개론'의 내용은 2000년에 도서출판 장왕사에서 종이책 '출판개론'과 디스크책 '멀티미디어 출판개론'으로 출판되었고, 2002년에는 'eBook 출판개론'이란 이름으로 화면책도 출판되었다

1991년과 1992년에 '컴퓨터는 깡통이다 1, 2'라는 이름으로 가서원에서 출판된 종이책 두 권은 2001년에 도서출판 장왕사에서 'eBook 컴퓨터는 깡통이다'라는 이름의 화면책으로 출판되었다

e-learning	종이책	디스크책	화면책
사이버출판대학 16주 강의용 '출판개론', 1999	'출판개론', 장왕사, 2000	'멀티미디어출판개론', 장왕사, 2000	'eBook 출판개론', 장왕사, 2002
	'개정판 출판개론, 서울출판미디어 2002	'디스크책 출판개론, 서울출판미디어 2002	
사이버출판대학 강좌, '전자출판론, 1999~2000	전자출판, 영진출판사, 1988 전자출판-2, 장왕사, 1997 전자출판-3, 장왕사, 1998 전자출판-4, 장왕사, 2000 ebook과 한글폰트, 동일출판사, 2000	'eBook 전자출판 1, 2, 3, 4, 5', 장왕사, 2001	'화면책 전자출판 1, 2, 3, 4, 5', 장왕사, 2002
사이버출판대학 강좌, '출판디자인과 한글활자', 2000		'디스크책 한글타이포그래피', 장왕사, 2002	'한글타이포그래피', '장왕사', 2003
	컴퓨터는 깡통이다, 가서원, 1991 컴퓨터는 깡통이다-2, 가서원, 1992		'eBook 컴퓨터는 깡통이다', 장왕사, 2001

[그림 10] OSMP 출판 사례(1991~2003)

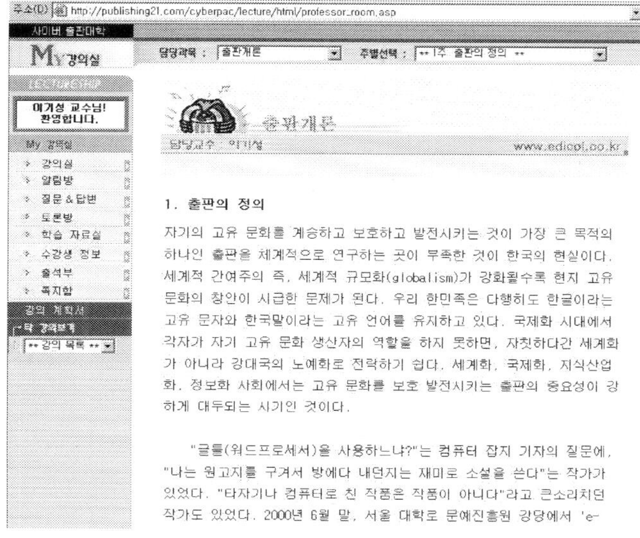

[그림 11] e-learning '출판개론' 강의
(한국 사이버출판대학 강좌)

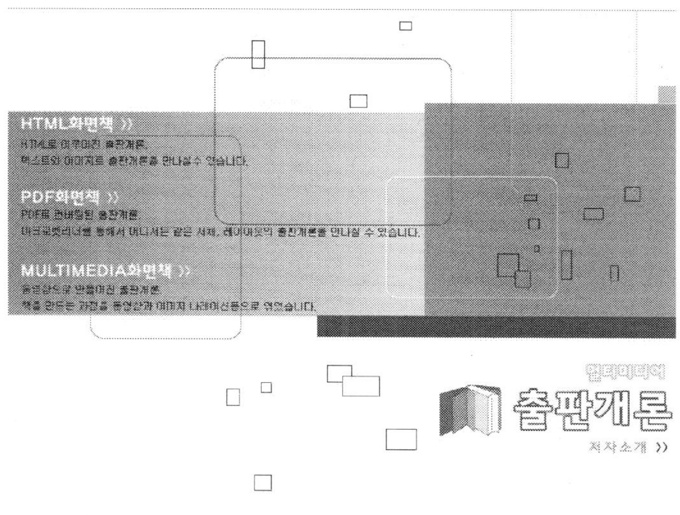

[그림 12] 디스크책 '멀티미디어 출판개론' 시작 화면

종이책과 활판 인쇄 중심의 전통 출판에서 컴퓨터 기술이 사용되는 전자책(디스크책, 화면책)을 출판하는 전자출판도 출판계와 인쇄계에서 대중화되는 시대인 유비쿼터스 시대로 접어들었다. u-book에는 종이책, 디스크책, 화면책이 전부다 포함된다. u-book을 출판하는 것이 OSUP 출판이고, OSUP 출판 방식은 출판계와 인쇄계가 거역할 수 없는 인류 문화 발전의 흐름이고, 융합 시대에 적응하는 방식이라고 할 수 있다.

화면책이 저자와 독자의 컴퓨터통신망을 통해 직접 대화가 가능하여 인터랙티브하다고는 하지만, 모니터 화면의 차가움보다 종이의 따뜻함을 포기하지 않는 독자 역시 많다는 사실에 입각하여 종이책, 디스크책, 화면책 분야 모두를 발전시키는 것이 출판계와 인쇄계의 지속적인 발전에 도움이 되리라 생각한다.

디스크책이나 화면책 같은 전자책을 읽는 모니터의 화면 크기가 너무 작아지면 가독성에 문제가 생긴다. 그러나 신기술의 발달로 안경테에 아주 작은 모니터(TV스크린)를 끼운 ‘비디오 안경’을 착용하면 문제는 해결된다. 사람 동공 크기의 초소형 비디오 안경이 한국과 영국에서 이미 개발된 것이다.

출판계나 인쇄계에서는 종이책은 물론 TV나 MP3 플레이어나 손전화나 PDA나 개인용 컴퓨터나 포터블 멀티미디어 플레이어(PMP)나, 노트북 컴퓨터나 언제, 어디서나 화면으로 볼 수 있는 u-book을 출판할 수 있는 기술을 확보하는 것이 유비쿼터스 시대에 적응하는 길일 것이다.

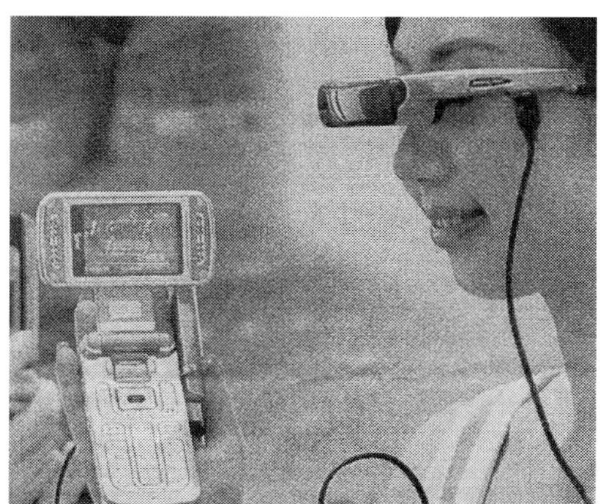

[그림 13] 비디오 안경

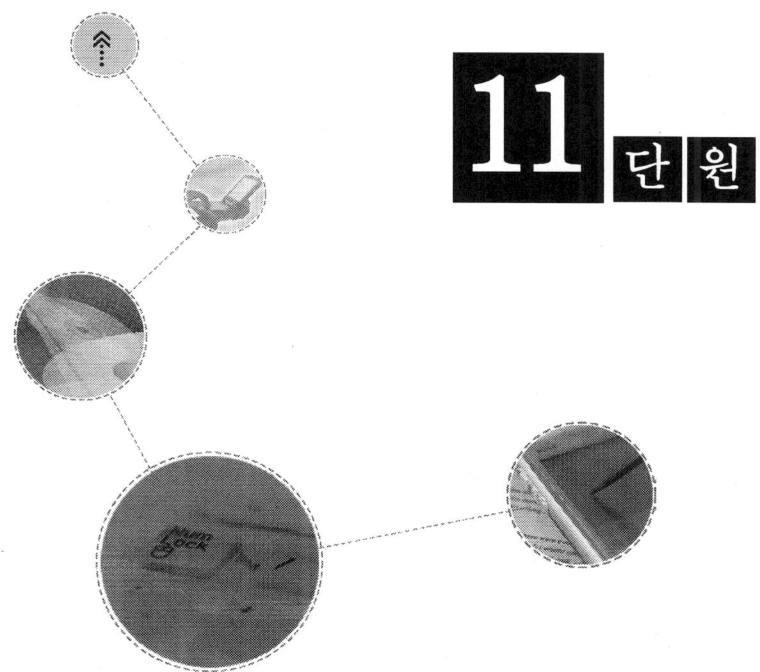

11단원

　　지난 1997년 1월 1일부터는 50%의 대한민국 출판 시장이 개방되고
OECD에도 가입한 현실에서 국내 출판계는 살아남기 위한 심한 몸살
을 현재까지도 앓고 있다. 정보사회에 진입하면서부터 정보의 디지털화
가 시작되어 출판계도 아날로그 정보를 인쇄하던 종이책 출판에서 디
지털 정보를 사용한 디지털 책 출판으로 발전하고 있는 시점이기도 하
다. 디지털화 된 책은 보통 CD-ROM이나 CD-I 등 디스크에 담아서 출
간되기 때문에 이를 디지털 디스크책 또는 디스크책이라 부른다
OECD 가입, WTO 체제하에서 대한민국 국내 출판시장은 보호막이 전
부 벗겨진 상태여서, 문화를 보존하고 발전시키는 중요한 역할을 담당
하는 우리 한국 출판계의 쇠퇴가 염려되는 현실이다

종이책 전자출판의 발전

전자출판의 발전을 종이책의 전자출판(Paper Book CAP)과 비종이책
의 전자출판(Non-paper Book CAP)의 두 범주로 나누어 알아본다. 먼
저, 종이책의 전자출판 범주에서 발전은 탁상출판인 DTP와 전산조판시
스템인 CTS가 서로 접근한다는 것이다. DTP는 탁상제판(DTPp; DeskTop
Prepress)으로 올라오고, CTS도 컬러제판시스템(CEPS; Color Electronic
Prepress Systems)에서 DTPp쪽으로 내려오고 있다. 또, 두 가지 다 DTPp
에서 컴퓨터제판(CTP; Computer To Plate) 시스템으로 발전하고 있다.[114]

---

114) 오세종, 전자출판에서 PREPRESS의 변화추이와 상호작용에 관한 연구,
　　 1996년도 동국대 정보산업대학원 석사논문

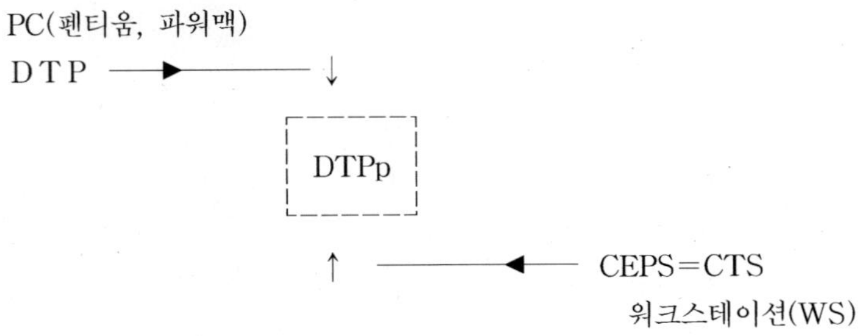

[그림 1] DTP와 CTS의 발전

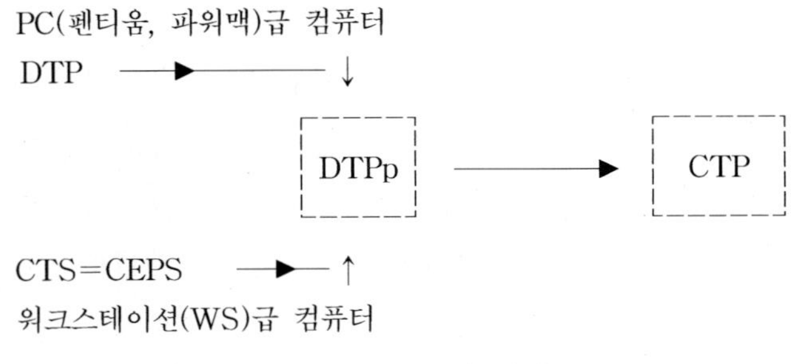

[그림 2] DTPp의 발전

종이책 전자출판 범주에서 제판전 과정인Prepress 분야는 새로운 기술이 나올 때마다 업계를 긴장시키고 있다. Prepress 산업은 출판의 디지털화가 가속될수록 출판시스템과 Prepress 시스템이 단일화돼 간다. 출판쪽과 조판 쪽과 인쇄 쪽의 업무가 겹치기 시작한다 조판쪽 업무이던 납활자를 사용한 텍스트 원고 조판 작업은 사진식자기나 입력기, 전산조판기에게 밀렸고, 볼록판(돗빵)이나 동판을 떠야 인쇄가 가능하던 그림 원고와 사진 원고는 오프셋 인쇄의 등장으로 제판소의 카메라에게 자리를 빼앗겼다.

현재는 사진식자기나 전산조판기로 입력하던 텍스트 원고 입력 작업은 개인용컴퓨터의 워드프로세서 프로그램에게 밀리고 있다 인화지에 인화하거나 슬라이드 필름을 색분해하여 음판 필름에 따붙이기(고바리)를 하던 작업은 개인용컴퓨터의 포토샵 같은 그래픽 프로세서 프로그램으로 수정 작업을 하고 문방사우, 페이지메이커, 쿽익스프레스 같은 탁상출판(DTP)용 지면배치(Page Lay-out) 프로그램에게 자리를 내주고 있다. 출판의 편집부 작업이 조판소의 조판 작업을 뺏어 간 것이DTP라면, 제판소의 원고촬영 작업을 뺏어오는 것이 DTPp라고 할 수 있다.115)

인쇄 쪽 작업이던 원고촬영, 터잡기, 판굽기, 인쇄하기 과정에서 원고촬영 및 터잡기 분야가 출판 쪽으로 넘어오는 과정이 Desktop Prepress이며, 터잡기와 판굽기 분야가 출판 쪽으로 넘어오는 과정이CTP라고 말할 수 있다. 물론 출판사에서 원고촬영 터잡기, 판굽기를 한다는 것을 뜻하는 것이 아니고, 개인용컴퓨터의 성능이 향상되어 종래의 워크스테이션급 성능을 갖추게 되자, 개인용컴퓨터로 작업한 디지털 원고 데이터를 레이저프린터로 출력하여 제판 카메라로 촬영하는 대신, 필름출력기에 연결하여 바로 터잡기용 필름을 얻을 수 있다.

IBM 기종에서는 문방사우나 페이지메이커, 인디자인 프로그램을 사용하고, 맥 기종에서는 쿽익스프레스나 페이지메이커 프로그램을 사용하면 칼라분판까지 가능하여, 개인용컴퓨터를 사용한 상태에서 바로 흑, 적, 청, 황, 4장의 필름을 출력할 수 있다.

---

115) PREPRESS는 인쇄 이전의 공정을 말한다 원고 작성, 사진 촬영, 도판 작성, 레이아웃, 교정, 편집, 필름 출력, 인쇄판 만들기 등의 모든 공정이 포함된다. 그러나 여기서 말하는 편집이란 출판에서 말하는 기획을 포함한 원고 획득과 원고 수정, 작성, 지면배치를 뜻하는 것이 아니고, 출판사 편집부에서 의뢰한 원고를 인쇄기로 인쇄하기 위하여 제판소에서 준비하는 과정의 편집을 뜻한다.

Image   Image   RIP   Image
Capture → Process → Proof → Output → Film
                                        → CTP → PRESS

[그림 3] 인쇄에서 CTP 과정

CTS 방식에서 고가의 컴퓨터를 작동시켜 네가티브나 슬라이드 필름 원고를 스캐닝하여 색분해를 하던 컬러제판시스템(CEPS) 방식에서만 가능하던 작업이 개인용컴퓨터로도 칼라분판이 가능해진 것이다 종이책의 전자출판 범주의 발전을 한마디로 말한다면 DTP와 CTS의 접근으로 볼 수 있다.

전자책 전자출판의 발전

비종이책을 디지털책이라고도 한다. 이는 맞는 말이다. 그러나 비종이책을 전자책이라고 말하는 것은 잘못된 경우가 있다. 정확히 말하면, 전자책은 전자를 매체로 사용한 책을 말하는데 전자를 출력 매체로 사용한 책은 전자수첩이나 포켓용 전자사전에 한한다. 즉, 메모리를 출력 매체로 한 경우만 전자책이고, 일반적으로 전자책이라고 말한 그 속뜻은 CD-ROM 책을 뜻하고 있는 것인데, CD-ROM은 빛(광)을 출력 도구로 사용한 광디스크(Optical Disc)이므로 전자책이 아니고 빛책 또는 광책이라 불러야 옳을 것이다. 집드라이브나 하드디스크, 재즈디스크 등에 기록된 책도 전자책이 아니고 자기책이라고 해야 옳다. 자성(마그네틱)을 사용한 매체이므로 엄밀한 의미의 전자책이 아니다. 그러므로 종이가 아닌 매체인 CD-ROM, 하드디스크, 메모리 등에 기록된 책은 전자책이 아니라 디스크책이라 불러야 정확하다. 또 국내 통신망이나 인터넷에 올려놓는 책도 전자책이라고 부르기에는 어색하다. 통신망 책은 화면책이라고 별도의 용어를 사용한다. 따라서 디스크책이나 화면책이나 둘다 종이에다 출력하는 책이 아니므로 비종이책이라고 해야 정확하지, 전자책이라고 하면 부정확한 표현이 된다.

비종이책의 전자출판 범주는 디스크책 출판(DBP)이 CD-ROM 책이나 DVD 책 중심이고, 화면책 출판(SBP)은 인터넷책이 중심이 되어 발전하고 있다. 일반적으로, 디스크책은 전자출판물이라고 보통 혼동하여 부르고 있다. 화면책 단말기의 최신 제품이라고 할 수 있는 네트워크 포터블 멀티미디어 플레이어(Network PMP)는 윈도 운영체제가 탑재된 PMP로 2006년에 디지털 큐브 회사가 최초로 '넷포스'라는 제품 이름으로 출시하였다. 모바일 기기용 운영체제인 윈도CE를 사용하므로 개인용컴퓨터와 많은 면에서 호환이 있어 편리하다.

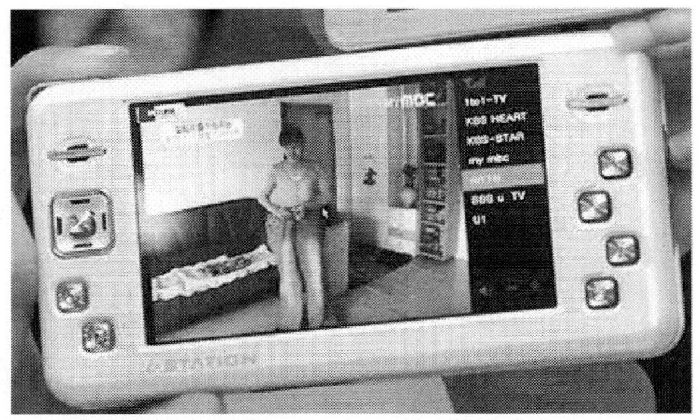

[그림 4] I-station의 네트워크 PMP

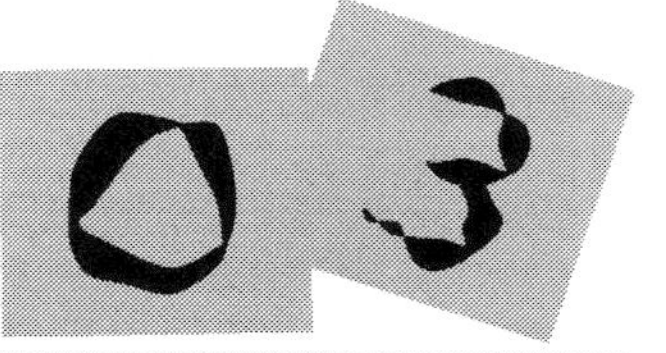

전자출판물과 전자책

전자 매체에 출판된 책이 전자책이다. 전자책에는 디스크책과 화면책이 있다. 전자출판(행위)으로 디스크나 통신망에 출판된 책이 전자출판물이고, 이것이 곧 전자책이다. 전자출판물(Electronic Publications)은 전자출판(CAP)과 달리 전자출판으로 제작된 비종이책의 출력물을 말한다. CD-ROM, CD-G, CD-I, DVD 등 종이가 아니고, 디스크에 출판된 디지털 디스크책이 대표적인 전자출판물이다.

전자출판물을 좀더 구체적으로 다음과 같이 정의할 수 있다. 문화체육부 등 관공서에서 보는 전자출판물이란 문자·소리·영상 등의 정보를 종이 매체 이외의 전자적 기록매체 등에 기록하고 구동기, 텔레비전, 컴퓨터 등 전자 매체나 광 매체의 도움으로 보고 듣고 읽을 수 있도록 제작한 마이크로필름, 카세트테이프, 비디오테이프, 디스크, 시디롬(CD-ROM), 시디아이(CD-I), 디브이디(DVD) 등의 저작물로 출판사 및 인쇄소 등록에 관한 법률에 의거 납본을 필한 것을 말한다.[116)]

---

116) 1997년 1월 9일 문화체육부 회의 참석자: 출판진흥과 강창석 과장, 이경훈 사무관, 출판협회 정종진 국장, 한국전자출판연구회 이기성 회장, 세광데이터테크 박지호 부사장, 교보문고 김태규 과장, 웅진 김이수 실장.

CD-ROM 책 이름	분 류	출판사
96 계몽사 백과사전	청소년용	계몽사
어린이 영어박사	유아용	대교컴퓨터
중학―수학 / 영어	중학생용	생동컴피아
노래방	성인용	세광데이타테크
오픈 토익	성인용	지오정보
퍼펙트회화― 영어 / 일어	성인용	한텍정보통신
어린이 유치원	유아용	I.O.K.
인터넷과 정보검색	성인용	한솔정보미디어
필즈수학문제은행	고등학생용	필즈교육미디어
컴퓨터 음악의 세계	성인용	아리수미디어

[그림 5] 교육용 CD-ROM 책의 보기

그러나 전자출판학계에서는 디지털 정보를 제공할 때만 전자출판물로 본다는 의견도 있긴 하다. 예를 들면, 아날로그 정보를 제공하는 마이크로필름, 카세트테이프, 비디오테이프는 전자출판물에서 제외하고 디지털 카세트테이프나 디지털 방식의 비디오테이프에 제작된 출판물만 전자출판물로 인정하자는 것이다

1. Audio CD=Music CD
2. Digital Audio CD Book
3. CD Book=디스크책을 말하나, CD Book을 CD Title로 부르기도 한다.
4. CD Title=게임 등 S / W를 말하나, 광의로는 CD Book을 포함한다.

[그림 6] 내용으로 분류한 CD

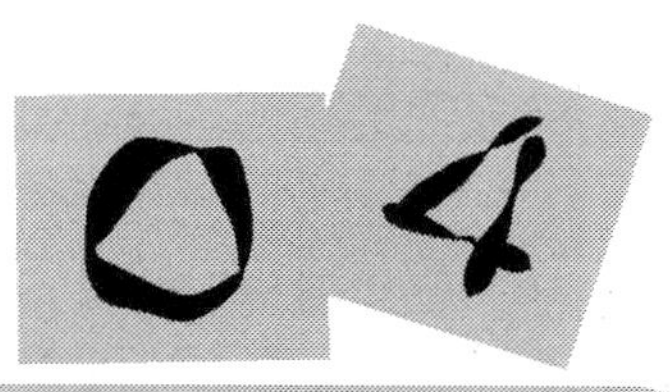

한국 전자출판의 미래

일본 및 한국의 출판계에서는 1970년대부터 이미 컴퓨터를 사용해서 조판을 해 왔고, 개인용컴퓨터는 이보다 10여년 뒤인 1980년 중반부터 텍스트 원고 입력용 워드프로세서 및 지면배치용 전산편집 프로그램을 사용하였다. 1987년경부터는 본격적으로 탁상출판용 지면배치 프로그램들이 시판됐다. 워드프로세서의 사용으로 시작된 종이책 전자출판의 미래는 DTP나 CTS나 둘 다 DTPp를 거쳐 CTP로 발전할 것이다. CTP도 Computer To Plate를 거쳐 Computer To Press, Computer To Print로 발전할 것으로 본다.

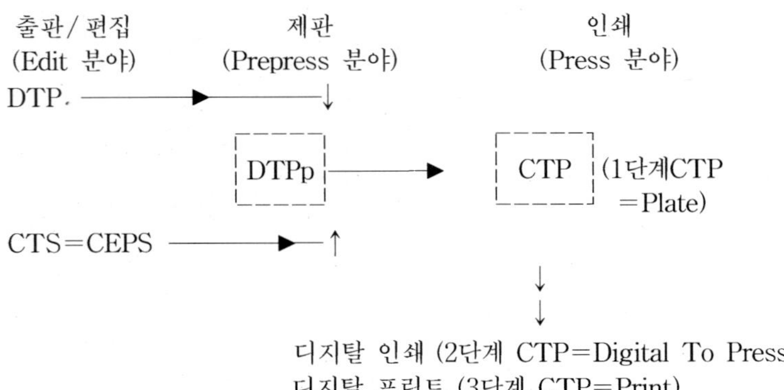

[그림 7] 출판과 제판과 인쇄

DTP 시스템의 포스트스크립 코드를 레코더용 포맷으로 변환하는 장치인 RIP(Raster Image Processor)은 소프트웨어 RIP과 하드웨어 RIP의 두 종류로 구분된다. 지금은 RIP이라고 하면 포스트스크립 RIP을 말하지만, 포스트스크립이 개발되기 전에는 각 메이커마다 각자의 페이지 기술 언어(PDL)에 맞춘 독자적인 하드웨어 RIP을 개발했다. RIP은 주로 DTP 업계에서 사용하지만 Rasterize는 광범위하게 사용된다.117)

일부에서는 1985년에 컴퓨터를 이용한 출판 방식이 처음 개발되었다고 하나, 이것은 미국에서 DTP의 관점에서 본 견해이고, 일본의 각겐, 고단샤, 헤이본샤에서는 1970년대부터 워크스테이션 급 이상의 컴퓨터를 사용하여 사전 편찬을 하는 등 전산사식조판시스템인 CTS를 이미 실용화시키고 있었다. 단지 1970년 초의 일본의 CTS는 입력기가 직접 디스켓에 입력시키지 못하고 종이테이프를 펀칭하고, 종이테이프 리더로 테이프를 읽어서 디스켓에 다시 입력해야 하는 방식이었다.118)

---

117) 라스터라이즈(Rasterize)는 문자나 도형 데이터를 점의 집합으로 변환하는 처리를 말한다.
118) 1971년 일본 동경에서 UNESCO 주관으로 열린 '제5회 아시아 지역 출판 기술 연수코스'에 본인이 참가하여, 당시 고단샤와 헤이본샤, 각겐의 컴퓨

1985년에는 개인용컴퓨터에서 사용 가능한 페이지 기술 언어인 포스트스크립이 등장하여 DTP가 실용화되었다는 것이지 1985년이 출판에서 컴퓨터를 처음 사용한 해는 아니다. 사실, CTS에서 대규모 인쇄소의 고급 제판 시설로 컬러물을 처리하던 시스템이 1992년에 이르러 칼라전자출판시스템이라 불리는 CMS(Color Management System)로 변화하기 시작했다.

이 CMS가 DTP쪽의 DTPp와 만나게 된 것이다. 여기서 말하는 DTPp는 정확히 말해서 칼라 DTP를 뜻한다.119)

1970년 초에 미니컴퓨터와 마이크로컴퓨터가 개발되고 1976년 미국에서 8비트급 개인용컴퓨터가 세계 최초로 개발되고, 한국에는 1982년에 8비트급 개인용컴퓨터가 보급되었다. 이렇게 볼 때, 2006년은 CTS가 시작된 지 30여년 정도, DTP가 시작된 지는 20여년 정도밖에 안된다. 그러니, 빠르게 발전하는 컴퓨터 기술로 인하여 종이책 전자출판의 미래는 어떨지 예측하기 힘들다. 단지, 현재의 상태로 짐작할 때, CTS에서 DTP로, DTP에서 CTP로 발전하고 있는 것은 틀림없다.120)

1단계 Computer To Plate에서 2단계 Computer To Press(Digital To Press)를 거쳐 3단계 Computer To Print로 발전할 것으로 본다. Computer

---

터조판기 사용을 확인한 바 있다

119) 컬러 전자출판이 성공하려면 출판 환경의 모든 흐름이 정확하게 진행되어야 한다. 우선 칼라의 정확한 재현이 필요하다. 칼라 스캐너로 입력(스캐닝)한 단계부터, 컬러모니터에 디스플레이하여 수정 및 제작(크리에이티브 작업)을 하는 단계, 컬러 교정 인쇄, 칼라 출력 단계 등 각 단계의 데이터의 값이 원고의 컬러값을 일정하게 정확히 유지돼야 한다. 모든 공정에서 정확한 색상이 유지되도록 하기 위해 컬러매니지먼트 시스템인 CMS 개념이 등장했다. 이 CMS 개념은 컬러물 전자출판시스템의 각 단계에 적용되고 있다.

120) 컬러 DTP의 데이터 File이 EPSF(Encapsulated Post Script Format)이거나 TIFF(Tagged Image File Format)이면 CEPS(Color Electronic Prepress Systems)는 DTP 데이터 File을 사용할 수 있다.

To Print가 되면 원고에서부터 종이에 출력할 때까지 전부 디지털 형태로 되어, 디지털 프린트가 실현된다. 고속의 디지털 프린트가 실현되면 주문자요구 형태의 인쇄물이 가능하여 Print On Demand (또는 On-Demand Print)가 가능해진다. Print On Demand가 되면 주문자요구 출판(POD; Publishing On Demand) 역시 가능해진다. Print On Demand나 Publishing On Demand나 둘 다 영문 약자로는 POD이다(Print on Demand has become very popular lately. It is a phrase used by many types of companies to describe some of their services. They go from traditional printers using traditional printing equipment (offset, lithography, etc.), to printing equipment manufactures., InstaBook, 2006).[121]

종이책이 텍스트 위주의 단일 매체(Single Media) 책인데 비하여, CD-ROM 책이나 DVD 책 같은 디스크책이나 인터넷으로 제공되는 화면책은 다중 매체(Multi Media) 책이다. 어머니 뱃속에서부터 멀티미디어 기기의 음향을 듣고 태어나는 미래의 어른들은 멀티미디어 책이 아니면 친해지기 어려울 것이다.

미래의 전자출판은 종이책 출판보다는 멀티미디어 책인 디스크책이나 화면책 중심의 출판이 될 것이다. 특히 통신망을 사용하는 화면책이 인터넷과 인트라넷의 확대 보급으로 인하여 더욱 발전할 것이다. 지금 출판되는 디스크 잡지인 디지진(디지탈 잡지, Digizine)과 인터넷에 출판되는 화면잡지인 웹진(월드와이드웹 잡지, Webzine)의 발전 추세로 보아 디지진과 웹진의 전망이 아주 밝다. 그러나 현재 디스크책의 주류를 이

---

121) CTP가 막을 올린 것은 IGAS '91에서 발표된 하이델버그 사의 GTO-DI (Digital Imaging)이다. 이 시스템은 종래의 4색 인쇄기를 기저로 하여 칼러 DTP의 문자와 화상 이미지를 RIP을 통하여 직접 인쇄기의 판통에 빛쬐어 인쇄하는 시스템이다. '월간 인쇄문화(Graphic arts Korea)', 1997년 7월호, P.74, 월간인쇄문화.

루고 있는 CD-ROM 책은 DVD의 등장으로 DVD 플레이어가 많이 보급된 다음에는 DVD책에게 그 자리를 뺏길 것이 자명하다.

또한, 모니터(display 기기) 제작 기술의 발달은 대각선 길이로 17인치, 20인치 등 넓은 화면만 사용하도록 제한받은 독자들에게 화면 크기의 선택권을 주고 있다. any device 이거나 또는 어떤 any에 해당하든, 출판계의 독자 확장에 도움이 되는 any size display 기술이 발달하고 있는 것이다.

[그림 8] 전자책 전시회(2005년 코엑스, 계원대,
신구대, 동원대, 서일대 합동 전시)

1. 미래에 대한 대책

출판계가 생존하고 발전하는 방법은 '변화의 물결에 적응하고 물결을 이용하는 것'이다. 컴퓨터 산업이 발전하고 정보통신 산업이 발전하면 출판도 같이 발전해 나가야 한다는 것이다. 변화에 적응하려면 지금의 독자를 이해하고 포용해야 하고, U-출판 시대에 걸맞는 인재를 키워내야 한다. 향후 과제에 대한 대책을 몇 가지로 요약하면 다음과 같다.

(1) 네티즌과 모티즌을 포용하자

현재는 컴퓨터 통신을 사용하는 사람인 네티즌들의 대부분이 인터넷 서비스업체인 다음커뮤니케이션(hanmail), 드림위즈(dreamwiz), 야후(yahoo) 등의 전자우편(이메일)을 주로 사용하거나 프리챌이나 싸이월드 등의 커뮤니티 사용 수준에 그치고 있다. 그러나 이 네티즌들을 출판물의 독자로 이끌어 들일 수 있다면 출판업계의 앞날은 밝다.

네티즌들을 독자로 이끄는 방법은 출판사에서 통신망을 이용하는 화면책을 출판하면 되는 것이다. U-출판 시대에는 네티즌은 물론 모티즌(모바일 네티즌)까지 포용해야 한다. 손전화인 캠코더폰(SPH-V3000)으로 TV를 실시간으로 시청하는 모티즌은 종이책 전용 시대의 독자와는 다른 특성을 갖추고 있다는 점을 인정해야 할 것이다. 지금도 5살짜리 유아들은 종이동화책보다 화면동화책을 더 선호하고 있다.

주니어네이버나 야후꾸러기 사이트에는 화면 동화책이 매우 많이 올려져 있다. 물론 부모님이 옆에서 컴퓨터를 켜고 인터넷을 연결해서 네이버나 야후 사이트나 부키의 동화나라 (www.donghwanara.com) 사이트나 재미나라 (www.jaeminara.co.kr) 사이트에 들어가 주어야 하지만, 차세대 중심 독자가 될 유아들은 어른보다 더 화면책에 익숙해질 소지가 많다.

포털사이트에 접속하는 모든 사람이 독자가 되지는 않겠지만 독자가 될 가능성이 있는 것은 사실이다. 2006년 10월 현재 국내 최대(72.8%)의 포털 시장 점유율을 갖는 네이버 사이트는 하루에 2772만 명이 방문하며, 시장 점유율이 2위인 다음 사이트(13.4%)도 하루에 2626만 명이 접속하고 엠파스를 인수한 네이트(SK커뮤니케이션즈)는 하루 2421

만 명이 방문하고 있다. 특히, 싸이월드 서비스를 제공하는 SK커뮤니케이션즈는 싸이월드의 '미니홈피' 서비스가 인기가 높아 애용자가 점점 늘어나는 추세이다.[122]

(2) OSUP 출판을 하자

디스크 제작과 통신망 관리 업무가 컴퓨터업계 것이라고 하여 이를 이용한 디스크책과 화면책 역시 출판업계 것이 아니고 컴퓨터업계 것이라고 주장하는 것은 옳지 않다. 출판사에서 디스크 매체나 통신망 매체를 사용하여 출판한 결과가 디스크책이고, 화면책인 것이다. OSUP 출판은 paper media는 물론 non-paper media의 대표적인 disk media(디스크책)와 network screen media(화면책)를 모두 아우르는 OSMP 출판에서 한 단계 더 나아간 출판을 뜻한다.

U-출판 시대에 적응하여 생존하려면, 종이책만 책이라는 관념에서 빨리 벗어나서, 한 가지 원고 소스로 종이책 제작과 디스크책 제작, 화면책 제작을 기획할 능력(OSUP 출판 능력)을 키워야 현재의 빠르게 변화하는 상황에서 출판업이 생존하고 발전할 수 있는 것이다.

OSOP ⇒ OSMP

OSOPP = One Source One Paper Product
OSOP = One Source One Product
OSMP = One Source Multi Product

[그림 9] OSOP에서 OSMP를 거쳐 OSUP로

---

122) 김주현 기자, 싸이월드 웹문서 검색 '날개' 달다, 경향신문, 2006.10.20.

(3) 전문 인력을 양성하자

디스크책과 화면책을 기획하고 편집하고 제작하고 영업(마케팅)하면 된다는 해결책이 제시되었지만, 과연 이 작업을 누가 담당할 것인가? 출판사에 컴퓨터 전공자나 멀티미디어 전공자를 취업시키면 될 것인가? 직접 제작에 참여하는 인력이야 멀티미디어 전공자나 정보통신 전공자, 그래픽디자이너, 웹디자이너에게 의존할 수 있지만 고품위의 출판물을 편집하고 기획하는 인력은 종이책을 출판해본 경험이 있는 출판인만이 가능할 것이다. 출판을 알아야 고품질의 출판물 제작이 가능하지, 출판을 모르고 신기술이나 잔기술만 갖고는 고품위의 출판물을 제작한다는 것은 불가능한 일인 것이다

U-출판 능력이 있는 인재 교육은 공기관인 대학에서 학문으로서의 출판학 연구를 강화하고, 초보 인력과 전문 인력을 키워야 할 것이다. 출판에 관련된 여러 분야를 학문으로 꾸준히 연구하는 박사과정의 설립이 필요하다. 출판 관련학과도 사회과학 분야, 인문 분야, 공학 분야, 디자인 분야 등 세분할 필요가 있다고 생각한다. 대학, 대학원 이외에도 전문적으로 출판 인력을 키워내는 민간 교육기관의 운영이 필요하다. 출판인들에게 U-출판 시대에 필요한 전문기술을 출판계의 입장에서 취사선택하여 종합적으로 재교육을 실시하여야 할 것이다

(4) 남북이 협력하여 한자문화권을 공략하자

남과 북이 협력하여 중국 시장, 일본 시장을 공략해 나가야 한다. 한국 교포는 물론이고, 중국 본토뿐만 아니라 화교들도 고객으로 확대시켜야 할 것이다. 1인당 국민소득이 1만 달러를 넘는 중국인이 3,000만명이 넘는다. 이 거대한 중국 시장과 일본 시장을 놓치지 말자. 저가

상품 수출 국가로 중국을 생각하다가는 큰 코 다친다 중국은 몇몇 분야에서는 이미 한국을 뛰어넘어 미국 일본과 경쟁을 시작하고 있다. 출판계에서도 빨리 많은 중국 전문가를 키워내서 한자문화권을 선점하도록 노력해야 할 것이다.

한자문화권을 선점하려면 그 전에 반드시 해야 할 일이 있다 한글문화권의 기본 인프라인 한글코드를 완전하게 표준화시켜야 한다 한글 입력코드(키보드), 한글 처리코드, 한글 출력코드(정보교환용과 폰트)를 먼저 표준화시키고, 또 실용화시켜야 한다. KSC-5601, KSC-5657, ISO 10646, KSC-5700 등 한글코드 표준은 많다. 그렇지만, 행정전산망이나 인터넷이나, 데이터베이스나 도서관이나 현재는 1만 1,172자의 현대 한글 음절 중에서 20%인 2,350자만 구현이 가능하다. 옛한글은 물론 거의 구현이 불가능하다. 행정 당국에서는 탁상행정용 한글 표준코드만 만들지 말고, 실현 가능한 완전한 한글코드를 실제로 사용해야 할 것이다.

행정전산망과 인터넷부터 우선적으로 완전한 한글 구현이 되는 코드를 사용하도록 하여야 할 것이다. 정부가 제정한 KSC-5700 규격만 컴퓨터 제조업자들이 지켜도 모든 한글과 한자를 사용할 수 있다 표준 한글코드 문제는 정부의 엄격한 감독이 필요한 분야이다 자기나라 글자의 표준화와 실용화가 완전해야 외국에 기술 및 문화 수출이 가능할 것이다.

요즈음, 출판 현장과 컴퓨터 현장에서 우리가 자주 사용하는 용어에 대하여 검토해보자 OSMU는 컴퓨터 업계나 오락 관련 업계가 주가 되는 표현이고, OSUP는 출판업계를 중심으로 한 표현으로 출판업계를 살리고 발전시켜 나가려는 의지가 들어 있다 화면책 디자인을 웹디자인이나 홈페이지 디자인이라 부르면 출판업계의 출판디자인 분야에 속하는 화면책 디자인을 컴퓨터 분야나 그래픽디자인 분야로 오해받기 쉽고, 잘못하면 다른 분야로 업무를 뺏길 수도 있다. CD롬 책 같은 디스크책도 디스크책이라 부르지 않고 CD롬 타이틀이라 부르면, 명칭에서 풍기는 분위기 때문에, 컴퓨터 분야나 멀티미디어 분야에게 CD롬 책 출판 업무를 빼앗길 수도 있다.

인쇄업계는 이런 오해를 사전에 막기 위하여 인쇄회사 명칭에다 정보를 추가하여 인쇄정보회사로 바꾸는 등 발 빠르게 대처하고 있다. 실제로 인쇄업계는 컴퓨터업계로부터 CD롬 디스크책 제작업무를 지켜낸 바 있다.

한마디로, 알기 쉽게 풀이한다면, 출판산업은 E-출판을 지나, M-출판을 거쳐 U-출판으로 발전하고 있다. 이메일, 커뮤니티, 유선통신, 유선 인터넷 서비스 등을 사용하는 시대가 E-출판(전자책-출판) 시대라면, 무선통신, 무선 인터넷, 이동전화, 손전화를 사용하는 시대가 M-출판(모바일-출판) 시대이다. 지금은 M-출판 시대이기도 하고, U-출판(유비쿼터스-출판) 시대의 초기이기도 하다.

결론을 내린다면, 한국 출판 산업은 이제 막 U-출판 시대에 들어섰고, 앞으로는 성숙된 U-출판 시대로 발전해 나갈 전망이라는 것이다. 가전제품을 비롯한 모든 기기에 칩 형태의 컴퓨터가 내장되고 서로 긴밀하게 연결되어 사람이 살아가는 삶의 질을 높여주는 시대의 출판을 U-출판 시대의 출판이라 말하는 것이다. U-출판은 '네 어느(4 any)'에다 '두 디(2 D)'를 더한 상황에서의 출판을 뜻한다. 유비쿼터스에서 '4 any'는 anytime, anywhere, any media, any device를 말하고, '2 D'는 Design과 Digital을 말한다. U-출판의 전망은 '4 any'에서 any service를 추가한 '5 any' 시대로 진입할 것이다.

　지금까지 정보기술(IT)산업을 주도해온 미국은 IT 거품이 걷히고 느린 브로드밴드화로 뒤처지고 있다. 유선통신에서 앞섰던 프랑스를 비롯한 유럽은 통신과 미디어 산업이 타격을 받고 있다. 중국은 아직 네트워크 구축단계에 있다. 일본은 발빠르게 치고 나오고 있다. 일본은 국가 차원에서 IT 패권 장악을 위해 노력하고 U-시대에서는 미국을 앞서려는 희망을 갖고 있다. 그러나 한국은 최근 브로드밴드화 진행 속도가 느려지고 있는 것 같아 안타깝다.

　한국의 출판업계와 인쇄업계는 저력이 있다. 출판사만 2만 개가 넘는다. 역사와 문화가 찬란한 한국은 콘텐츠가 무궁무진하다. 이 보물 같은 콘텐츠를 어떠하게 기획하고 편집하고 제작하고 마케팅하는 가에 따라서 세계의 문화를 선도할 수 있는 길이 열릴 것이다.

　U-출판 시대에서는 출판인은 디스크책과 화면책을 어떻게 편집하고 제작하는가를 알고 있는 것이 중요하다. U-출판 시대에 살면서 종이책 출판 시대의 지식만으로는 시장 경쟁에서 살아남기 힘들 것이다. 새로운 출판 기술을 익혀야 함도 물론이지만 또한, 자기네 출판물을 읽을 독자를 먼저 생각하고 자기네 고유문화를 생각하는 바탕에서 기획을 하고 편집, 디자인, 제작을 하는 출판인만이 제대로 된 출판물을 제작할 자격이 있는 것이고, 이들이야말로 우리 문화에 도움을 주는 출판인일 것이다.

　아무리 세대가 변하고, 기술이 발달해도 출판물은 어떠한 형태로든 살아남을 것이다. 인간이 존재하는 한 그림이로든 기호로든, 글자로든, 영상이로든 인간의 정신적 소산물을 담을 그릇이 필요할 것이다. 문화를 담는 그릇이 글자일진데, 글자를 조판하고 디자인하는 인쇄 산업과 출판 산업은 계속하여 발전할 것이다.

【참고문헌】

O 논문, 단행본

김진섭, 「웹진의 정의와 전망에 관한 연구」, 동국대 정보산업대학원 석사논문, 1998.

송수현, 「화면책 구현을 위한 XML 기초 연구」, 동국대 언론정보대학원 석사 논문, 2000.

이기성, '전통 출판의 기술적 변천과 OSUP', 일본 국제심포지엄, 동경, 일본, 2006.10.28.

이기성, 「전자출판」, 영진출판사, 1988.

이기성, 「eBook과 한글폰트」, 동일출판사, 2000.

이기성, 「출판개론」, (주)장왕사, 2001.

이기성, 「개정판 전자출판-4」, 서울출판미디어 2002.

이기성, 「eBook전자출판 1, 2, 3, 4, 5」, (주)장왕사, 2002.

이기성 / 고경대, 「출판개론 개정판」, 서울출판미디어 2006.

출판문화학회, 「출판잡지연구」제10호, 출판문화학회, 2002.

한국전자출판연구회 「출판논총」 제1집, (주)장왕사, 1995.

한국전자출판연구회 「출판논총」 제2집, (주)장왕사, 2000.

한국전자출판연구회 「출판논총」 제3집, (주)장왕사, 2006.

한국글꼴개발원 「글꼴2000」, 세종대왕기념사업회, 2000.

한국글꼴개발원 「글꼴2001」, 세종대왕기념사업회, 2001.

한국출판학회, 「'98 출판학연구」, 범우사, 1998.

한국출판학회, 「2002 한국출판학연구」, 범우사, 2002.

Proceedings of the International Symposium, Book Publishing as Communication, Tokyo Keizai University, 28-29, October 2006.

○ 웹사이트

www.instabook-corporation.com, 2006-1-1.
싸이월드 DTP 클럽: www.cyworld.com/common/main.asp, 2006-10-16.
(주) 장왕사: my.dreamwiz.com/jangwang, 2006-10-16.
전자신문: www.etimesi.com, 2003-1-13, 1-20, 1-21, 1-22, 2-6, 2-17, 2-20.
한국사이버출판대학 www.publishing21.com, 2006-2-16.
한국전자출판학회 www.dtp.or.kr, 2006-10-16.

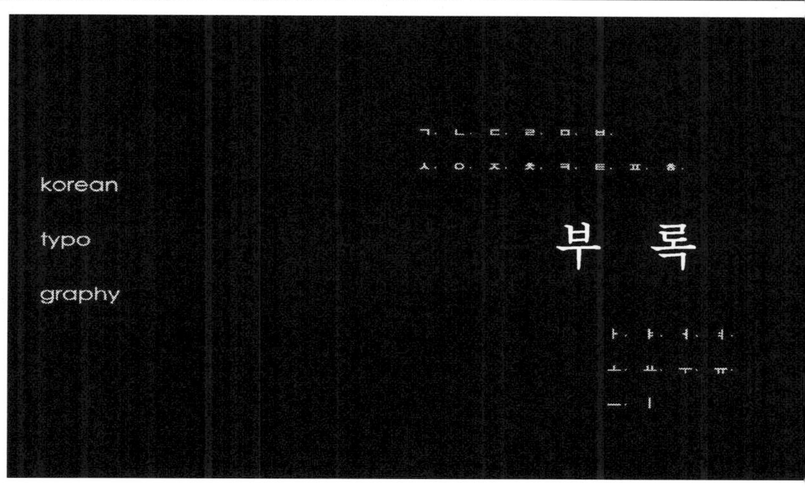

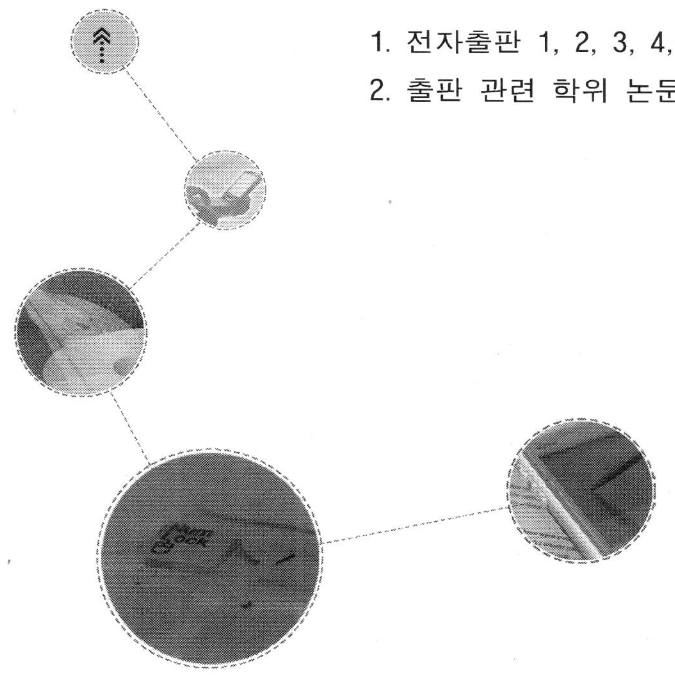

1. 전자출판 1, 2, 3, 4, 5 차례

2. 출판 관련 학위 논문 목록

1. 전자출판 1, 2, 3, 4, 5 차례

제 목	저 자	출판사	출판연도
전자출판—1	이기성	영진출판사	1988
전자출판—2	이기성	(주)장왕사	1997
전자출판—3	이기성 / 김경수	(주)장왕사	1998
전자출판—4	이기성	(주)장왕사	2001
eBook과 한글폰트	이기성	동일출판사	2000

[그림 1] 전자출판−1~전자출판−5(eBook과 한글 폰트)까지 발행 연도

전자출판-1(영진출판사, 1988)

[차례]

제 6 부 데스크톱 출판(DTP)

제 7 부 전산조판(CTS)

제 8 부 앞으로의 출판

부록

전자출판 − 2(장왕사, 1997)

[차례]

제1부 전자출판

전자출판—3(장왕사, 1998)

[차 례]

제 1 부 전자출판과 한글

제 2 부 탁상출판 입문—문방사우 프로그램을 중심으로

개정판 전자출판-4(서울출판미디어, 2004)
(전자출판-4, 장왕사, 2001)

[차례]

eBook과 한글 폰트(전자출판-5)
(동일출판사, 2000)

[차례]

2. 출판 관련 학위 논문 목록
(동국대 언론정보대학원 석사 논문 중심)

동국대 언론정보대학원 석사 논문 목록 1990년~2006년

졸업년도_학기, 졸업자, 지도교수, 석사 학위 논문 제목

1990_8, 박충일, 김태홍, 개화기 연활자 도입이 언론에 미친 영향 연구-1883년~1904년까지를 중심으로-

1990_8, 윤재민, 홍기삼, 한국출판물 유통구조 개선에 관한 연구-지역별 유통구조를 중심으로-

1991_8, 손애경, 이기성, 전자출판에 있어서의 바람직한 한글코드 설정에 관한 기초적 제언-초/중/고등학교 국어교과서의 음절출현분석을 중심으로-

1992_2, 박시형, 이기성, 컴퓨터 편집 시스템 (CES) 구현을 위한 한글 워드프로세서 기능 개선에 관한 연구-국내/외 워드프로세서의 기능 비교분석을 중심으로-

1992_8, 김영익, 김태홍, 도서상품권 사업의 활성화 방안 연구

1993_2, 남미령, 홍기삼, 출판저작권의 침해와 구제에 관한 사례 연구

1993_2, 임붕영,황창규, 광고매체로서의 케이블텔레비전(CATV)에 관한 연구-우리나라 광고산업에서의 이용실태 분석을 중심으로-

1993_2, 김민숙, 이기성, 검인정 교과서 출판의 발행 추이에 관한 연구-지리/가정 과목을 중심으로-

1993_8, 김인숙, 이기성, 화면책 출판용 서지 테이터베이스의 도서관 활용방안에 관한 연구

1993_8, 오정금, 이기성, 자소조합에 의한 전자 출판용 본문체 개발 및 미려도 연구

1994_2, 김진하, 이기성, 디지탈 자소의 위치 이동에 의한 경제적인CTS 용 한글 글자꼴 구현 방식에 관한 연구

1994_2, 조영희, 홍기삼, 북한의 언론/출판에 관한 연구—사회주의 이론관과의 비교—

1995_2, 노재신, 이기성, 유아용 전자출판물의 활성화 방안에 관한 연구

1995_2, 최봉희, 정진석, 개화기 잡지의 실태와 특성에 관한 연구

1996_2, 강성갑, 노병성, 경제단체 기관지 편집인력에 관한 연구

1996_2, 유영주, 노병성, 서점의 활성화에 대한 연구—중소 서점주의 의식 조사를 중심으로—

1996_2, 이소영, 전영표, 출판사 임시편집직의 인력 활용 연구

1996_8, 이종현, 노병성, 우리나라 도서대여점에 관한 연구—실태분석과 발전 방향을 중심으로—

1996_8, 홍영옥, 노병성, 우리나라 편집대행업에 관한 연구—실태 분석과 발전 방향을 중심으로—

1997_2, 손종관, 노병성, 의학학술잡지 이용실태에 관한 연구—서울지역 의과대학 교수를 중심으로—

1997_2, 오경임, 전영표, 한/일 소비자전문지 비교연구—상품 테스트지 ≪소비자시대≫와 ≪たしかな目(目)≫의 대비—

1997_2, 이복순, 노병성, 정부간행물 관련기구 활성화 방안 연구

1997_2, 장영자, 노병성, 출판사의 저자관리 실태에 관한 연구—우리나라 중소출판사를 중심으로—

1997_8, 김원철, 이기성, 전자출판에 있어서 출력시스템 발전방향에 관한 기초 연구

1997_8, 오세종, 이기성, 전자출판에서 PREPRESS 의 변화추이와 상호 작용에 관한 연구

1998_2, 박대현, 노병성, 開化期 朝鮮語辭典의 出版構造에 관한 硏究

1998_8, 김정순, 유일상, 語文校校閱事例硏究—1998_2월 둘째주 종합 best seller 1위 圖書를 中心으로—

1998_8, 주현미, 황창규, 우리 나라 靑少年의 出版漫畵 利用實態에 關한 硏究:韓/日漫畵 比較를 中心으로

1998_8, 김성옥, 이기성, 일간신문 CTS 편집프로그램의 개선에 관한 연구—경향신문사의 Newsmaker를 중심으로—

1999_8, 김경수, 이기성, 한글 DTP 시스템을 위한 페이지 레이아웃 기능에 관한 연구—IBM PC용 편집 전용 소프트웨어를 중심으로—

1999_8, 표도연, 이기성, 출판유통 경로 구성원의 이해관계가 유통 발전에 미치는 영향에 관한 연구―재판매가격유지와 위탁판매가 이해관계 생성에 미친 영향을 중심으로―

2000_2, 조도현, 이기성, 베스트셀러 變化의 推移와 그 脈絡에 關한 研究―韓國의 最近 10年間 베스트셀러를 中心으로―

2000_2, 조미숙, 이기성, 베스트셀러 소설의 영향 變數에 관한 연구―1990년대 한국 베스트셀러 소설을 중심으로―

2000_2, 황화선, 이기성, 出版 디자인용 한글 폰토그래피에 관한 研究―한글 本文用 폰트를 中心으로―

2001_2, 고경대, 이기성, 1990년대 경제학 분야 도서의 출간통계에 대한 고찰―한국의 출판통계에 대한 문제점과 제언―

2001_2, 공주영, 이기성, 화면책(Screen book)출판에 있어 출판기획자의 업무 變化에 관한 연구―ebook 컨텐츠 발전 방향을 중심으로―

2001_2, 정복화, 부길만, 해방 이후 한국 아동전집 출판에 관한 역사적 고찰-아동전집 출판기획을 중심으로―

2001_8, 박상미, 이기성, 남북한 출판물 교류를 위한 저작권 상호 보호 방안 연구

2001_8, 송수현, 이기성, 화면책 구현을 위한 XML 기초 연구―E-Book에서의IA(Information Architecture)구현을 중심으로―

2001_8, 윤남지, 이기성, 출판에 있어서 스타일 시트에 관한 연구-사회과학 분야 단행본 본문 편집을 중심으로―

2002_2, 김태화, 박윤규, 출판유통 정보화에 관한 출판물 특성간의 실증적 비교 연구―유통경로관리 및 물류관리 분석 중심―

2002_2, 남윤중, 최경수, 사진저작물의 저작권에 관한 연구-집중관리제도의 활용방안을 중심으로―

2002_8, 민병윤, 이기성, 단행본도서의 제목이 판매에 미친 영향에 대한 조사연구―1996~2000_비소설 중심으로―

2002_8, 박수자, 이기성, 국내 e-book의 수용에 관한 연구―국내 대학생들의 수용행위를 중심으로―

2002_8, 방주현, 이기성, 印刷出版工程의 디지털 변화에 관한 연구

2002_8, 조대웅, 이기성, 한국 전자출판의 현실과 개선방안에 관한 연구

2003_2, 김미정, 최경수, 저작권 제한사유로서의 패러디에 관한 고찰

2003_2, 이영란, 이기성, 서적의 표지디자인과 소비자 구매행태에 관한 연구고등학교 영어 참고서를 중심으로―

2003_8, 권광희, 이기성, 대출통계로 본 대학생의 독서경향에 관한 연구—
    1998-2002년까지 서울대학교 학부생의 대출빈도를 중심으로—

2003_8, 김은경, 이기성, 우리나라 화장품사 사보 표지디자인에 관한 연구—3
    대 화장품사 사보를 중심으로—

2003_8, 임재현, 이기성, 한국기업 화면사보의 발전방안에 관한 연구—국내 20
    대 기업을 중심으로—

2003_8, 최영록, 이기성, 국내잡지의 웹진 활용화에 관한 연구

2003_8, 황은정, 이기성, 통신망 화면책(ebook)단말기에 관한 연구—PDA용
    ebook을 중심으로—

2004_2, 노승권, 이기성, 출판잡지산업 경영합리화 방안연구—ISO 9001 도입
    을 중심으로—

2004_2, 임건석, 이기성, 인터넷 서점의 출판물 유통 현황 및 발전 방향 연구

2004_2, 최봉수, 이기성, 출판 기획 프로세스의 경영기법 도입 연구—6시그
    마를 통한 기획 프로세스 매뉴얼化 시론—

2005_2, 김택상, 이기성, 우리나라 고등학교 학습자료 출판 현황에 관한 연구

2005_2, 유정규, 이기성, 외환위기 이후 한국 아동전집의 상품 특성 변화에
    관한 연구—아동전집의 6년간(1999~2004년) 경향 분석을 중심으로—

2005_8, 지유경, 이기성, 가로 간판에 나타난 한글 음절의 타이포그래피에 관
    한 연구—'장원윤'을 중심으로—

2006_2, 이상건, 이기성, 멀티미디어를 활용한 영어 전자책에 관한 연구

2006_8, 조영철, 이기성, 에로티시즘 표현 유형 분석—국내 라이선스 패션잡
    지 광고사진을 중심으로—

2006_8, 박라미, 이기성, 출판사의 전문출판기획자에 의한 출판 임프린트 현
    황 연구—단행본을 발행하는 출판사를 중심으로—

2006_8, 김규회, 이기성, 신문사 뉴스 저작물에 관한 기자들의 저작권 인식—저
    작권 귀속 문제를 중심으로—

2006_8, 이한나, 이기성, 한글단행본의 표지, 본문 타이포그래피 연구 분석—
    1995년~2004년의 베스트셀러를 중심으로—

2006_8, 곽주영, 이기성, 우리나라 대학신문 전자출판 현황에 관한 연구

이기성(李起盛)

공학박사
계원조형예술대학 출판 디자인과 교수
동국대 언론정보대학원 강사
한국전자출판학회(CAPSO) 회장
한국사이버출판대학(publishing21.com) 학장 역임
한국콘텐츠출판학회 회장 역임
URL: (이기성) my.dreamwiz.com/yikisung
     (한국전자출판학회) dtp.or.kr

저서: 「컴퓨터는 깡통이다」, 「전자출판1, -2, -3, -4 출판개론」, 「사진식자론」, 「PC와 사무자동화」, 「dBASE Ⅲ PLUS 실무강좌」, 「뚱보강사와 깡통컴퓨터」, 「eBook과 한글 폰트」, 「정보산업」, 「전자계산일반」, 「소설컴퓨터-1, -2, -3」, 「한글타이포그래피」

본 도서는 한국학술정보(주)와 저작자 간에 전송권 및 출판권 계약이 체결된 도서로서, 당사와의 계약에 의해 이 도서를 구매한 도서관은 대학(동일 캠퍼스) 내에서 정당한 이용권자(재적학생 및 교직원)에게 전송할 수 있는 권리를 보유하게 됩니다. 그러나 다른 지역으로의 전송과 정당한 이용권자 이외의 이용은 금지되어 있습니다.

유비쿼터스와 출판

- 초판 인쇄　2007년 8월 13일
- 초판 발행　2007년 8월 13일

- 지 은 이　이기성
- 펴 낸 이　채종준
- 펴 낸 곳　한국학술정보㈜
　　　　　　경기도 파주시 교하읍 문발리 526-2
　　　　　　파주출판문화정보산업단지
　　　　　　전화　031) 908-3181(대표)·팩스　031) 908-3189
　　　　　　홈페이지　http://www.kstudy.com
　　　　　　e-mail(출판사업팀사업부)　publish@kstudy.com
- 등　　록　제일산-115호(2000. 6. 19)
- 가　　격　27,000원

ISBN　978-89-534-7121-4　93580 (Paper Book)
　　　　978-89-534-7122-1　98580 (e-Book)